电气工程、自动化专业规划教材

控制电机及其应用

（修订版）

王　耕　王晓雷　主编

刘宪林　主审

電子工業出版社

Publishing House of Electronics Industry

北京·BEIJING

内 容 简 介

随着电子技术的发展，控制电机在实际工程中的应用愈加广泛，本书在汲取传统的控制电机教材对原理讲述清楚的基础上增加了控制等内容。将新的控制技术与控制芯片相结合，以适应宽口径复合型人才培养的需要。全书共分七章，第1章主要介绍直流伺服电动机、直流力矩电动机和无刷直流电动机的原理、结构、运行特性及控制；第2章主要介绍永磁同步伺服电动机的原理、结构及运行特性，重点讲述永磁同步伺服电动机的控制技术；第3章重点介绍步进电动机的原理、结构及运行特性和单片机控制技术；第4、5两章主要介绍旋转变压器和自整角机的原理、结构及应用；第6章的内容为开关磁阻电动机，重点介绍开关磁阻电动机系统的组成、原理、结构、运行特性及DSP控制技术和C语言例程；第7章的内容为直线电机，主要介绍直线电机的原理、结构及应用。同时，在各章的后面附有一定数量的思考与练习题，供复习与练习使用。

该教材可作为电气工程及其自动化、自动化、仪表及检测技术、机电一体化等本科专业的教材和参考书，也可供从事相关行业的技术人员学习参考。

图书在版编目(CIP)数据

控制电机及其应用 / 王耕，王晓雷主编. —修订本. —北京：电子工业出版社，2012.8
电气工程、自动化专业规划教材
ISBN 978-7-121-17757-6

Ⅰ. ①控⋯ Ⅱ. ①王⋯ ②王⋯ Ⅲ. ①微型控制电机－高等学校－教材 Ⅳ. ①TM383

中国版本图书馆 CIP 数据核字(2012)第 172963 号

责任编辑：陈晓莉
印　　刷：北京盛通数码印刷有限公司
装　　订：北京盛通数码印刷有限公司
出版发行：电子工业出版社
　　　　　北京市海淀区万寿路 173 信箱　邮编 100036
开　　本：787×1092　1/16　印张：15　字数：384 千字
版　　次：2008 年 8 月第 1 版
　　　　　2012 年 8 月第 2 版
印　　次：2024 年 11 月第 16 次印刷
定　　价：36.00 元

前　言

科学技术的迅猛发展,特别是自动化技术、计算机技术和航空航天技术的发展,对电机的性能提出了许多新的更高的要求。一方面传统的控制电机和新的控制技术与控制芯片的结合,使传统电机如伺服电机、步进电机等的应用更为广泛。另一方面随着新材料的涌现,特别是高性能稀土永磁材料的问世和电力电子器件的发展,又出现了性能优越的新型电机如开关磁阻电动机、无刷直流电动机和永磁伺服电动机等。传统控制电机和新的控制技术结合、以及性能优越的新型电机出现,为满足控制系统的要求提供了可能。为使读者能够及时掌握和了解这一新的发展动态,是我们编写本书的初衷。

在第一版出版应用的基础上,作者结合新技术的发展及读者的反馈意见,对部分内容进行了修订,重新编写了本书。主要为原书第1、2、6章中部分内容采用新型控制芯片进行介绍,第2章删去了两相伺服电动机部分内容,变更为永磁同步伺服电动机,突出其控制及应用,第6章开关磁阻电动机的 DSP 控制,增加了 C 语言例程。

控制电机及控制的特点为在精讲原理的同时,增加专用控制芯片、单片机和 DSP 控制的应用。将新的控制技术与控制芯片相结合,使读者对控制电机的原理、结构、运行特性以及控制方法和控制技术有一个全面的了解。以适应宽口径复合型人才培养的需要。

全书共分7章,第1章的内容为直流伺服电机,本章主要介绍直流伺服电动机、直流力矩电动机和无刷直流电动机的原理、结构及运行特性,在控制部分重点讲述了直流伺服电动机和无刷直流电动机的控制技术;第2章的内容为永磁同步伺服电动机,本章主要介绍永磁同步伺服电动机的原理、结构及运行特性,在控制部分重点讲述了永磁同步伺服电动机的控制技术;第3章的内容为步进电动机,本章重点介绍步进电动机的原理、结构及运行特性和单片机控制技术;第4、第5两章的内容为旋转变压器和自整角机,这两章主要介绍旋转变压器和自整角机的原理、结构及应用;第6章的内容为开关磁阻电动机,本章重点介绍开关磁阻电动机系统的组成、原理、结构及运行特性和 DSP 控制技术;第7章的内容为直线电机,本章主要介绍直线电机的原理、结构及应用。同时,在各章的后面附有一定数量的思考与练习,供复习与练习使用。本书控制部分基本上都涉及到了位置、速度、电压电流的检测,在软件方面都用到了PID 控制方法,为避免重复讲述,将这两部分内容列为附录,供参考使用。

本书在编写中,既分析了控制电机和特种电机的基本原理和基本概念,又介绍了相关的控制系统与专用芯片。删除了传统控制电机中测速发电机的内容,压缩了应用较少的旋转变压器、自整角机的内容。增加了应用较广无刷直流电动机、开关磁阻电动机、永磁同步伺服电动机和直线电机等部分。本书的内容相对较多。在教学的过程中教师可根据不同本专业的特点及学时的多少适当宣讲,例如无刷直流电动机、永磁伺服电动机与开关磁阻的控制技术有相似之处,可重点讲一部分,其他部分留给学生自学,另外可将部分内容与课程设计、毕业设计等实践环节相结合,放在课程设计或毕业设计中进行。

本书第 1 章主要由裴素萍编写;第 2 章主要由王晓雷编写;第 3 章主要由刘丽萍编写;第 4、5 章主要由许京雷编写;第 6、7 章主要由王耕编写;付邦胜和彭圣编写了第 1、3、6 章的控制部分及应用实例;蒋珍、刘鹏程参与编写了第 4、5 章的部分内容并完成了部分图例的输入工作,本书最后由王耕和王晓雷负责统稿。

本书的主审刘宪林教授,他在百忙之中认真地阅读了本书,提出了许多建设性的意见,在此衷心的感谢。同时感谢巫付专、李健等老师为本书编写提供的大力帮助。

由于编写者水平所限,经验不足,书中的缺点和错误在所难免,欢迎广大读者批评指正。

编　者

2012 年 6 月

目　录

第 1 章　直流伺服电动机

本章介绍直流伺服电动机、无刷直流电动机和直流力矩电动机。

主要内容

- 直流伺服电动机的原理、结构及运行特性
- 直流伺服电动机常用控制芯片及微处理器控制的原理与方法
- 直流无刷电动机的原理、结构及运行特性
- 直流无刷电动机常用控制芯片及微处理器控制的原理与方法
- 直流力矩电动机简介

知识重点

本章重点为直流伺服电动机和直流无刷电动机的结构与原理；机械特性、调节特性和动态特性；应掌握这两种电动机的常用控制芯片及微处理器控制的原理与方法。

伺服电动机是一种执行电动机，在自动控制系统中作为执行元件。伺服电动机将输入的电压信号变换成转轴的角位移或角速度而输出。输入的电压信号又称为控制信号或控制电压。改变控制电压可以改变伺服电动机的转速及转向。伺服电动机按其使用的电源性质不同，可分为直流伺服电动机和交流伺服电动机两大类。

随着自动控制技术的发展，伺服电动机的应用范围日益广泛，对其性能的要求也在不断提高；另外新技术、新材料的出现也为伺服电动机的发展提供了可能，促使它有了很大发展，涌现出许多新型的结构。如快速响应低惯量的盘形电枢直流电动机、空心杯形电枢直流电动机和无槽电枢直流伺服电动机；取消了传统直流电动机上的电刷和换向器采用电子器件换向的无刷直流伺服电动机；为了适应高精度低速伺服系统的需要取消了减速机构而直接驱动负载的直流力矩电动机等。

本章主要就直流伺服电动机、无刷直流伺服电动机及直流力矩电动机的结构、原理、运行特性及其应用进行分析，有关交流伺服电动机的内容将在第 2 章中讲述。

1.1　直流伺服电动机

1.1.1　结构和分类

直流伺服电动机是指使用直流电源驱动的伺服电动机，它实质上就是一台他励式直流电动机。直流伺服电动机的结构可分为传统型和低惯量型两大类。

1. 传统型直流伺服电动机

传统型直流伺服电动机的结构形式和普通直流电动机基本相同，也是由定子、转子两大部分所组成，只是它的容量与体积较小。按励磁方式的不同，传统型直流伺服电动机可以再分为永磁式和电磁式两种。永磁式直流伺服电动机的定子磁极由永久磁钢组成。电磁式直流伺服电动机的定子磁极通常由硅钢片铁芯和励磁绕组组成。这两种电动机的转子结构与普通直流

电动机的结构相同,其铁芯均由硅钢片冲制叠压而成,在转子冲片的外圆周上开有均匀布置的齿槽,在转子槽中放置电枢绕组,并通过换向器和电刷与外电路连接。

2. 低惯量型直流伺服电动机

与传统型的直流伺服电动机相比,低惯量型直流伺服电动机具有时间常数小响应快速的特点。目前低惯量型直流伺服电动机主要有:盘形直流伺服电动机、空心杯形直流伺服电动机和无槽电枢直流伺服电动机。

（1）盘形直流伺服电动机

盘形直流伺服电动机主要是盘式永磁直流电动机。图 1-1 为盘形永磁直流伺服电动机的结构示意图。电动机结构呈扁平状,其定子是由永久磁钢和前后磁轭所组成,磁钢若放置于圆盘的一侧称为单边结构,若同时放置在两侧则称为双边结构。电动机的气隙位于圆盘的两面。不论哪种结构,永磁体都为轴向磁化,在气隙中产生多极轴向磁场。电枢通常无铁芯,仅由导体以适当的方式制成圆盘状,其形式可分为印制绕组和绕线式绕组两种形式。印制绕组采用与制造印制电路板相类似的工艺制成,它可以是单片双面的,也可以采用多片重叠的结构,但一般最多不超过 8 层。印刷绕组电枢制造精度高,成本也高,但转动惯量小。绕线式绕组则是先绕制成单个线圈,然后将绕好的全部线圈沿径向圆周排列起来,再用环氧树脂浇注成圆盘形。盘形电枢上电枢绕组中的电流沿径向流过圆盘表面,并与永磁体产生的多极轴向磁场相互作用而产生转矩。因此,绕组的径向段为有效部分,弯曲段为端接部分。在这种电动机中也常用电枢绕组有效部分的裸导体表面兼作换向器与电刷直接接触实现与外电路的相连,从而可以省去换向器。

（2）空心杯形转子直流伺服电动机

图 1-2 为空心杯转子直流伺服电动机的结构简图。空心杯转子上的绕组同盘式永磁直流伺服电动机的一样,其形式也可分为印制绕组和绕线式绕组两种形式,不同之处是空心杯转子上的绕组沿圆周的轴向排列成空心杯形。其定子由一个外定子和一个内定子组成。通常外定子是由两个半圆形的永久磁钢所组成,而内定子则用圆柱形的软磁材料做成,仅作为磁路的一部分,以减小磁路磁阻。但也有内定子采用永久磁钢、外定子采用软磁材料的结构形式。空心杯电枢直接装在电动机轴上,在内、外定子间的气隙中旋转。电枢绕组通过换向器和电刷与外电路相连。

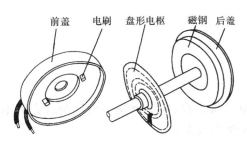

图 1-1　盘形永磁直流伺服
电动机结构示意图

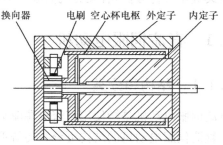

图 1-2　空心杯电枢永磁式直流伺服
电动机结构简图

（3）无槽电枢直流伺服电动机

无槽电枢直流伺服电动机的结构与传统的直流伺服电动机类似,不同之处是在其电枢铁芯上并不开槽,其电枢绕组直接排列在铁芯表面,再用环氧树脂把它与电枢铁芯固化成一个整体,如图 1-3 所示。定子磁极可以用永久磁钢做成,也可以采用电磁式结构。这种电动机的转动惯量和电枢绕组的电感比前面介绍的两种无铁芯转子的电动机要大些,因而其动态性能也较差。

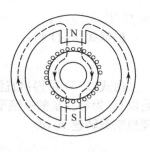

图 1-3　无槽电枢直流伺服
电动机结构简图

1.1.2　运行原理

1. 控制方式

如前所述,直流伺服电动机实质上就是一台他励式直流电动机,故其控制方式同他励式直流电动机一样,可分为两类:对磁通进行控制的励磁控制法和对电枢电压控制的电枢控制法。其中励磁控制法在低速时受磁饱和的限制,在高速时受换向火花和换向结构强度的限制,并且励磁线圈电感较大,动态响应较差,所以这种方法应用较少。电枢控制法是以电枢绕组为控制绕组,是在负载转矩一定时,保持励磁电压 U_f 为恒定,通过改变电枢电压 U_a 来改变电动机的转速;即 U_a 增加转速增大,U_a 减小转速降低,若电枢电压为零,则电动机停转。当电枢电压的极性改变后,电动机的旋转方向也随之改变。因此,把电枢电压作为控制信号就可以实现对电动机的转速控制。对于电磁式直流伺服电动机采用电枢控制时,其励磁绕组须由外施恒压的直流电源励磁,而永磁式直流伺服电动机则由永磁磁极励磁。

2. 静态特性

直流伺服电动机的静态特性主要指机械特性与调节特性。电枢控制时直流伺服电动机的工作原理如图 1-4 所示。为了分析简便,先做如下假设:① 电动机磁路不饱和;② 电刷位于几何中性线。根据此两项假设,可认为负载时电枢反应磁势的影响可以略去,电动机的每个电极气隙磁通将保持恒定。

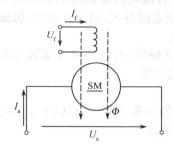

图 1-4　电枢控制时
直流伺服电动机的工作原理图

这样,直流电动机电枢回路的电压平衡方程式为:

$$U_a = E_a + I_a R_a \tag{1-1}$$

式中,U_a 为电动机电枢绕组两端的电压;E_a 为电动机电枢回路电动势;I_a 为电动机电枢回路的电流;R_a 为电动机电枢回路的总电阻(包括电刷的接触电阻)。

当磁通 Φ 恒定时,电枢绕组的感应电势将正比于转速,则

$$E_a = C_e \Phi n = K_e n \tag{1-2}$$

式中,K_e 为电动势常数,表示单位转速时所产生的电动势;n 为电动机转速。

另外,电动机的电磁转矩为:

$$T_{em} = C_t \Phi I_a = K_t I_a \tag{1-3}$$

式中,K_t 为转矩常数,表示单位电枢电流所产生的转矩。

若忽略电动机的空载损耗和转轴机械损耗等,则电磁转矩等于负载转矩。

将式(1-1)、式(1-2)和式(1-3)联立求解得:

$$n = \frac{U_a}{K_e} - \frac{R_a}{K_t K_e} T_{em} \tag{1-4}$$

根据式(1-4)可画出直流伺服电动机的机械特性和调节特性。

(1)机械特性

机械特性是指控制电压恒定时,电动机的转速与转矩的关系,即 $U_a = C$ 为常数时,n

$= f(T_{em})|_{U_a=C}$。

根据式(1-4)得：

$$n = \frac{U_a}{K_e} - \frac{R_a}{K_t K_e} T_{em} = n_0 - k T_{em} \qquad (1\text{-}5)$$

由式(1-5)可得出直流伺服电动机的机械特性如图1-5所示。从图中可以看出，机械特性是以 U_a 为参变量的一簇平行直线。这些特性曲线与纵轴的交点为电磁转矩等于零时电动机的理想空载转速 n_0，即

$$n_0 = \frac{U_a}{k_e} \qquad (1\text{-}6)$$

由于直流伺服电动机本身存在空载损耗和转轴的机械损耗等，即使负载转矩为零，电磁转矩也并不为零。只有在理想的情况下 T_{em} 才可能为零，为此，转速 n_0 是指在理想空载（即 $T_{em}=0$）时的电动机转速，故称理想空载转速。

当 $n=0$ 时机械特性曲线与横轴的交点对应的转矩称为电动机堵转时的转矩 T_k。

$$T_k = \frac{U_a K_t}{R_a} \qquad (1\text{-}7)$$

在图1-7中机械特性曲线的斜率为：

$$k = \frac{n_0}{T_k} = \frac{R_a}{K_t K_e} \qquad (1\text{-}8)$$

式中，k 为机械特性的斜率，它表示了电动机机械特性的硬度，即电动机的转速随转矩 T_{em} 的改变而变化的程度。

由式(1-5)或图1-5中都可以看出，随着电枢控制电压 U_a 的增大，空载转速 n_0 与堵转转矩 T_k 同时增大，但曲线的斜率保持不变，电动机的机械特性曲线平行地向转速和转矩增加的方向移动。斜率 k 的大小只与电枢电阻 R_a 成正比而与 U_a 无关。电枢电阻越大，斜率 k 越大，机械特性就变软；反之，电枢电阻 R_a 小，斜率 k 也小，机械特性就越硬。

在实际应用中，电动机的电枢电压 U_a 通常由系统中的放大器提供，所以还要考虑放大器的内阻，此时式(1-8)中的 R_a 应为电动机电枢电阻与放大器内阻之和。

（2）调节特性

调节特性是指在电磁转矩恒定时，电动机的转速与控制电压的关系，即 $n = f(U_a)|_{T_{em}=C}$。调节特性曲线如图1-6所示，它们是以 T_{em} 为参变量的一簇平行直线。

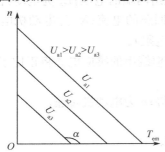

图1-5　电枢控制直流伺服电动机的机械特性　　图1-6　电枢控制直流伺服电动机的调节特性

当 $n=0$ 时调节特性曲线与横轴的交点，就表示在某一电磁转矩（若略去电动机的空载损耗和机械损耗等，则为负载转矩值）时电动机的始动电压 U_{a0}。

$$U_{a0} = \frac{R_a}{K_t} T_{em} \qquad (1\text{-}9)$$

当电磁转矩一定时，只有电动机的控制电压大于相应的始动电压，电动机才能启动起来并达到某一需要的转速；反之，当控制电压小于相应的始动电压时，电动机所能产生的最大电磁

转矩仍小于所要求的负载转矩值,电动机就不能启动。所以,在调节特性曲线上从原点到始动电压点的这一段横坐标所示的范围,称为在某一电磁转矩值时伺服电动机的失灵区(有的资料也称其为"死区")。显然,失灵区的大小与负载转矩的大小成正比,负载转矩越大,要想使直流伺服电动机运动起来,电枢绕组需要加的控制电压也要相应地增大。

由以上分析可知,电枢控制时直流伺服电动机的机械特性和调节特性都是一簇平行的直线,这是直流伺服电动机很可贵的优点,也是两相交流伺服电动机所不及的。需要注意的是,上述结论,是在开始时所作的两条假设的前提下才得到的,若考虑实际因素的影响,直流伺服电动机的特性曲线仅是一组接近直线的曲线。

3. 动态特性

伺服电动机在自动控制系统通常作为执行元件使用,对控制系统性能的影响很大,因此它应具备如下功能:

① 宽广的调速范围。要求伺服电动机的转速随着控制电压的改变能在宽广的范围内连续调节。

② 机械特性和调节特性均为线性。线性的机械特性和调节特性有利于提高自动控制系统的控制精度。

③ 无"自转"现象。即伺服电动机在控制电压为零时能立即自行停转。

④ 响应快速。即过渡过程持续的时间要短,电动机的机电时间常数要小。

通过 1.1.1 节的分析我们知道直流伺服电动机能很好地满足前三项的要求,现在分析直流伺服电动机的动态特性。

直流伺服电动机的动态特性是指电动机的电枢上外施电压突变时,电动机从一种稳定转速过渡到另一稳定转速的过程,即 $n = f(t)$ 或 $\Omega = f(t)$。

自动控制系统要求直流伺服电动机的机电过渡过程应尽可能短,即电动机转速的变化能迅速跟上控制信号的改变。假设电动机在电枢外施控制电压前处于停转状态。当电枢外施阶跃电压后,由于电枢绕组电感储存的磁场能不能跃变,致使电枢电流 I_a 不能跃变,因此存在一个电磁过渡过程,相应电磁转矩的增长也有一个过程。在电磁转矩的作用下,由于转子有一定的转动惯量,机械转动的动能不能跃变,致使转速不能跃变,电动机从一种稳定转速过渡到另一种稳定转速也需要一定的时间,该过程称为机械过渡过程。电磁和机械的过渡过程交叠在一起,形成了伺服电动机的机电过渡过程。在整个机电过渡过程中,电磁的和机械的过渡过程相互影响。一方面由于电动机的转速从一种稳定转速过渡到另一种稳定转速由电磁转矩(或电枢电流)所决定;另一方面电磁转矩或电枢电流又随转速而变化。一般情况下,电磁过渡过程要比机械过渡过程短得多,因此常予以忽略电磁过渡过程。

通常研究直流伺服电动机动态特性的方法是,列出直流伺服电动机的动态方程,经拉普拉斯变换,求出伺服电动机的传递函数。再经拉普拉斯反变换得到在电枢电压发生跃变时,转速或角速度随时间变化的时域关系。

(1)直流伺服电动机的动态方程

直流伺服电动机的动态方程可根据直流伺服电动机的等效电路列出,假设电枢绕组的电感为 L_a,电阻为 R_a,直流伺服电动机的等效电路如图 1-7 所示。

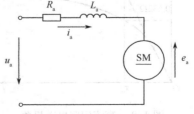

图 1-7   直流伺服电动机的等效电路

在过渡过程中,对应于电枢回路的电压平衡方程式为:

$$u_a = R_a i_a + L_a \frac{di_a}{dt} + e_a$$

假设转子的机械角速度为 Ω,负载和电动机的总转动惯量为 J。当负载转矩为零,并略去电动机的铁芯损耗和机械损耗等后,则电动机的电磁转矩全部用来使转子加速,即

$$T_{em} = J \frac{d\Omega}{dt} \tag{1-10}$$

将式(1-2)、式(1-3) 和式(1-10) 代入式(1-9) 及 $n = \frac{60}{2\pi}\Omega$ 可得:

$$u_a = \frac{L_a J}{k_t} \frac{d^2\Omega}{dt^2} + \frac{R_a J}{k_t} \frac{d\Omega}{dt} + \frac{60}{2\pi}K_e\Omega \tag{1-11}$$

将式(1-11) 两边同乘以 $\frac{2\pi}{60K_e}$ 得:

$$\frac{2\pi}{60K_e}u_a = \tau_m\tau_e \frac{d^2\Omega}{dt^2} + \tau_m \frac{d\Omega}{dt} + \Omega \tag{1-12}$$

式中, $\tau_m = \frac{2\pi R_a J}{60K_t K_e}$ 为机械时间常数; $\tau_e = \frac{L_a}{R_a}$ 为电磁时间常数。

（2）直流伺服电动机的传递函数

分别以 U_a 和 n 为输入变量和输出变量,将式(1-12) 进行拉普拉斯变换可得传递函数为:

$$F(s) = \frac{\Omega(s)}{U_a(s)} = \frac{\frac{2\pi}{60K_e}}{\tau_m\tau_e s^2 + \tau_m s + 1} \tag{1-13}$$

因电枢绕组的电感很小,电磁时间常数和机械时间常数相比小得多,近似认为 $\tau_e = 0$,则式(1-13) 可简化为:

$$F(s) = \frac{\Omega(s)}{U_a(s)} = \frac{\frac{2\pi}{60K_e}}{\tau_m s + 1} \tag{1-14}$$

（3）直流伺服电动机的时间常数

如果不考虑直流伺服电动机的电磁过渡过程,同时假设电压 U_a 为阶跃电压,其象函数 $U_a(s)$ 为:

$$U_a(s) = \frac{U_a}{s}$$

代入式(1-14) 可得:

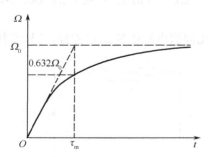

$$\Omega(s) = \frac{2\pi}{60K_e}U_a \left(\frac{1}{s} - \frac{1}{s + \frac{1}{\tau_m}} \right)$$

将上式进行拉普拉斯反变换即得电动机角速度随时间变化的规律为:

$$\Omega(s) = \frac{2\pi}{60K_e}U_a(1 - e^{-\frac{t}{\tau_m}}) = \Omega_0(1 - e^{-\frac{t}{\tau_m}}) \tag{1-15}$$

图 1-8 直流伺服电动机角速度的变化曲线

式中, $\Omega_0 = \frac{2\pi n_0}{60}$ 为伺服电动机理想空载角速度,单位

为 rad/s。

电动机的角速度随时间的变化关系如图 1-8 所示。从式（1-15）可以看出，当时间 $t = \tau_m$ 时，则电动机的角速度上升到稳定角速度的 0.632 倍；当时间 $t = 4\tau_m$ 时，则电动机的角速度为 $\Omega = 0.985\Omega_0$，一般可认为这时过渡过程已经结束。所以将 $t = 4\tau_m$ 作为过渡过程的时间。

将机械时间常数 τ_m 进行变换得：

$$\tau_m = \frac{2\pi R_a J}{60 K_e K_t} = J \frac{\frac{2\pi}{60} \frac{U_a}{K_e}}{\frac{U_a}{R_a} K_t} = J \frac{\Omega_0}{T_k} \tag{1-16}$$

式中，Ω_0 为电动机理想空载角速度，单位为 rad/s；T_k 为堵转转矩，单位为 kg·m²，机械时间常数 τ_m 的单位为 s。

还可将式（1-16）变换为：

$$\tau_m = \frac{2\pi R_a J}{60 K_e K_t} = \frac{2\pi}{60} \frac{R_a J}{C_e C_t \Phi^2} \tag{1-17}$$

根据式（1-17）可以看出影响机械时间常数的因素有：

① τ_m 与电枢电阻 R_a 的大小成正比。为了减小电动机的机械时间常数，应尽可能减小电枢电阻，当伺服电动机用于自动控制系统并由放大器供给控制电压时，其机械时间常数还受到系统放大器的内阻 R_i 的影响，相应式（1-17）中的电阻 R_a 应改写为 $R_a + R_i$。

② τ_m 与电动机电枢的转动惯量 J 的大小成正比。为了减小电动机的机械时间常数，宜采用细长形的电枢或采用空心杯电枢、盘形电枢，以获得尽量小的 J 值。

③ τ_m 与电动机的每极气隙磁通的平方成反比。为了减小电动机的机械时间常数，应增加每个电极气隙的磁通，即提高气隙的磁密。

最后需要说明的是，上述的分析是在忽略电磁过渡过程的基础上得出的，由于电动机的过渡过程是电磁和机械过渡过程交叠在一起的复杂过程。因此电动机空载时外施阶跃电压，若计及电磁过渡过程，情况将略微复杂，对电枢控制直流伺服电动机，一般总有 $\tau_e \ll \tau_m$，此时其角速度阶跃响应曲线与图 1-8 类似，只是转速从零升至稳定转速的 63.2% 所需的时间实际上要略大于机械时间常数，应由电动机的电磁时间常数和机械时间常数两者所确定，称之为机电时间常数 τ_{em}。当 $\tau_e \ll \tau_m$ 时，可取机电时间常数近似等于机械时间常数 τ_m。

我国目前生产的 SY 系列永磁式直流伺服电动机的机电时间常数一般也不超过 30ms。SZ 系列直流伺服电动机的机电时间常数不超过 30ms。在低惯量直流伺服电动机中，机电时间常数通常在 10ms 以下。其中空心杯电枢永磁式直流伺服电动机的机电时间常数可小到 2 ～ 3ms。

1.1.3　直流伺服电动机的应用

1. 直流伺服控制技术简介

近年来，直流伺服电动机的结构和控制方式都发生了很大变化。随着计算机技术的发展以及新型的电力电子功率器件的不断出现，采用全控型开关功率元件进行脉宽调制（PWM）的控制方式已经成为主流。

（1）PWM 调速原理

前面已经介绍，直流伺服电动机的转速控制方法可以分为两类：即对磁通 Φ 进行控制的励磁控制，和对电枢电压 U_a 进行控制的电枢电压控制。

绝大多数直流伺服电动机采用开关驱动方式,现以电枢控制方式,直流伺服电动机为分析对象,介绍通过脉宽调制(PWM)来控制电枢电压实现调速的方法。

图1-9是利用开关管对直流电动机进行PWM调速控制的原理图和输入/输出电压波形。在图1-9(a)中,当开关管MOSFET的栅极输入信号U_P为高电平时,开关管导通,直流电动机的电枢绕组两端电压$U_a=U_s$,经历t_1时间后,栅极输入信号U_P变为低电平,开关管截止,电动机电枢两端电压为零。经历t_2时间后,栅极输入重新变为高电平,开关管的动作重复上面的过程。这样,在一个周期时间$T=t_1+t_2$内,直流电动机电枢绕组两端的电压平均值U_a为

$$U_a = \frac{t_1 U_s + 0}{t_1 + t_2} = \frac{t_1}{T}U_s = \alpha U_s$$

式中,占空比$\alpha = t_1/T$。

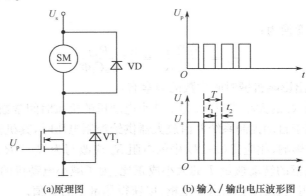

(a)原理图   (b) 输入/输出电压波形图

图 1-9   PWM 调速控制原理和电压波形图

α表示了在一个周期T里,功率开关管导通的时间与周期的比值。α的变化范围在 0 到 1 之间。由上式可知,当电源电压不变的情况下,电枢的端电压平均值U_a取决于占空比α的大小,改变α的值,就可以改变U_a的平均值,从而达到调速的目的,这就是 PWM 的调速原理。

在 PWM 调速中,占空比是一个重要的参数。改变占空比有以下三种方法:

① 定宽调频法。该方法保持t_1不变,只改变t_2,这时斩波频率(或周期T)也随之改变。

② 调宽调频法。该方法与方法① 相反,保持t_2不变,只改变t_1,此时,斩波频率(或周期T)也随之改变。

③ 定频调宽法。该方法同时改变t_1和t_2,而保持斩波频率(或周期T)不变。

由于前两种方法中在调速过程中改变了斩波频率,当斩波频率的频率与系统固有频率接近时,会引起振荡,因此,这两种方法应用较少。在现阶段,一般采用调速方法③,即定频调宽法。

在直流电动机要求工作在正反转的场合,需要使用可逆 PWM 系统。可逆 PWM 系统可以分为单极性驱动和双极性驱动两种类型。

(2)单极性可逆调速系统

单极性驱动是指在一个 PWM 周期里,电动机电枢的电压极性呈单一性变化。

单极性驱动电路有两种。一种称为 T 形,它由两个开关管组成,需要采用正负电源,相当于两个不可逆系统的组合,因其电路形状像“T”字,故称为 T 形。由于 T 型单极性驱动系统的电流不能反向,并且两个开关管正反转切换的工作条件是电枢电流为 0,因此,电动机动态性能较差。这种驱动电路很少采用。

另一种单极性驱动电路称作 H 形,也即桥式电路。这种电路中电动机动态性能较好,因此

在各种控制系统中广泛采用。

图 1-10 是 H 形单极性 PWM 驱动系统示意图。系统由 4 个开关管和 4 个续流二极管组成，单电源供电。图中 $U_{p1} \sim U_{p4}$ 分别为开关管 $VT_1 \sim VT_4$ 的触发脉冲。若在 $t_0 \sim t_1$ 时刻，VT_1 开关管根据 PWM 控制信号同步导通，而 VT_2 开关管则受 PWM 反相控制信号控制关断，VT_3 触发信号保持为低电平，VT_4 触发信号保持为高电平，4 个触发信号波形如图 1-10 中所示，此时电动机正转。若在 $t_0 \sim t_1$ 时刻，VT_3 开关管根据 PWM 控制信号同步导通，而 VT_4 开关管则受 PWM 反相控制信号控制关断，VT_1 触发信号保持为 0，VT_2 触发信号保持为 1，此时电动机反转。

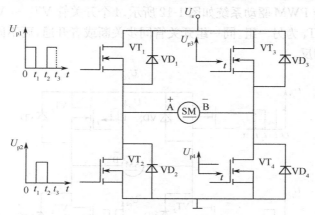

图 1-10　H 形单极性 PWM 驱动系统示意图

当要求电动机在较大负载下加速运行时，电枢平均电压 U_a 大于感应电动势 E_a。在每个 PWM 周期的 $0 \sim t_1$ 区间，VT_1 导通，VT_2 截止，电流 I_a 经 VT_1、VT_4 从 A 到 B 流过电枢绕组。在 $t_1 \sim t_2$ 区间，VT_1 截止，电源断开，在自感电动势的作用下，经二极管 VD_2 和开关管 VT_4 进行续流，使电枢中仍然有电流流过，方向仍然是从 A 到 B。这时由于二极管 VD_2 的箝位作用，虽然 U_{p2} 为高电平，VT_2 实际不导通。直流伺服电动机重载时电流波形图如图 1-11 所示。

当电动机在减速运行时，电枢平均电压 U_a 小于感应电动势 E_a。在每个 PWM 周期的 $0 \sim t_1$ 区间，在感应电动势和自感电动势的共同作用下，电流经续流二极管 VD_4、VD_1 流向电源，方向是从 B 到 A，电动机处于再生制动状态。在每个 PWM 周期的 $t_1 \sim t_2$ 区间，VT_2 导通，VT_1 截止，在感应电动势作用下，电流经续流二极管 VD_4 和 VT_2 仍然从 B 到 A 流过绕组，电动机处于能耗制动状态。

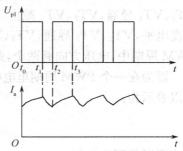

图 1-11　H 形单极性可逆 PWM 驱动正转动运行电流波形图

当电动机轻载或者空载运行时，平均电压 U_a 与感应电动势 E_a 几乎相当，在每个 PWM 周期的 $0 \sim t_1$ 区间，VT_2 截止，电流先是经续流二极管 VD_4、VD_1 流向电源，方向是从 B 到 A，电动机工作于再生制动状态。当电流减小到零后，VT_1 导通，电流改变方向，从 A 到 B 经 VT_4 回到地，这期间工作于电动状态；在每个 PWM 周期的 $t_1 \sim t_2$ 区间，VT_1 截止，电流先经二极管 VD_2 和开关管 VT_4 进行续流，这期间工作于续流电动状态；当电流减小到零后，VT_2 导通，在感应电动势的作用下，电流变向，经续流二极管 VT_2、VD_4 流动，此时工作于能耗制动状态。由上面的分析可知，在每个 PWM 周期中，电流交替呈现再生制动、电动、续流电动、能耗制动四种状态，电流围绕横轴上下波动。

单极性可逆 PWM 驱动的特点是驱动脉冲仅需两路,电路较简单,驱动的电流波动较小,可以实现四象限运行,是一种应用广泛的驱动方式。

（3）双极性可逆调速系统

双极性驱动是指在一个 PWM 周期内,电动机电枢的电压极性呈正负变化。

与单极性一样,双极性驱动电路也分 T 形和 H 形。由于在 T 形驱动电路中,开关管要承受较高的反向电压,因此限制了这种结构在功率稍大的伺服电动机系统中的应用,而 H 形驱动电路结构却不存在这个问题,因而得到了广泛的应用。

H 形双极性可逆 PWM 驱动系统如图 1-12 所示。4 个开关管 $VT_1 \sim VT_4$ 分为两组,VT_1、VT_3 为一组,VT_2、VT_4 为另一组。同一组开关管同步关断或者开通,而不同组的开关管则与另外一组的开关状态相反。

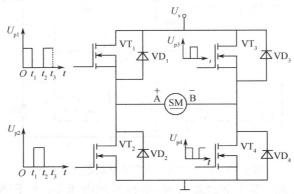

图 1-12　H 形双极性可逆 PWM 驱动系统

在每个 PWM 周期里,当控制信号 U_{p1}、U_{p4} 为高电平时,此时,U_{p2} 和 U_{p3} 为低电平,开关管 VT_1、VT_4 导通,VT_2、VT_3 截止。电枢绕组电压方向为从 A 到 B;当 U_{p1} 为低电平时,此时,U_{p2} 为高电平,VT_2、VT_3 导通,VT_1、VT_4 截止,此时电枢绕组电压方向为从 B 到 A。也即在每个 PWM 周期中,电压方向有两个,此即所谓"双极性"。

因为在一个 PWM 周期里电枢电压经历了正反两次变化,所以其平均电压 U_a 的计算公式可以表示为:

$$U_a = \left(\frac{t_1}{T} - \frac{T - t_1}{T} \right) U_s$$

上式可以整理为:

$$U_a = (2\alpha - 1)U_s$$

式中,α 为占空比。

由上式可见,双极性 PWM 驱动时,电枢绕组承受的电压取决于占空比 α 的大小。当 $\alpha = 0$ 时,$U_a = -U_s$,电动机反转,且转速最高;当 $\alpha = 1$ 时,$U_a = U_s$,电动机正转,转速最高。当 $\alpha = 1/2$ 时,$U_a = 0$,电动机不转动。此时,电枢绕组中仍然有交变电流流动,使电动机产生高频振荡,这种振荡有利于克服电动机负载的静摩擦,提高电动机的动态性能。

下面讨论电动机电枢绕组的电流。电枢绕组中电流波形见图 1-13,分三种情况讨论。

当要求电动机在较大负载情况下正转工作时,电枢平均电压 U_a 大于感应电动势 E_a。在每个 PWM 周期的 $0 \sim t_1$ 区间中,VT_1、VT_4 导通,VT_2、VT_3 截止,电枢绕组中的电流方向是从 A 到 B。在每个 PWM 周期的 $t_1 \sim t_2$ 区间,VT_2、VT_3 导通,VT_1、VT_4 截止,虽然绕组两端加反向

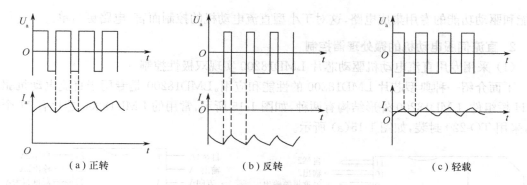

(a) 正转 (b) 反转 (c) 轻载

图 1-13 H形双极性可逆 PWM 驱动电流波形图

电压,但由于绕组的负载电流较大,电流的方向仍然不改变,只不过电流幅值的下降速率比单极性系统的要大,因此,电流波动较大。

当电动机在较大负载情况下反转工作时,情形正好与正转时相反,电流波形如图 1-13(b)所示。

当电动机在轻载下工作时,电枢电流很小,电流波形基本上围绕横轴上下波动(见图 1-13(c),电流的方向也在不断变化。在每个 PWM 周期的 $0 \sim t_1$ 区间,VT_2、VT_3 截止。初始时刻,由于电感电动势的作用,电枢中的电流维持原流向 —— 从 B 到 A,经二极管 VD_4、VD_1 到电源,电动机处于再生制动状态。由于二极管的 VD_4、VD_1 箝位作用,此时 VT_1、VT_4 不能导通。当电流衰减到零后,在电源电压的作用下,VT_1、VT_4 开始导通,电流经 VT_1、VT_4 形成回路。这时电枢电流的方向从 A 到 B,电动机处于电动状态。在每个 PWM 周期的 $t_1 \sim t_2$ 区间,VT_1、VT_4 截止。电枢电流在电感电动势的作用下继续从 A 到 B,电动机仍然处于电动状态。当电流衰减为零以后,VT_2、VT_3 开始导通,电流从电源流经 VT_3 后,从 B 到 A 经 VT_2 回到地,电动机处于能耗制动状态。所以,在轻载下工作时,电动机的工作状态呈现点动和制动交替变化。

双极性驱动时,电动机可以在 4 个象限上工作,低速时的高频振荡有利于消除负载的静摩擦,低速平稳性好,但在工作过程中,由于 4 个开关管都处在开关状态,功率损耗较大,因此,双极性驱动只用于中小型直流电动机,使用时也要加"死区",防止同一桥臂下开关管直通。

(4)死区

在双极性驱动下工作时,由于开关管自身都有开关延时,并且"开"和"关"的延时时间不同,所以在同一桥臂上的两个开关管容易出现直通现象,这将引起短路。为了防止直通,同一桥臂上的两个开关管在"开"、"关"交替时,增加一个低电平延时,如图 1-14 所示。使某一个开关管在"开"之前,保证另一个相对应的开关管处于"关"的状态。通常,我们把这个低电平延时称为死区。死区的时间长短可以根据开关管关断时间以及使用要求来确定,一般在 $5 \sim 20\mu s$。由图可见,在每个 PWM 周期里,将有两个死区出现。

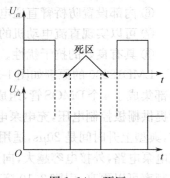

图 1-14 死区

一般单片机的专用 PWM 口发出的 PWM 波没有死区设置功能,所以必须外接能产生死区功能的芯片。一种方式是采用专用 PWM 信号发生器集成电路,如 UC3637、SG1731 等,这些芯片都带有 PWM 波发生电路、死区以及保护电路。但是他们大部分都采用模拟信号(电压)控制,如果使用单片机控制,则必须首先进行 D/A 转换。另一种方式是使用单片机外加含有死区功能和驱动功能的专用集成电路,这对于小型直流电动机的控制而言,电路更简单。

2. 直流伺服电动机的微处理器控制

（1）采用专用直流电动机驱动芯片 LMD18200 实现双极性控制

下面介绍一种典型芯片 LMD18200 的性能和应用。LMD18200 是专用于直流电动机驱动的 H 桥组件。LMD18200 外形结构有两种,如图 1-15 所示,常用的 LMD18200 芯片有 11 个引脚,采用 TO-220 封装,如图 1-15（a）所示。

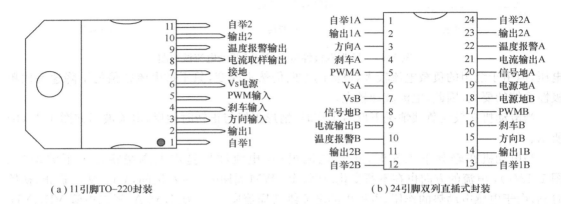

（a）11引脚TO–220封装 （b）24引脚双列直插式封装

图 1-15　LMD18200 的封装

LMD18200 芯片的功能如下:

① 峰值输出电流高达 6A,连续输出电流达 3A,工作电压高达 55V;

② 可接受 TTL/CMOS 兼容电平的输入;

③ 可通过输入的 PWM 信号实现 PWM 控制;

④ 可外部控制电动机转向;

⑤ 具有温度报警和过热与短路保护功能;

⑥ 内部设置防桥臂直通电路;

⑦ 可以实现直流电动机的双极性和单极性控制;

⑧ 具有良好的抗干扰性。

LMD18200 的原理如图 1-16 所示,图中引脚分布与 TO—220 封装形成对应。由图可见,它内部集成了 4 个 DMOS 管,组成一个标准的 H 桥驱动电路。通过自举电路为上桥臂的 2 个开关管提供栅极控制电压,充电泵电路由一个 300kHz 的振荡器控制,使自举电容可以充至 14V 左右,典型上升时间是 20μs,适用于 1kHz 左右的工作频率。可在引脚 1、11 外接电容形成第二个充电泵电路,外接电容越大,向开关管栅极输入的电容充电速度越快,电压上升的时间越短,工作频率可以更高。引脚 2、10 接直流电动机电枢,正转时电流的方向应该从引脚 2 到引脚 10;反转时电流的方向应该从引脚 10 到引脚 2。电流检测输出引脚 8 可以接一个对地电阻,通过电阻来输出过流情况。内部保护电路设置的过电流阈值为 10A,当超过该值时会自动封锁输出,并周期性地自动恢复输出。如果过电流持续时间较长,过热保护将关闭整个输出。过热信号还可通过引脚 9 输出,当结温达到 145℃ 时引脚 9 有输出信号。

LMD18200 提供双极性和单极性两种驱动方式。单极性驱动方式中,PWM 控制信号通过引脚 5 输入,转向信号通过引脚 3 输入。根据 5 脚 PWM 控制信号的占空比来控制伺服电动机的转速。对于双极性驱动方式,PWM 控制信号通过 3 脚输入,根据 PWM 控制信号的占空比来

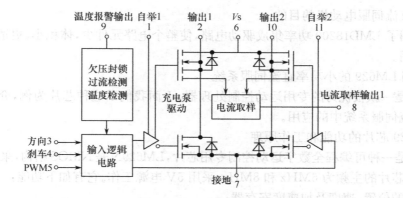

图 1-16　LMD18200 的原理图

决定伺服电动机的转速和转向。也即当占空比大于 50% 时,伺服电动机正转,占空比小于 50% 时,伺服电动机反转。

　　基于 LMD18200 的单极性可逆驱动方式下典型应用电路如图 1-17 所示。其理想波形如图 1-18 所示。

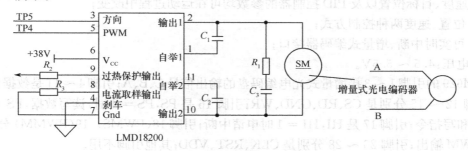

图 1-17　LMD18200 典型应用电路

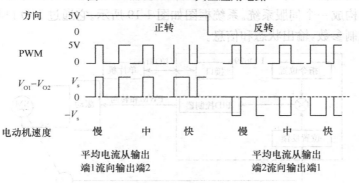

图 1-18　单极性驱方式下的理想波形

　　该应用电路是 Motorola68332CPU 与 LMD18200 接口例子,它们组成了一个单极性驱动直流电动机的闭环控制电路。在这个电路中,PWM 控制信号是通过引脚5输入的,而转向信号则通过引脚3输入。根据 PWM 控制信号的占空比来决定直流电动机的转速。

　　电路中采用一个增量型光电编码器来反馈电动机的实际位置,增量式旋转编码器是利用光源和光敏元件进行转动体角位移测量的装置(详见附录 A)。在转动体转动时,安装于同轴的编码器将角位移转换成 A、B 两路脉冲信号,供可逆计数器计数。

　　在本电路中,编码器输出 A、B 两相,检测电动机转速和位置,形成闭环位置反馈,从而达到精确控制直流伺服电动机的目的。

由于采用了 LMD18200 功率集成驱动电路，使整个电路元件少，体积小，更适合在仪器仪表控制中使用。

（2）采用 LM629 的小功率直流伺服系统

LM629 是一款很优秀的专用运动控制处理器。下面我们以这种芯片为例，介绍这种芯片在小功率直流伺服系统中的应用。

① LM629 芯片的功能和工作原理

LM629 是一种可编程全数字运动控制专用芯片，LM629N 是 NMOS 结构，采用 28 引脚双列直插封装，芯片的主频为 6MHz 和 8MHz，采用 5V 电源工作。它有如下功能：

    a. 32 位的位置、速度及加速度寄存器；

    b. 带 16 位参数的可编程数字 PID 控制器；

    c. 可编程的微分采样时间；

    d. 8 位脉宽调制 PWM 信号输出；

    e. 内部梯形速度图发生器；

    f. 速度、目标位置以及 PID 控制器的参数均可在运动过程中改变；

    g. 位置、速度两种控制方式；

    h. 可实时中断、增量式编码器接口；

    i. 电压：4.5～5.5V。

LM629 的引脚 1～3 接增量式光电编码盘的输出信号 C、B、A；引脚 4～11 是数据口 D_0～D_7；引脚 12～15 分别是 CS、RD、GND、WR；引脚 16 是 PS，PS＝1 时，读写数据，PS＝0 时，读状态和写指令；引脚 17 是 HI，HI＝1 时申请中断；引脚 18（PWMS）、19（PWMM）分别是转向和 PWM 输出；引脚 26～28 分别是 CLK、RST、VDD；其他引脚不用。

通过一个微处理器，一片 LM629，一片功率驱动器，一台直流伺服电动机，一个增量式旋转编码器就可以构成一个伺服系统。系统框图如图 1-19 所示。它通过 I/O 口与单片机通信，输入运动参数和控制参数，输出状态和信息。

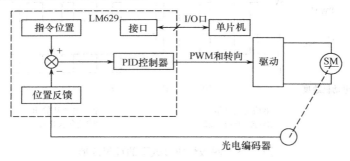

图 1-19　LM729 组成的控制系统

用一个增量式光电编码盘来反馈伺服电动机的实际位置。来自增量式光电编码盘的位置信号 A、B 经过 LM629 的 4 倍频，使分辨率提高。A、B 逻辑状态每变化一次，LM629 内的位置寄存器就会加（减）1。编码盘的 A、B、C 信号同时低电平时，就产生一个 Index 信号送入 Index 寄存器，记录电动机的绝对位置。

LM629 的梯形速度图发生器用于计算所需的梯形速度分布。在位置控制方式时，单片机送来加速度、最高转速、最终位置数据，LM629 利用这些数据计算运行轨迹如图 1-20（a）所示。

在电动机运行时,上述参数允许更改,产生如图 1-20(b) 所示的轨迹。在速度控制方式时,电动机用规定的加速度加速到规定的速度,并一直保持这一速度,直到新的速度指令执行。如果速度存在扰动,LM629 可使其平均速度恒定不变。

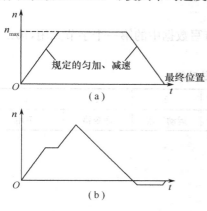

图 1-20　两种典型的速度轨迹

多数中断的屏蔽。复位至少需要 1.5ms。

LM629 内部有一个数字 PID 控制器,用来控制闭环系统。数字 PID 控制器采用增量式 PID 控制算法,所需的 K_p、K_i、K_d 系数数据由单片机提供。

② LM629 的指令

LM629 有 22 条指令,可用于单片机对其进行控制、数据传送和了解状态信息。指令可分成 5 类,分别介绍如下。

a. 初始化指令

初始化指令有三条,用于对 LM625 初始化操作。

● 复位指令(REST)

操作码:00H　　　无数据

复位指令将 LM629 片内各寄存器清零,清除绝大

● 8 位 PWM 输出指令(PORT8)

操作码:05H　　　无数据

在位用 LM629 时,初始化时必须执行该指令一次。

● 原点定义指令(DFH)

操作码:02H　　　无数据

定义当前位置为原点或绝对零点。

b. 中断指令

LM629 有 6 个能够引发单片机中断的中断源。下面 7 条指令都与中断有关。

● 设定 Index 位置指令(SIP)

操作码:03H　　　无数据

当来自增量式光电编码盘的三个脉冲信号同时都是 0 时,绝对位置被纪录到 Index 寄存器,并引发中断,使状态字节的第三位置 1。

● 误差中断指令(LPEI)

操作码:1BH　　　2 个字节写数据,数据范围:0000H ～ 7FFFH

位置误差超差说明系统出现严重问题,因此,用户通过该指令输入位置误差阈值。设定值时发生中断,使状态字节第 5 位置 1。

● 误差停指令(LPES)

操作码:1AH　　　2 个字节写数据,数据范围:0000H ～ 7FFFH

用户通过该指令输入误差停阈值,当超出设定值时系统关断电动机,并引发中断,使状态字节第 5 位置 1。

● 设定绝对位置断点指令(SBPA)

操作码:20H　　　4 个字节写数据,数据范围:C0000000H ～ 3FFFFFFFH

用户通过该指令设置绝对位置断点,当到达绝对位置时引发中断,使状态字节第 6 位置 1。

● 设定相对位置断点指令(SBPR)

操作码:21H　　4个字节写数据

用户通过该指令设置相对位置断点,当到达相对位置时引发中断,使状态字第6位置1。

- 屏蔽中断指令(MSKI)

操作码:1CH　　2个字节写数据

用户通过该指令将不需要的中断源屏蔽掉。两个字节写数据中的第一个字节无用,第二个字节各位功能如表1-1所列。

表1-1　MSKI 第二个字节各位功能

7	6	5	4	3	2	1	0
不用	断点	位置超差	位置信息错	Index 脉冲	运动完成	命令错	不用

当表1-1中的位置等于0,该中断被屏蔽。

c. 复位中断指令(RSTI)

操作码:1DH　　2个字节写数据

当中断发生时,RSTI 指令用来复位指定的中断标志

d. PID 控制器指令

PID 控制器指令有两条,用于输入 PID 参数

- 装入 PID 参数指令(LFIL)

操作码:1EH　　2～10个字节写数据

输入的参数包括 PID 系数 K_p、K_i、K_d 和积分极限。数据的前两个字节中,低字节的内容如表1-2所列;高字节存放微分采样时间间隔数据,其数据格式如表1-3所列。随后是参数数据,每个数据占两个字节,顺序为 K_p、K_i、K_d 和积分极限。

表1-2　LFIL 低字节内容

7	6	5	4	3	2	1	0
不用				K_p	K_i	K_d	积分极限

表1-3　LFIL 高字节数据格式

15	14	13	12	11	10	9	8	时间间隔/μs
0	0	0	0	0	0	0	0	256
0	0	0	0	0	0	0	1	512
0	0	0	0	0	0	1	0	768
0	0	0	0	0	0	1	1	1024
…	…	…	…	…	…	…	…	…
1	1	1	1	1	1	1	1	65536

- 参数有效指令(UDF)

操作码:04H　　无数据

PHD 参数输入采用双缓存,UDF 指令使用 LFIL 指令输入的参数真正送入寄存器中。

e. 运动指令

运动指令有两条。用于输入位置、速度、加速度、控制方式和转向参数。

- 装入运动参数指令(LTRJ)

操作码:1FH　　2～14个字节写数据

用户通过运动指令输入加速度、速度、位置、控制方式、转向、停车方式等数据。数据的前两个字节的内容如表1-4所列。其后紧随着的是加速度、速度、位置参数数据。其中加速度和速度

都是 32 位数据,它们的低 16 位数据都是小数位。位量数据是 30 位有符号数。

表 1-4　装入运动参数指令(LTRJ)前两个字节的内容

7	6	5	4	3	2	1	0
不用	不用	装加速度	相对加速度	装速度	相对速度	装位置	相对位置
15	14	13	12	11	10	9	8
不用	不用	不用	正转	速度方式	慢停	快停	PWM = 0

表 1-4 中,装入运动参数指令 0 位、2 位和 4 位为 1 时,表示位置、速度和加速度是相对值,为 0 时为绝对值。8、9、10 位是停车方式,只能选择其中之一。11 位为 1 时 LM629 工作在速度控制方式,为 0 时工作在位置控制方式。

- 数据有效指令(STT)

操作码:01H　　无数据

运动参数输入也采用双缓存,STT 指令使 LTRJ 指令输入的数据生效。

f. 状态和信息指令

单片机通过状态和信息指令读 LM629 的状态和运动信息。这类指令有 8 条。

- 读状态指令(RDSTAT)

操作码:无　　1 个字节读数据

从 LM629 直接读 1 个字节的状态数据,其内容如表 1-5 所列,其中 1～6 位在相应的中断发生时置 1。

表 1-5　读状态指令(RDSTAT)读出的数据内容

7	6	5	4	3	2	1	0
停车	断点到	位置超差	位置信息错	Index 脉冲	运动完成	命令错	忙

- 读信号寄存器指令(RDSIGS)

操作码:0CH　　2 个字节读数据

读出的两个字节数据内容如表 1-6 所列,其中所指的是各位为 1 时的功能

表 1-6　读信号寄存器指令(RDSIGS)读出的数据内容

7	6	5	4	3	2	1	0
停车	断点到 (中断)	位置超差 (中断)	位置信息错 (中断)	Index 脉冲 (中断)	运动完成 (中断)	命令错 (中断)	下一个 Index
15	14	13	12	11	10	9	8
发生中断	装加速度	执行 UDF	正转	速度方式	运动完成	误差停	8 位输出

- 读 Index 位置指令(RDIP)

操作码:09H　　4 个字节读数据,数据范围:C0000000H ～ 3FFFFFFFH

读 Index 寄存器位置数据,数据顺序是高位在前。

- 读预定位置指令(RDDP)

操作码:08H　　4 个字节读数据,数据范围:C0000000H ～ 3FFFFFFFH

读预定位置数据,数据顺序是高位在前。

- 读实际位置指令(RDRP)

操作码:0AH　　4 个字节读数据,数据范围:C0000000H ～ 3FFFFFFFH

读当前实际位置数据,数据顺序是高位在前。

- 读预定速度指令（RDDV）

操作码：07H   4个字节读数据，数据范围：C0000001H ～ 3FFFFFFFH

读预定速度数据，其中低 16 位是小数位，数据顺序是高位在前。

- 读实际速度指令（RDRV）

操作码：0BH   2个字节读数据，数据范围：C0000001H ～ 3FFFFFFFFH

读实际速度数据，都是整数，数据顺序是高位在前。

- 读积分和指令（HDSUM）

操作码，0DH   2个字节读数据

读积分和数据，数据顺序是高位在前。

以上大多数指令可以在电动机运行过程中执行。

③LM629 的应用

图 1-21 是应用 LM629 组成的位置伺服系统。该系统采用 51 单片机对其进行控制。LM629 的 I/O 口 D0 ～ D7 与单片机的 P0 口相连，用来从单片机传送数据和控制指令，从 LM629 传送运动信息和电动机的状态。单片机的 P2.0 引脚与 LM629 的片选端相连，作为选中 LM629 的地址线。引脚 P2.1 与 LM629 的 $\overline{PS}$ 相连，作为另一条地址线。当 P2.1 ＝ 0 时，单片机可以向 LM629 写指令或从 LM629 读状态；P2.1 ＝ 1 时，单片机可以向 LM629 写数据或从 LM629 读信息。LM629 的中断引脚经一个非门与单片机的 $\overline{INT0}$ 相连，LM629 的 6 个中断源都通过该引脚申请单片机中断，一旦有中断申请发生，单片机必须通过读 LM629 的状态字来辨别哪一个中断发生。

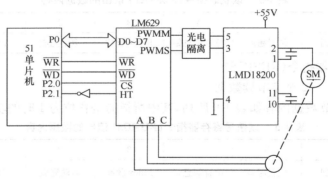

图 1-21   应用 LM629 组成的位置伺服系统

单片机的主要作用就是向 LM629 传送 PID 数据和运动数据，并通过 LM629 对电动机的运行情况进行监控。LM629 则根据单片机发来的数据生成速度图，进行位置跟踪、PID 控制和生成 PWM 信号。

LM629 的两个输出 PWMS 和 PWMM 经光电耦合后与驱动芯片 LMD18200 相连，来驱动直流电动机。在直流电动机输出轴上安装增量式光电编码器作为速度传感器，它的输出直接连到 LM629 的 A、B、C 输入端，形成反馈环节。

（3）采用 DSP 的单极性可逆 PWM 控制系统

① DSP 简介

DSP 处理器是专门设计用来进行高速数字信号处理的微处理器。与通用的 CPU 和微处理器（MCU）相比，DSP 处理器在结构上采用了许多的专门技术和措施来提高处理速度。尽管不同的厂商所采用的技术和措施不尽相同，但往往有许多共同的特点，主要有：

- 哈佛结构和改善的哈佛结构；
- 流水线技术(Pipeline)；
- 硬件乘法器和乘法指令 MAC；
- 独立的直接存储器访问(DMA)总线及其控制器；
- 数据地址发生器(DAG)；
- 丰富的外设(PeriPherals)。

TI 应用于电动机控制的 DSP 典型芯片有 TMS320LF240、TMS320LF2401、TMS320LF2407、TMS320LF2812 等。

② TMS320F2812 简介

TMS320F2812 是美国德州仪器公司(简称 TI 公司)推出的新一代 32 位定点数字信号处理器(Digital Signal Processor,DSP)系列产品中的一员。该系列芯片包括：TMS320F2810，TMS320F2811，TMS320F2812，TMS320C2810，TMS320C2811 和 TMS320C2812 等。

TMS320X281x 芯片每秒可执行 1.5 亿次指令(150 MIPS)，具有单周期 32 位×32 位的乘和累加操作(MAC)功能。F281x 片内集成了 128K/64K×16 位的闪速存储器(Flash)，可方便地实现软件升级；此外，片内还集成了丰富的外围设备，例如：采样频率达 12.5 MIPS 的 12 位 16 路 A/D 转换器，面向电机控制的事件管理器，以及可为主机、测试设备、显示器和其他组件提供接口的多种标准串口通信外设等。可见，该类芯片既具备数字信号处理器卓越的数据处理能力，又像单片机那样具有适于控制的片内外设及接口，因而又被称为"数字信号控制器"(Digital Signal Controller,DSC)。

TMS320X281x 与 TMS320F24x/LF240x 的原代码和部分功能相兼容，一方面保护了 TMS320F24x/LF240x 升级时对软件的投资；另一方面扩大了 TMS320C2000 的应用范围，从原先的普通电机数字控制拓展到高端多轴电机控制、可调谐激光控制、光学网络、电力系统监控和汽车控制等领域。

TMS320F281x 系列芯片的主要性能如下。

≪高性能静态 CMOS(Static CMOS) 技术
- 150MHz(时钟周期 6.67ns)
- 低功耗设计(核心电压 1.8V,I/O 口电压 3.3V)
- Flash 编程电压 3.3V

≪ JTAG 边界扫描(Boundary Scan) 支持

≪ 高性能的 32 位中央处理器(TMS320C28x)
- 16 位×16 位和 32 位×32 位乘且累加操作
- 16 位×16 位的两个乘且累加单元
- 哈佛总线结构(Harvard Bus Architecture)
- 强大的操作能力
- 迅速的中断响应和处理
- 统一的寄存器编程模式
- 可达 4MB 的线性程序地址
- 可达 4MB 的线性数据地址
- 代码高效(用 C/C++ 或汇编语言)
- 与 TMS320F24x/LF240x 处理器的源代码兼容

≪ 片内存储器
- 128K×16 位的 Flash 存储器
- 1K×16 位的 OTP ROM
- L0 和 L1：两块 4K×16 位的单口访问 RAM(SARAM)
- H0：一块 8K×16 位的单口访问 RAM
- M0 和 M1：两块 1K×16 位的单口访问 RAM

≪ 引导 ROM(Boot ROM)4K×16 位
- 带有软件的 Boot 模式
- 标准的数学表

≪ 外部存储器接口(仅 F2812 有)
- 有多达 1.5MB×16 位的存储器
- 可编程等待状态数
- 可编程读 / 写选通计数器(Strobe Timing)
- 三个独立的片选端

≪ 时钟与系统控制
- 支持动态的改变锁相环的频率
- 片内振荡器
- 看门狗定时器模块

≪ 三个外部中断

≪ 外部中断扩展(PIE) 模块
- 可支持 96 个外设中断，当前仅使用了 45 个外设中断

≪ 128 位的密钥(Security Key/Lock)
- 保护 Flash/OTP 和 L0/L1 SARAM
- 防止 ROM 中的程序被盗

≪ 三个 32 位的 CPU 定时器

≪ 马达控制外围设备
- 两个事件管理器(EVA、EVB)
- 与 C240x 兼容的器件

≪ 串口外围设备
- 串行外围接口(SPI)
- 两个串行通信接口(SCIs)，标准的 UART
- 改进的局域网络(eCAN)
- 多通道缓冲串行接口(McBSP) 和串行外围接口模式

≪ 12 位的 ADC,16 通道
- 2×8 通道的输入多路选择器
- 两个采样保持器
- 单个的转换时间：200ns
- 单路转换时间：60ns

≪ 最多有 56 个独立的可编程、多用途通用输入 / 输出(GPIO) 引脚

≪ 高级的仿真特性

- 分析和设置断点的功能
- 实时的硬件调试

≪ 开发工具

- ANSI C/C++ 编译器／汇编程序／连接器
- 支持 TMS320C24x/240x 的指令
- 代码编辑集成环境
- DSP/BIOS
- JTAG 扫描控制器(TI 或第三方的)
- 硬件评估板
- 支持多数厂家的数控电机

≪ 低功耗模式和节能模式

- 支持空闲模式、等待模式、挂起模式
- 停止单个外围的时钟

≪ 封装方式

- 带外部存储器接口的 179 球形触点 BGA 封装
- 带外部存储器接口的 176 引脚低剖面四芯线扁平 LQFP 封装
- 没有外部存储器接口的 128 引脚贴片正方扁平 PBK 封装

≪ 温度选择

- A：－40 ～ ＋85℃
- S：－40 ～ ＋125℃

特别值得一提的是它所集成的事件管理器,它是电动机控制专用外设的一个集合,也沿用到后来 TI 电动机控制专用 DSP 当中并加以改善。事件管理器中集成了 4 个 16 位定时器,并以这 4 个定时器为基础,控制着事件管理器中其他的外设,包括比较器、PWM 发生器、死区时间发生器、捕获单元、正交编码电路,还可以控制 A/D 转换器的操作。其中 PWM 发生器从硬件上支持现代电力电子系统和电动机控制系统中常用的空间矢量 PWM 方式,使得生成 PWM 所需的代码大大简化。同时该 DSP 为每个外设提供了丰富的中断源,极大地方便了实时控制中处理各种实时事件。由于片内集成了 FlashROM,使得控制系统的软件调试和产品开发变得更加容易。另外从 TMS320LF2407A 开始,TI 生产的电动机控制专用 DSP 都采用 JTAG 接口作为仿真器与 DSP 芯片的连接方式,大大提高了 DSP 仿真调试的效率。

TMS320LF2812 的集成度较高,在外设功能上已经赶上甚至超过了微控制器。只需在 DSP 外部连接很少的接口电路即可构成一个功能完善的控制系统,系统硬件设计得到大大简化。由于 TMS320F2812 几乎集成了所有电动机控制所需的外设,因此由此可以构成一个较为通用的控制平台,适用于不同的控制对象。例如,采用 TMS320LF2812 的控制板与一个两电平三相逆变器相连,则可以用于各种交流电动机的控制,比如交流异步电动机、永磁同步电动机、永磁无刷直流电动机等,也可以用这样的平台进行 PWM 整流、功率因数校正、无功补偿、UPS 电源等系统的控制研究。针对不同的控制对象,只需修改 DSP 中的软件,硬件基本上无须改动。

③ 基于 DSP 的全数字直流伺服电动机控制系统

基于 DSP 芯片强大的高速运算能力、强大的 I/O 控制功能和丰富的外设,我们可以使用 DSP 方便的实现直流伺服电动机的全数字控制。图 1-22 是直流伺服电动机全数字双闭环控制系统框图。全部控制模块如速度 PI 调节、电流 PI 调节、PWM 控制等都是通过软件来实现。

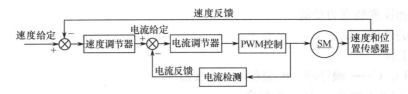

图 1-22　直流伺服电动机调速双闭环原理图

图 1-23 是根据图 1-22 的控制原理所设计的用 TMS320LF2812DSP 实现的直流伺服控制系统。

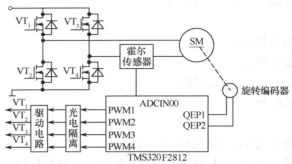

图 1-23　采用 DSP 控制的直流伺服电动机系统

图 1-23 中,采用了 H 桥驱动电路,通过 DSP 的 PWM 输出引脚 PWM1～PWM4 输出的控制信号进行控制。用霍尔电流传感器检测电流变化,并通过 ADCIN00 引脚输入给 DSP,经过 A/D 转换产生电流反馈信号。采用增量式光电编码器检测电动机的速度变化,经过 QEP1、QEP2 引脚输出给 DSP,获得速度反馈信号。它还可以很容易地实现位置控制。

用 DSP 实现直流电动机速度控制的软件由三部分组成:初始化程序、主程序、中断服务子程序。

其中主程序只进行电动机的转向判断,用来改变比较方式寄存器 ACTRA 的设置。用户可以在主程序中添加其他的控制程序。

在每个 PWM 周期中都进行一次电流采样和电流 PI 调节,因此电流采样周期与 PWM 周期相同,以实现实时控制。

采用定时器 1 周期中断标志来启动 A/D 转换,转换结束后申请 ADC 中断,图 1-24 是 ADC 中断处理子程序框图,全部控制功能都通过中断处理子程序来完成。

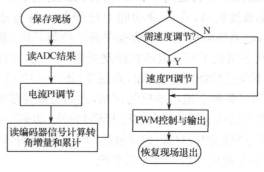

图 1-24　电流 ADC 转换子程序

由于速度时间常数比较大,本程序设计每 100 个 PWM 周期对速度进行一次 PI 调节。

速度反馈量式按以下方法计算的:在每个 PWM 周期都通过读编码器求一次编码脉冲增量,并累计。假设电动机的最高转速是 300r/min,即 50r/s。采用 1024 线的编码器,经过 DSP 四倍频后每转发出 4096 个脉冲。所以在这个转速下,每秒发出 $50 \times 4096 = 204800$ 个脉冲,那么 5ms 发出的最大脉冲数为 $204800 \times 5 \times 10^{-3} = 1024$,或者 2^{10},令编码脉冲速度转换系数 Kspeed $= 1/1024$,其 Q22 格式为 Kspeed $= 2^{22}/1024 = 2^{10}$,即 1000H。用编码器的脉冲累计值乘以 Kspeed 就可以得到当前转速反馈量相对于最高转速的比值 n,当前转速反馈量等于 $3000 \times n/2^{22}$。

程序中的速度 PI 调节和电流 PI 调节的各个参数可以根据用户特殊应用要求在初始化程序中改写。

1.2 无刷直流电动机

1.1 节所述直流伺服电动机具有良好的机械特性和调节特性,堵转转矩又大,因而被广泛应用于驱动装置及伺服系统中。但是,一般直流电动机都有换向器和电刷,其间的滑动接触容易产生火花,引起无线电干扰,过大的火花甚至影响电动机的正常运行。此外,因存在着滑动接触,又使维护麻烦,影响到电动机工作的可靠性。因此,长期以来人们都在研究无接触式换向结构的直流电动机。随着电子与电力电子技术的发展,这种愿望已得以实现。无刷直流电动机用晶体管开关电路和位置传感器来代替电刷和换向器。这使无刷直流电动机既具有直流伺服电动机优良的线性机械特性和调节特性,又具有交流电动机的维护方便、运行可靠等优点。由于有这些明显的优点,它得到越来越广泛的应用:

① 在计算机外设和办公自动化设备中的应用,例如在打印机、软盘驱动器、硬盘驱动器、光盘驱动器、传真机、复印机等中的应用。

② 在家用电器中的应用,例如在音像设备、家用洗衣机、电冰箱、空调装置中的应用。

③ 在工业驱动、伺服控制中的应用,例如在数控机床、组合机床、纺织机械、印刷机械、装卸机械、冶金机械、邮政机械、自动化流水生产线及各种专用设备中的应用。

④ 在汽车、电动汽车、电动摩托车、电动自行车等交通工具中的应用。

⑤ 在医用领域中的应用,例如在高速离心机、牙科和手术用高速器具、心脏泵等中的应用。

此外,在特殊环境条件下,如潮湿、真空、有害物质的场所,为提高系统的可靠性也采用无刷直流电动机。其中,军用和航天领域是无刷直流电动机最先得到应用的领域。

1.2.1 无刷直流电动机的结构与组成

无刷直流电动机本体结构是一台反装式的普通直流电动机。它的电枢放置在定子上,永磁磁极位于转子上,与永磁式同步电动机相似。各相绕组分别与外部的电子开关电路相连,开关电路中的开关管受位置传感器的信号控制。图 1-25 中的电动机本体为三相两极。三相定子绕组分别与电子开关线路中相应的功率开关器件连接,在图 1-25 中 A 相、B 相、C 相绕组分别与功率开关管 VT_1、VT_2、VT_3 相接。位置传感器与电动机转轴相连接。当定子绕组的某一相通电时,该电流与转子永久磁

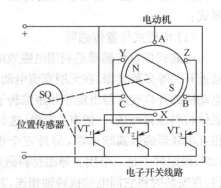

图 1-25 无刷直流电动机的结构简图

钢的磁极所产生的磁场相互作用而产生转矩,驱动转子旋转,再由位置传感器将转子磁钢位置变换成电信号,去控制电子开关线路,从而使定子各相绕组以一定次序导通,定子相电流随转子位置的变化而按一定的次序换相。由于电子开关线路的导通次序是与转子转角同步的,因而起到了机械换向器的换向作用。

从上述分析可以看出,无刷直流电动机系统由电动机、转子位置传感器和晶体管开关电路三部分组成,它的原理方框图如图 1-26 所示。直流电源通过开关电路向电动机供电,位置传感器随时检测到转子所处的位置,并根据转子的位置信号来控制开关管的导通与截止,从而实现无刷换向。

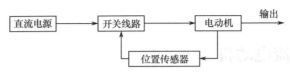

图 1-26　无刷直流电动机的原理方框图

因此,无刷直流电动机就其结构而言,也可以认为是一台由电子开关线路、永磁式同步电动机以及位置传感器组成的"电动机系统"。

1. 电动机

永磁无刷直流电动机本体与永磁同步电动机相似。转子采用永久磁铁,目前多使用稀土永磁材料。转子的结构一般分为两种:第一种是将瓦片状的永磁体贴在转子的表面上,称为凸极式;另一种是将永磁体嵌入到转子铁芯中,称为嵌入式。定子绕组采用交流绕组形式。绕组的相数有两相、三相、四相和五相几种情况,但应用最多的是三相和四相。典型的电枢绕组形式如图 1-27 所示,转子由永久磁钢按一定极对数($2p = 2,4,6,\cdots$)组成。因希望在定子绕组中获得顶宽为 120° 的梯形波,因而绕组形式往往采用整距集中或接近整距集中的形式,以便保留磁密中的其他谐波。永磁无刷直流电动机的转子结构既有传统的内转子结构,又有近年来出现的盘式结构、外转子结构和线性结构等新型结构形式。伴随着新型永磁材料钕铁硼(NdFeB)等的实用化,电动机转子结构越来越多样化,使永磁无刷直流电动机正朝着高出力、高精度、微型化和耐恶劣环境等方向发展。

2. 转子位置检测器

转子位置检测器即位置传感器,按动作原理可分为电磁式、光电式、磁敏式等。位置传感器的种类比较多,且各自有各自的特点,目前在无刷直流电动机中常用的位置传感器有以下几种形式:

(1)电磁式位置传感器

电磁式位置传感器是利用电磁效应来实现转子位置测量的,有开口变压器、铁磁谐振电路、接近开关等多种类型。在无刷直流电动机中,用得较多的是开口变压器,其中用于三相无刷直流电动机的开口变压器由定子和跟踪转子两部分组成。定子一般由硅钢片的冲片叠成,或用高频铁氧体材料压铸而成,一般有 6 个极,这 6 个极之间的间隔分别是 60°,其中三个极绕上一次绕组,并相互串联后通以高频电源,另外三个极分别绕上二次侧绕组 W_A,W_B,W_C。它们之间分别间隔 120°。跟踪转子是一个用非导磁材料做成的圆柱体,在它上面镶有一块 120° 电角度的扇形导磁材料,在安装时将它同电动机转轴相连,其位置对应于某一个磁极。假设跟踪转子处在某一位置时,一次侧绕组所产生的高频磁通通过跟踪转子上的导磁材料耦合到绕组 W_B 上,故在上产生感应电

压 U_B，而在另外两相二次侧绕组 W_A 和 W_C 上由于无耦合回路同一次侧绕组相连，其感应电压 U_A，U_C 基本上为零。随着电动机转子的转动，跟踪转子的导磁扇形片也跟着转动，使之逐步离开绕组 W_B，而向绕组 W_C 靠近（假定为逆时针旋转），从而使其二次侧电压 U_B 下降、U_C 上升。就这样，随着电动机转子运动，在开口变压器上分别依次感应出电压 U_B、U_C、U_A。由于开口变压器由于结构简单、性能可靠，因而目前得到了广泛应用。扇形导磁片的角度一般略大于 $120°$ 电角度，常采用 $130°$ 电角度。在三相全控电路中，为了换相译码器的需要，扇形导磁片的角度则为 $180°$ 电角度。同时，扇形导磁片的个数应同无刷直流电动机的极对数相等。由于振荡电源的频率高达几千赫兹，故变压器的铁芯往往采用铁氧体材料，频率较低的铁芯可以采用其他软磁材料。

设计开口变压器时，一般要求把它的绕组同振荡电源结合起来同时考虑，以便得到较好的输出特性。电磁式位置传感器具有输出信号大、工作可靠、寿命长、使用环境要求不高、适应性强、结构简单和紧凑等优点，但这种传感器信噪比和体积较大，同时其输出波形为交流，一般需整流、滤波后方可应用。

（2）光电式位置传感器

光电式位置传感器是利用光电效应制成的，由跟随电动机转子一起旋转的遮光板和固定不动的光源及光电管等部件组成。如图 1-28 所示，遮光板开有 $120°$ 电角度左右的缝隙，且缝隙的数目等于无刷直流电动机转子磁极的极对数。其原理叙述见 1.2.2 节内容。光电式位置传感器性能较稳定，但存在输出信号信噪比较大、光源灯泡寿命短、使用环境要求较高等缺陷，不过现在已经有新型光电元件出现，可克服这些不足之处。

（3）磁敏式位置传感器

磁敏式位置传感器的基本原理为霍尔效应和磁阻效应。目前，常见的磁敏传感器有霍尔元件或霍尔集成电路、磁敏电阻器及磁敏二极管等多种。磁敏元件的主要工作原理是电流的磁效应，即霍尔效应，现介绍如下。

任何带电质点在磁场中沿着与磁力线垂直的方向运动时，都要受到磁场的作用力，称为洛伦兹力。洛伦兹力的大小与质点的电荷量、磁感应强度及质点的速度成正比。例如，在长方形半导体薄片上加上电场 E 后，在没有外加磁场时，电子沿外电场 E 的反方向运动，当加以与外电场垂直的磁场 B 时，运动着电子受到洛伦兹力作用向左边偏转了一个角度，因此，在半导体横向方向边缘上产生了电荷，由于该电荷积累产生了新的电场，称为霍尔电场。该电场又影响了元件内部的电场方向，随着半导体横向方向边缘上的电荷积累不断增加，霍尔电场力也不断增大，它逐渐抵消了洛伦兹力，使电子不再发生偏转，从而使电流方向又回到平行于半导体侧面方向，达到新的稳定状态。这个霍尔电场的积分，就在元件两侧间显示电压，称为霍尔电压，这个就是所谓的霍尔效应。

上述霍尔元件产生的电动势很低，在应用时往往要外接放大器，很不方便。随着半导体集成技术的发展，将霍尔元件与半导体集成电路一起集成在同一块半导体芯片上，这就构成了霍尔集成放大电路。这种集成电路包括线性型和开关型两种，一般而言，无刷直流电动机的位置传感器宜选用开关型。

（4）无传感器位置检测

近年来，还出现了无位置传感器无刷直流电动机，此种电动机通过检测定子绕组的反电动势或定子三次谐波或续流二极管电流通路等作为转子磁钢的位置信号，该信号检出后，经数字电路处理，送给逻辑开关电路去控制无刷直流电动机的换向。由于它省去了位置传感器，使得无刷电动机的结构更加紧凑，所以应用日趋广泛，详细内容将在本节控制部分讲述。

3. 电子换向电路

电子换向电路由功率变换电路和控制电路两大部分组成,它与位置传感器相配合,去控制电动机定子各相绕组通电的顺序和时间,起到与机械换向相类似的作用。当系统运行时,功率变换器接受控制电路的控制信息,将系统工作电源的功率以一定的逻辑关系分配给直流无刷电动机定子上各相绕组,以便使电动机产生持续不断的转矩。逆变器将直流电转换成交流电向电动机供电,与一般逆变器不同,它的输出频率不是独立调节的,而受控于转子位置信号,是一个"自控式逆变器"。永磁无刷直流电动机由于采用自控式逆变器,电动机输入电流的频率和电动机转速始终保持同步,电动机和逆变器不会产生振荡和失步,这也是永磁无刷直流电动机的重要优点之一。

电动机各相绕组导通的顺序和时间主要取决于来自位置传感器的信号,但位置传感器所产生的信号一般不能直接用来驱动功率变换器的功率开关元件,往往需要经过控制电路一定逻辑处理、隔离放大后才能去驱动功率变换器的开关元件。驱动控制电路的作用是将位置传感器检测到的转子位置信号进行处理,按一定的逻辑代码输出,去触发功率开关管。电子开关的线路的类型主要有桥式与非桥式两种,其典型连接如图 1-27 所示。

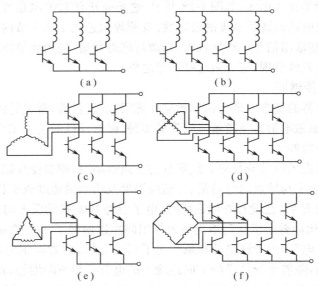

图 1-27　电枢绕组连接方式

1.2.2　无刷直流电动机的控制方法

目前,无刷直流电动机的电动机本体大多采用三相对称绕组,由于三相绕组常用的连接形式有两种,即星形和三角形,同时开关电路的主要形式也有桥式与非桥式两种。因此与之对应的无刷直流电动机的主电路的形式主要有:星形接三相半控电路如图 1-27(a),星形连接三相全控电路如图 1-27(c) 和三角形连接三相全控电路如图 1-27(e)。本节主要以这三种电路为例讲述它们的工作原理及控制方法。

1. 三相半控电路

图 1-28 为三相无刷直流电动机半控桥电路原理图。此处采用光电器件 VP_1,VP_2,VP_3 作为位置传感器,以三只功率晶体管 VT_1、VT_2、VT_3 构成功率逻辑单元。在图 1-28 中,三只光电

器件 VP₁、VP₂、VP₃ 的安装位置各相差 120°，均匀分布在电动机一端。由于安装在电动机轴上的旋转遮光板(亦称截光器)的作用，使得从光源射来的光线依次照射在各个光电器件上，并依照某一光电器件是否被照射到光线来判断转子磁极位置，图 1-28 所示的转子位置和图 1-29(a)所示的位置相对应。

设光电器件 VP₁ 被光照射，则功率晶体管 VT₁ 呈导通状态，电流流入绕组 A-X，该绕组电流同转子磁极作用后所产生的转矩使转子的磁极按图 1-29 中的顺时针方向转动。当转子磁极转到图 1-29(b)所示的位置时，直接装在转子轴上的旋转遮光板也跟着同步转动，并遮住 VP₁ 而使 VP₂ 受光照射，从而使晶体管 VT₁ 截止、晶体管 VT₂ 导通，电流从绕组 A-X 断开而流入绕组 B-Y，使得转子磁极继续朝顺时针方向转动，并带动遮光板同时也朝顺时针方向旋转。当转子磁极转到图 1-29(c)所示位置时，此时旋转遮光板已经遮住 VP₂，使 PV₃ 被光照射，导致晶体管 VT₂ 截止、晶体管 VT₃ 导通，因而电流流入绕组 C-Z，于是驱动转子磁极继续朝顺时针方向旋转，使转子磁极转到图 1-29(d)所示位置，即重新回到了图 1-29(a)所示位置。

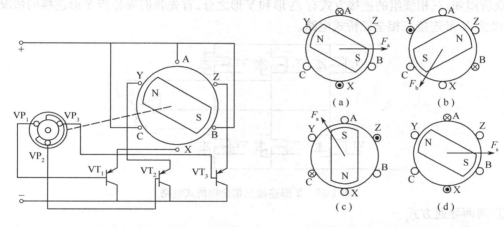

图 1-28　三相无刷直流电动机半控桥电路原理图　　图 1-29　开关顺序及定子磁场旋转示

这样，随着位置传感器转子扇形片的转动，定子绕组在位置传感器 VP₁、VP₂、VP₃ 的控制下，便一相一相地依次通电，实现了各相绕组电流的换相。不难看出，在换相过程中，定子各相绕组在工作气隙内所形成的旋转磁场是跳跃式的。这种旋转磁场在 360° 电角度范围内有三种磁状态，每种磁状态持续 120° 电角度。各相绕组电流与电动机转子磁场的相互关系如图 1-29 所示。图 1-29(a)为第一状态，F_a 为绕组 A-X 通电后所产生的磁动势。显然，绕组电流与转子磁场的相互作用，使转子沿顺时针方向旋转，转过 120° 电角度后，便进入第二状态，这时绕组 A-X 断电，而绕组 B-Y 随之通电，即定子绕组所产生的磁场转过了 120° 电角度，如图 1-29(b)所示，电动机转子继续沿顺时针方向旋转，转子再转过 120° 电角度后，便进入第三状态，这时绕组 B-Y 断电，C-Z 通电，定子绕组所产生的磁场也同时转过了 120° 电角度，如图 1-29(c)所示，它继续驱动转子沿顺时针方向转过 120° 电角度后就恢复到初始状态了。这样周而复始，电动机转子便连续不断地旋转。在换相的过程中，定子各相在气隙中所形成的旋转磁场是跳跃式的，其旋转磁场在 360° 电角度内有三种状态，每种状态持续 120° 的电角度，我们把这种通电方式称作单相导通三相三状态。

三相半控电路的特点是简单。但电动机本体的利用率很低，每个绕组只通电 1/3 时间，2/3 时间内处于断开状态，电动机没有得到充分的利用，各相绕组导通顺序如图 1-30 所示。运行过程中的转矩变化如图 1-31 所示，转矩在 $T_m/2$ 与 T_m 之间变化，其波动较大。

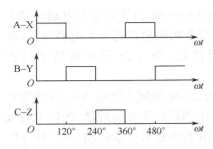

图 1-30　各相绕组导通顺序的示意图

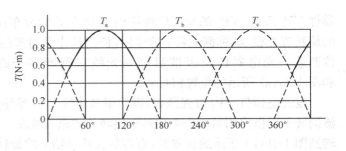

图 1-31　各相绕组导通顺序的示意图

2. 三相全控电路

在要求比较高的场合，一般采用三相全控电路。

（1）Y 形连接的工作控制方式

众所周知，三相绕组的连接方式有 △ 形和 Y 形之分。首先我们来分析 Y 形连接的情况，如图 1-32 为 Y 形连接三相全控桥式电路。

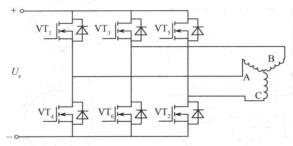

图 1-32　Y 形连接三相全控桥式电路

① 两两导通方式

所谓两两导通方式是指每一个瞬间有两个功率管导通，每隔 1/6 周期（60°电角度）换相一次，每次换相一个功率管，每一个功率管导通 120°电角度。各功率管的导通顺序是 VT_1VT_2、VT_2VT_3、VT_3VT_4、VT_4VT_5、VT_5VT_6、…。当功率管 VT_1 和 VT_2 导通时，电流从 VT_1 管流入 A 相绕组，再从 C 相绕组流出，经 VT_2 管回到电源。其转子位置如图 1-33 所示。如果认定流入绕组的电流所产生的转矩为正，那么从绕组流出电流所产生的转矩则为负，它们合成的转矩如图 1-34（a）所示其大小为 $\sqrt{3}T_c$，方向在 T_a 和 $-T_c$ 的角平分线上。当电动机转过 60°后，由 VT_1VT_2 通电换成 VT_2VT_3 通电。这时，电流从 VT_3 流入 B 相绕组再从 C 相绕组流出，经 VT_2 回到电源，此时合成的转矩如图 1-34（b）所示，其大小同样为 $\sqrt{3}T_a$。但合成转矩矢量方向就随着转过 60°电角度，但大小始终保持 $\sqrt{3}T_a$ 不变。图 1-34（c）示出了全部合成转矩的方向。

所以，同样一台无刷直流电动机，每相绕组通过与三相半控电路同样的电流时，采用三相 Y 形连接全控电路，在两两换相的情况下，其合成转矩增加了 $\sqrt{3}$ 倍。每隔 60°电角度换相一次，每个功率管通电 120°，每个绕组通电 240°，其中正向通电和反向通电各 120°，其输出转矩波形如图 1-35 所示。由图 1-34 可以看出，三相全控时的转矩波动比三相半控时小得多，仅从 $0.87T_m \sim T_m$。三相绕组 Y 形连接的反电动势波形及其两两导通方式下的规律如图 1-36 所示。

需要指出的是，这个结论对于无刷直流电动机来说并不准确，具体推导请参阅有关文献，

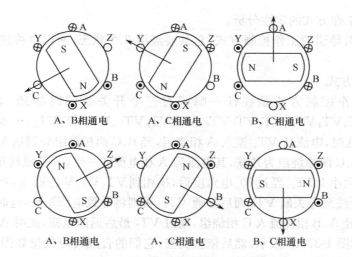

A、B相通电　　A、C相通电　　B、C相通电

A、B相通电　　A、C相通电　　B、C相通电

图 1-33　Y 形连接两两导通式转子位置

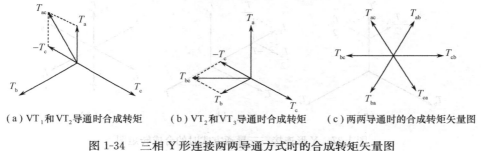

（a）VT₁和VT₂导通时合成转矩　　（b）VT₂和VT₃导通时合成转矩　　（c）两两导通时的合成转矩矢量图

图 1-34　三相 Y 形连接两两导通方式时的合成转矩矢量图

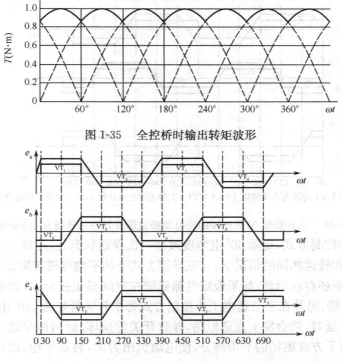

图 1-35　全控桥时输出转矩波形

图 1-36　三相绕组 Y 形连接的反电动势波形及其两两导通方式下的规律

但可用于逆变器工作方式的定性分析。

这种三相两两导通的工作控制方式,总共要经历 6 个状态,所以也称这种方式为三相六状态。

② 三三导通方式

三三导通工作控制方式是在任一瞬间有三个开关管同时导通。即 $VT_1VT_2VT_3$、$VT_2VT_3VT_4$、$VT_3VT_4VT_5$、$VT_4VT_5VT_6$、$VT_5VT_6VT_1$、$VT_6VT_1VT_2$、… 也有 6 个状态,在 $VT_6VT_1VT_2$ 导通时,电流从 VT_1 流入 A 相绕组,经 B、C 两相绕组分别从 VT_6 和 VT_2 流出,返回电源,此时 B、C 两相绕组为并联,其电流为 A 相电流的一半,其合成转矩如图 1-37(a) 所示,方向同 A 相,大小 $1.5T_a$。经过 $60°$ 电角度后,换相到 $VT_1VT_2VT_3$ 通电,首先关断 VT_6 而后导通 VT_3,一定要注意先关断 VT_6 而后导通 VT_3,否则将导致电源短路,这时电流电流分别从 VT_1、VT_2 流入,经 A、B 相在流入 C 相绕组,通过 VT_2 最后返回电源,此时 A、B 两相绕组为并联,其合成转矩如图 1-37(b) 所示。然后依次类推。它们的合成转矩矢量如图 1-37(c) 所示。其导通方式下的规律如图 1-38 所示。

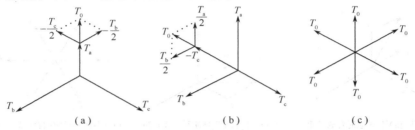

图 1-37　Y 形连接三三导通方式时的合成转矩图

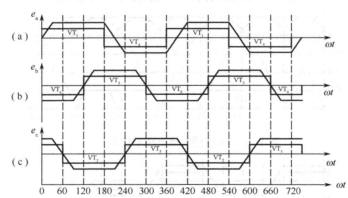

（a）$VT_6VT_1VT_2$ 导通时合成转矩（b）$VT_1VT_2VT_3$ 导通时合成转矩（c）三三通电时的合成转矩图

图 1-38　三相绕组 Y 形连接的反电动势波形及其三三导通方式下的规律

三三导通工作控制方式,每隔 $60°$ 电角度改变一次导通状态。但是每个开关管导通 $180°$ 电角度,在电枢电流和转速相同的情况下,三三导通方式下的平均电磁转矩比二二导通方式下的要小,同时瞬时转矩还存在脉动,如果假定气隙磁密在空间呈正弦分布,则合成电磁转矩是单相电磁转矩的 1.5 倍。另外在三三通电工作控制方式每个开关管导通 $180°$ 电角度,一个开关管的导通和关断稍有延时,就会发生直通短路,导致开关管损坏。而两两导通三相六状态工作控制方式很好的利用了方波磁场的平顶部分,使电动机出力大,转矩平稳。因此两两导通三相六状态工作控制方式在实际中最为常用。

（2）三角形连接的工作控制方式

电枢绕组三角形连接的工作方式与星形一样也有两种，即两两导通的工作控制方式和三三导通的工作控制方式。电路如图 1-39 所示。

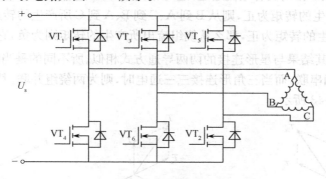

图 1-39　三相三角形连接控制原理图

① 两两导通方式

三角形连接两两导通的工作控制方式的通电顺序与星形两两导通的工作控制方式类似，各功率管的导通顺序是 VT_1VT_2、VT_2VT_3、VT_3VT_4、VT_4VT_5、VT_5VT_6、…。当功率管 VT_1 和 VT_2 导通时，电流从 VT_1 管流入，通过 A 相绕组和 B、C 相绕组，经 VT_2 回到电源。这时绕组连接时 B、C 两相绕组串联后再与 A 相绕组并联，若假定流过 A 相绕组的电流为 I，则流过 B、C 相的电流为 $I/2$，这时的合成转矩 T_0 如图 1-40 所示，其方向同 A 相转矩，大小为 A 相转矩的 1.5 倍。不难看出，其结果与星形连接的三三导通方式相似。三相绕组三角形连接的反电动势波形及其两两导通方式下的规律如图 1-41 所示。

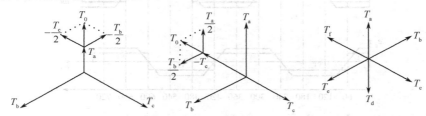

图 1-40　三相三角形连接时两两导通方式合成转矩矢量图

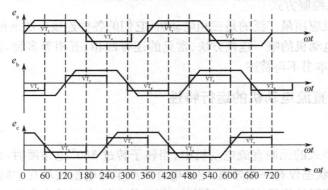

图 1-41　三相绕组三角形连接的反电动势波形及其两两导通方式下的规律

② 三三导通方式

三角形连接三三导通的工作控制方式的通电顺序与星形三三导通的工作控制方式类似，

即 VT₁VT₂VT₃、VT₂VT₃VT₄、VT₃VT₄VT₅、VT₄VT₅VT₆、VT₅VT₆VT₁、VT₆VT₁VT₂、…
也有六个状态,当VT₆VT₁VT₂通电时,电流从VT₁管流入,同时经过A相与B相绕组,再分别
从VT₆和VT₂流出,C相则没有电流通过,这时相当于A、B相并联,假设电流的方向从A到B、
B到C、C到A所产生的转矩为正,则从B到A、C到B、A到C所产生的转矩为负。如果认定流
入绕组的电流所产生的转矩为正,那么从绕组流出所产生的转矩则为负,它们合成的转矩大小
为$\sqrt{3}T_a$。不难看出,其结果与星形连接的两两导通方式相似。所不同的是当绕组为 Y 连接两两
通电,为两绕组相串联,而当三角形连接三三通电时,则为两绕组并联。其合成转矩与通电规
律如图 1-42 和图 1-43 所示。

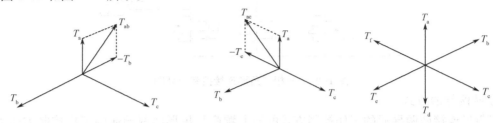

图 1-42　三相三角形连接时三三导通合成转矩矢量图

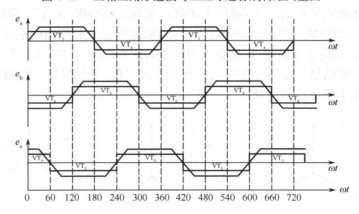

图 1-43　三相绕组三角形连接的反电动势波形及其三三导通方式下的规律

（3）多相电动机控制方式

直流无刷电动机应用最广泛的是三相电动机,它们的各种连接方法前面已经讲过,但是三
相并不是无刷直流电动机的唯一连接方法。常见的还有四相、五相等多种,其换相方法基本上
同三相电动机一样,本书不再赘述。

1.2.3　无刷直流电动机的运行特性

1. 电枢电流

在三相星形非桥式的无刷直流电动机中,当转子转过 360° 电角度时,定子电枢绕组共有
三个通电状态;每一状态仅有一相导通,定子电流所产生的电枢磁场在空间跳跃着转动,相应
地在空间也有三个不同的位置,有三个磁状态;每一状态持续 120° 电角度,这种通电方式称为
一相导通星形三相三状态。每一晶体管导通时转子所转过的空间电角度称为导通角 θ_c。显然,
转子位置传感器的导磁扇形片张角 θ_p 至少应该等于导通角 θ_c。通常为了保证前后两个导通状
态之间不出现间断,就需要有个短暂的重叠时间,必须使 θ_p 略大于 θ_c。电枢磁场在空间保持某

一状态时转子所转过的空间电角度，即定子上前后出现的两个不同磁场轴线间所夹的电角度称为磁状态角，或称状态角，用 θ_m 来表示。由于一个磁状态对应一相导通，所以角 θ_c 和 θ_m 都等于120°。当电动机是 p 对极时，位置传感器转子沿圆周应有 p 个均布的导磁扇形片，每个扇形片张角 $\theta_p \geqslant 360°/(3p)$。下面以三相非桥式星形接法两极电动机为例，分析无刷直流电动机的运行特性。按1.2.2节所述的工作原理，该种接法时的 $\theta_c = \theta_m = 120°$。为了便于分析，首先如下基本假设：

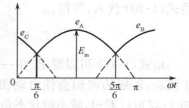

图 1-44　电枢绕组感应电动势波形

① 转子磁钢产生的磁场在气隙中沿圆周按正弦分布；

② 忽略电枢绕组的电感，电枢电流可以突变；

③ 忽略开关管关断过渡过程，认为每相电流能瞬时产生和切除。

无刷直流电动机 A 相电压平衡方程式为：

$$U_a = e_a + i_a R_a + \Delta U_T \tag{1-18}$$

式中，U_a 为电源电压；e_a 为电枢绕组感应电势；i_a 为电枢电流；R_a 为电枢绕组平均电阻；ΔU_T 为功率晶体管饱和管压降。

绕组感应电动势：

$$e_a = E_m \sin \omega t \tag{1-19}$$

感应电动势最大值：

$$E_m = 2\pi f W_A \Phi \tag{1-20}$$

式中，W_A 为电枢绕组每相有效匝数；Φ 为每极气隙磁通；f 为频率 $f = \dfrac{pn}{60}$。

将式（1-19）代入式（1-18），可得电枢电流

$$i_a = \frac{1}{R_a}(U_a - \Delta U_T - E_m \sin \omega t) \tag{1-21}$$

其波形如图 1-45 所示。导通时间内电枢电流平均值：

$$I_a = \frac{1}{2\pi/3} \int_{\frac{\pi}{6}}^{\frac{5\pi}{6}} \frac{1}{R_a}(U_a - \Delta U_T - E_m \sin \omega t) \mathrm{d}\omega t$$

$$= \frac{U_a - \Delta U_T}{R_a} - 0.827 \frac{E_m}{R_a} \tag{1-22}$$

当转速 $n = 0$ 时，$E_m = 0$，所以堵转电流：

$$I_d = \frac{U_a - \Delta U_T}{R_a} \tag{1-23}$$

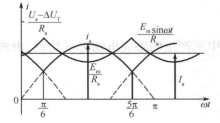

图 1-45　电枢电流波形

2. 电磁转矩

电动机的电磁转矩：

$$T_{em}(t) = \frac{e_a i_a}{\Omega} \tag{1-24}$$

式中，Ω 为电动机角速度。

$$\Omega = \frac{2\pi f}{p}$$

将式（1-19）及式（1-21）代入式（1-24），可得电磁转矩：

$$T_{em}(t) = \frac{E_m \sin \omega t}{\Omega R_a}(U_a - \Delta U_T - E_m \sin \omega t) \tag{1-25}$$

将式(1-20)代入,可得:

$$T_{em}(t) = \frac{pW_A\Phi}{R_a}(U_a - \Delta U_T - E_m\sin\omega t)\sin\omega t \tag{1-26}$$

由式(1-26)可以看出,在一个磁状态即在一相导通区间内,由于电势的脉动使转矩产生了波动,转矩的波动会使电动机产生噪声和运转不稳定,所以一般都希望转矩波动小。由图 1-37 可以看出,减小磁状态角 θ_m 可以减小电动势的脉动,因而也就减小了转矩波动。对于 m 相电动机磁状态角 $\theta_m = 2\pi/m$,因而增加相数可以减小 θ_m,但电动机结构和电子线路将会变得复杂。

平均电磁转矩:

$$\begin{aligned}
T_{em} &= \frac{1}{2\pi/3}\int_{\frac{\pi}{6}}^{\frac{5\pi}{6}} T_e(t)\mathrm{d}(\omega t) \\
&= \frac{3pW_A\Phi}{2\pi R_a}\int_{\frac{\pi}{6}}^{\frac{5\pi}{6}}(U_a - \Delta U_T - E_m\sin\omega t)\sin\omega t\,\mathrm{d}(\omega t) \\
&= 0.478\frac{pW_A\Phi}{2\pi R_a}[\sqrt{3}(U_a - \Delta U_T) - 1.48E_m]
\end{aligned} \tag{1-27}$$

转速 $n = 0, E_m = 0$,因而平均堵转转矩:

$$T_k = 0.827pW_A\Phi\frac{U_a - \Delta U_T}{R_a} \tag{1-28}$$

3. 转速

将式(1-20)和 $f = \frac{pn}{60}$ 代入式(1-22),可得转速:

$$n = 11.55\frac{U_a - \Delta U_T - I_aR_a}{pW_A\Phi} \tag{1-29}$$

令 $I_a = 0$,可得理想空载转速为:

$$n_0 = 11.55\frac{U_a - \Delta U_T}{pW_A\Phi} \tag{1-30}$$

4. 系数 K_e 和 K_t 计算公式的推导

与一般直流电动机一样,在实际使用时,经常需要引用系数 K_e 和 K_t 来分析无刷直流电动机的运行特性,现推导这两个系数的计算公式。

（1）电动势系数 K_e

电动势系数 K_e 是当电动机单位转速时在电枢绕组中所产生的感应电动势平均值。由式(1-22)可以看出,感应电动势平均值为:

$$E_a = 0.827E_m$$

因而由式(1-19)及式(1-20)可得电动势系数:

$$K_e = \frac{E_a}{n} = \frac{0.827 \times 2\pi\frac{pn}{60}W_A\Phi}{n} = 8.66pW_A\Phi \times 10^{-2} \tag{1-31}$$

式中,Φ 为每极气隙磁通,单位为 Wb;K_e 为电动势系数 K_e 单位为 $\mathrm{V/(r \cdot min^{-1})}$。

（2）转矩系数 K_t

转矩系数 K_t 是当电动机电枢绕组中通入单位电流时电动机所产生的平均电磁转矩值。由式(1-22)和式(1-27)可得转矩系数为:

$$K_t = \frac{T_{em}}{I_a} = 0.827 p W_A \Phi \tag{1-32}$$

5. 机械特性和调节特性

反映无刷直流电动机稳态特性的 4 个基本公式是：

电压平衡方程式	$U_a = E_a + I_a R_a + \Delta U_T$
感应电动势公式	$E_a = K_e n$
转矩平衡方程式	$T_{em} = T_0 + T_2$
电磁转矩公式	$T_{em} = K_t I_a$

由上式可以看出，无刷直流电动机基本公式与一般直流电动机基本公式在形式上完全一样，差别只是式中各物理量和系数的计算式不同，另外，电源电压 U_a 变成了 $U_a - \Delta U_T$，因此无刷直流电动机的机械特性和调节特性形状应与一般直流电动机基本相似，如图 1-46 和图 1-47 所示。

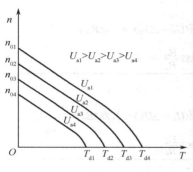

图 1-46　机械持性

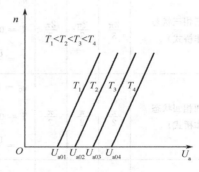

图 1-47　调整特性

图 1-46 所示的机械特性曲线产生弯曲现象是由于当转矩较大，转速较低时流过开关管和电枢绕组的电流很大，这时，晶体管管压降 ΔU_T 随着电流增大而增加较快，使加在电枢绕组上的电压不再恒定，而是有所减小，因而特性曲线偏离直线变化，向下弯曲。图中 n_0、T_k 可分别由式（1-28）和式（1-30）计算。

由式（1-27）和式（1-29）可分别求得调节特性中的始动电压 U_{a0} 和斜率 K：

$$U_{a0} = \frac{2\pi R_a T}{3\sqrt{3} p W_A \Phi} + \Delta U_T = 1.21 \frac{R_a T}{p W_A \Phi} + \Delta U_T$$

也可参照一般直流电动机的表达，即

$$U_{a0} = \frac{R_a T}{K_T} + \Delta U_T, \qquad K = \frac{1}{K_e}$$

无刷直流电动机与一般直流电动机一样，具有良好的伺服控制性能，可以通过改变电源电压实现无级调速。

6. 其他绕组接法时的运行特性

上面分析了较简单的三相非桥式星形接法时无刷直流电动机的运行特性。当采用其他各种接法时，电动机的 4 个基本关系式和特性曲线形状不变，只是关系式中各物理量、电动势和转矩系数有不同的表达式。这些表达式可以采用与上面相同的分析方法求得。表 1-7 和表 1-8 列出了常用的几种电枢绕组连接方式的有关计算式，可供使用时参考。

表 1-7　各状态下的 K_e、K_t 系数

电枢绕组连接方式	电动势系数 $K_e/[\mathrm{V}/(\mathrm{r}\cdot\min^{-1})]$	转矩系数 $K_t/(\mathrm{N}\cdot\mathrm{m/A})$
星形三相三状态(非桥式)	$8.66\times10^{-2}pW_A\Phi$	$0.827pW_A\Phi$
星形四相四状态(非桥式)	$9.43\times10^{-2}pW_A\Phi$	$0.9pW_A\Phi$
星形三相六状态(桥式)	$17.3\times10^{-2}pW_A\Phi$	$1.91pW_A\Phi$
正交二相三状态(桥式)	$9.43\times10^{-2}pW_A\Phi$	$0.9pW_A\Phi$
封闭形三相六状态(桥式)	$10.0\times10^{-2}pW_A\Phi$	$0.954pW_A\Phi$
封闭形四相四状态(桥式)	$13.33\times10^{-2}pW_A\Phi$	$1.8pW_A\Phi$

表 1-8　n_0、T 和 I_a 的计算公式

电枢绕组连接方式	θ_c	θ_m	θ_p	计算公式（n_0 的单位为 r/min，T 的单位为 N·m，I_a 的单位为 A）
星形三相三状态（非桥式）	$\dfrac{2\pi}{3}$	$\dfrac{2\pi}{3}$	$\dfrac{2\pi}{3}$	$n_0 = 11.55\dfrac{U_a-\Delta U_T}{PW_A\Phi}$ $T = 0.478\dfrac{pW_A\Phi}{R_a}\left[\sqrt{3}(U_a-\Delta U_T)-1.48E_m\right]$ $I_a = \dfrac{U_a-\Delta U_T}{R_a}-0.827\dfrac{E_m}{R_a}$
星形四相四状态（非桥式）	$\dfrac{\pi}{2}$	$\dfrac{\pi}{2}$	$\dfrac{\pi}{2}$	$n_0 = 10.61\dfrac{U_a-\Delta U_T}{PW_A\Phi}$ $T = 0.636\dfrac{pW_A\Phi}{R_a}\left[\sqrt{2}(U_a-\Delta U_T)-1.285E_m\right]$ $I_a = \dfrac{U_a-\Delta U_T}{R_a}-0.901\dfrac{E_m}{R_a}$
星形三相六状态(桥式)	$\dfrac{2\pi}{3}$	$\dfrac{\pi}{3}$	$\dfrac{2\pi}{3}$	$n_0 = 5.785\dfrac{U_a-2\Delta U_T}{PW_A\Phi}$ $T = 0.954\dfrac{pW_A\Phi}{R_a}\left[(U_a-2\Delta U_T)-1.655E_m\right]$ $I_a = \dfrac{U_a-2\Delta U_T}{2R_a}-0.827\dfrac{E_m}{R_a}$
正交二相三状态(桥式)	$\dfrac{\pi}{2}$	$\dfrac{\pi}{2}$	$\dfrac{\pi}{2}$	$n_0 = 10.61\dfrac{U_a-2\Delta U_T}{PW_A\Phi}$ $T = 0.636\dfrac{pW_A\Phi}{R_a}\left[\sqrt{2}(U_a-2\Delta U_T)-1.285E_m\right]$ $I_a = \dfrac{U_a-2\Delta U_T}{R_a}-0.901\dfrac{E_m}{R_a}$
封闭式三相六状态（桥式）	$\dfrac{2\pi}{3}$	$\dfrac{\pi}{3}$	$\dfrac{2\pi}{3}$	$n_0 = 10.0\dfrac{U_a-2\Delta U_T}{PW_A\Phi}$ $T = 1.43\dfrac{pW_A\Phi}{R_a}\left[(U_a-2\Delta U_T)-0.956E_m\right]$ $I_a = 1.5\dfrac{U_a-2\Delta U_T}{R_a}-1.432\dfrac{E_m}{R_a}$
封闭式四相四状态（桥式）	$\dfrac{\pi}{2}$	$\dfrac{\pi}{2}$	$\dfrac{\pi}{2}$	$n_0 = 7.5\dfrac{U_a-2\Delta U_T}{PW_A\Phi}$ $T = 1.8\dfrac{pW_A\Phi}{R_a}\left[(U_a-2\Delta U_T)-1.285E_m\right]$ $I_a = \dfrac{U_a-2\Delta U_T}{R_a}-1.273\dfrac{E_m}{R_a}$

7. 无刷直流电动机的电枢反应

电动机负载时电枢绕组电流所产生的磁场对主磁场的影响称为电枢反应。无刷直流电动机的电枢反应与磁路的饱和程度、电动机的转向、电枢绕组连接和通电方式有关。下面仍以三相非桥式晶体管开关电路供电的、两极三相无刷电动机为例来分析其电枢反应的特点。

图1-48为定子A相绕组的通电状态，电枢磁动势 F_a 的空间位置为A相绕组的轴线方向，并保持不变。磁状态角 $\theta_m = 2\pi/3$。图中1和2为磁状态角所对应的边界。电枢磁动势 F_a 可分解成直轴分量 F_{ad} 和交轴分量 F_{aq}，当转子磁极轴线处于位置1时，直轴分量磁动势 F_{ad} 对转子有最强的去磁作用；而当转子磁极轴线处于位置2时，磁动势 F_{ad} 对转子又有最强的增磁作用。因此，电枢磁动势的直轴分量开始是去磁的，然后是增磁的，数值上等于电枢磁动势 F_a 在转子磁极轴线上的投影，其最大值为：

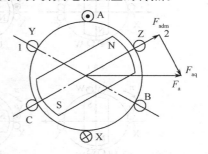

图1-48　无刷直流电动机的电枢反应

$$F_{adm} = F_a \sin\frac{\theta_m}{2} \tag{1-33}$$

实际计算时，应根据电动机可能遇到的情况（如启动、反转等）所产生的最大值考虑。

在无刷直流电动机中，由于磁状态角 θ_m 比较大，电枢磁势的直轴分量就可能达到相当大的数值，为了避免使永磁转子失磁，在设计中必须予以注意。

当转子磁极轴线位于 $\theta_m/2$ 位置处，电枢磁场与转子磁场正交，电枢磁势 F_a 为交轴磁势，在无刷直流电动机中，对于永磁体为径向充磁的结构，由于转子永磁体的磁阻很大，因此由电枢磁势交轴分量 F_{aq} 所引起的气隙磁场波形的畸变就显得较小，一般可以不计。对于切向充磁的永磁体，由于转子主极靴的磁阻很小，故交轴电枢磁势可导致气隙磁场发生较大畸变，使气隙磁场前极尖部分磁感应强度加强，后极尖部分磁感应强度削弱，如果磁路不饱和，则加强部分与削弱部分相等，总磁通保持不变。否则产生一定的饱和去磁作用。此外，畸变的气隙磁场换将引起转矩脉动的增加。

8. 正反转控制

对于普通的有刷直流电动机，只要改变励磁磁场的极性、或改变电枢绕组的控制电压的极性，就可改变电动机的转向。而对于无刷永磁直流伺服电动机来说，由于磁极为永磁体，其极性无法直接改变。且功率管的导电是单极性的，要想改变电枢电压的极性，一般要通过改变功率开关管的逻辑关系来实现。

（1）无刷直流电动机正反转的原理

虽然无刷直流电动机的正反转不能通过改变电源电压的极性来实现，然而它正反转的原理与有刷直流电动机是一样的。图1-49表示了一台四相星形无刷直流电动机在旋转过程中定转子磁场之间的相互关系。每相绕组导通角为90°电角度，其相应的驱动信号如图1-50所示。

在图1-49中，我们可以看到：

①当U相绕组通电时，电流方向和转子永磁体位置如图（a）中状态所示，永磁体转子按顺时针方向转动。如果此时换成W相绕组通电，则定子磁场就相对图（a）状态旋转过180°电角度，如图（a′）中状态所示，永磁体转子便按逆时针方向转动。

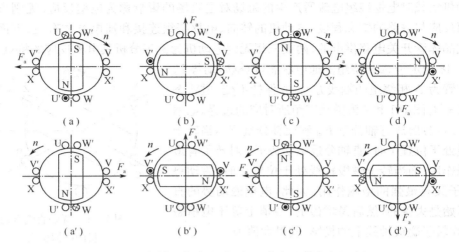

图 1-49 相导通方式星形四相四状态无刷直流电动机

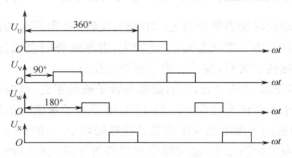

图 1-50 一相导通星形四相四状态无刷直流电动机的驱动信号

② 当 V 相绕组通电时,永磁体转子按顺时针方向转动,如图(b)中状态所示,此时仍为 V 相绕组通电,如图(b')中状态所示,转子便按逆时针方向转动。

③ 当 W 相绕组通电时,永磁体转子按顺时针方向转动,如图(c)中状态所示。如果此时换成 U 相绕组通电,则定子磁场就相对图(c)状态旋转过 180° 电角度,如图(c')中状态所示,转子便按逆时针方向转动。

④ 当 X 相绕组通电时,永磁体转子按顺时针方向转动,如图(d)中状态所示。此时仍为 X 相绕组通电,如图(d')中状态所示,转子便按逆时针方向转动。

由上面的分析可以看到,当无刷直流电动机电枢绕组的通电状态按图(a) → (b) → (c) → (d) → (a)顺序连续变化时,永磁体转子便按顺时针方向转动。如果电枢绕组的通电状态按图(a') → (b') → (c') → (d') → (a')顺序连续变化时,则永磁体转子就按逆时针方向转动。比较图(a)和图(a'),图(b)和图(b'),图(c)和图(c'),图(d)和图(d')状态,可以实现它们的定子磁场之间相差 180° 电角度,这与有刷直流电动机实现正反转的原理是一致的。

那么怎样实现状态由图(a)到图(a')、图(b)到图(b')、图(c)到图(c')、图(d)到图(d')的转换呢?众所周知,电动机状态电枢绕组的通电状态是借助驱动信号来控制的,当电动机接顺时针方向转动时,其相绕组 U、V、W、X 分别与驱动信号 U_u、U_v、U_w、U_x 一一对应,我们只要在本应是 U 相绕组通电的转子位置上,不让 U 相绕组通电,而让 W 绕组通电,也就是在此刻把驱动信号 U_u 去驱动 W 相绕组,使 W 相绕组通电,便实现了由状态图(a)到图(a')的切换。同理,

把 U_v 去驱动 X 相绕组,使 X 相绕组通电;把 U_w 去驱动 U 相绕组,使 U 相绕组通电;把 U_x 去驱动 V 相绕组,使 V 相绕组通电。采用接触式或无接触式联动开关就可以同时完成由图(a)到图(a′)、图(b)到图(b′)、图(c)到图(c′)、图(d)到图(d′)的切换。从而实现了电动机由顺时针方向转动到逆时针方向转动的变换。图 1-51 是它的原理图,图中虚线方块为联动开关。

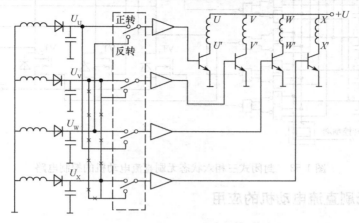

图 1-51 一相导通星形四相四状态

(2)无刷直流电动机实现正反转的方法

无刷直流电动机实现正反转的方法有两种:第一种方法是在电动机中装置两套转子位置传感器,每一套传感器对应一个转向。两套传感器之间的安装关系是:如果两个传感器的转子同轴同角度安装,则它们的定子要相差 180° 电角度。如果两个传感器的定子同角度安装,则它们的转子要相差 180° 电角度同轴安装。由于采用了两套转子位置传感器,增加了电动机的体积和重量,所以这种方法并不十分理想。

第二种方法是在一套转子位置传感器的条件下,借助逻辑电路来改变功率开关晶体管的导通顺序,从而实现电动机的正反转,下面以封闭式三相六状态为例介绍一种控制无刷直流电动机正反转的典型线路。

封闭式三相六状态无刷直流电动机采用桥式驱动电路,它有 6 组转子位置传感器的输出信号,传感器的转子扇形片的张角为 120° 电角度,相邻两个输出信号之间具有 60° 电角度的重合区,如图 1-52 所示。电动机控制电路如图 1-53 所示。正反转的控制逻辑可由软件实现,详见1.2.4 节内容。

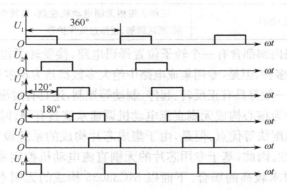

图 1-52 封闭式三相六状态无刷直流电动机的驱动信号

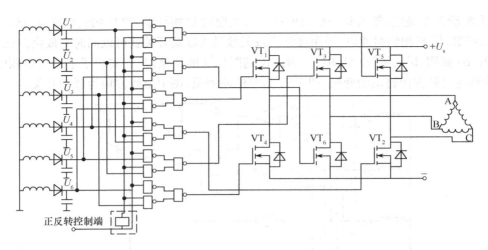

图 1-53　封闭式三相六状态无刷直流电动机的控制电路

1.2.4　无刷直流电动机的应用

1. 基于专用芯片的无刷直流电动机控制器

常见无刷直流电动机专用控制芯片的特点以及参数见表 1-9。

表 1-9　部分无刷直流电动机控制芯片简表

生产公司	型号	特点	封装
Motorola	MC33035	带制动,电流检测,故障信号输出的三相无刷直流电动机控制	DIP24N SOIC24W
Fairchild Semiconductor	FSAN8403D3	三相带 PLL 速度控制,主要应用于 LBP(激光打印机)	SSOP
LSICSI	LS7260 LS7262	3/4 相开环 / 闭环控制,正反转控制过流保护等	DIP—20 SOIC—20
JRC	NJM4302	3 相,外接大功率管,PWM 控制,PLL 速度控制,用于打印机等	QFP64G1
ROHM	BA6492BFS	软开关,数字伺服,速度切换,FG 放大器	SSOP—A32
Sanyo	LB11690	PWM,限流欠压保护,带霍尔传感器信号 F/V 转换电路	DIP30SD
National Semiconductor	LM621	三相 / 四相无刷电动机控制,带转向控制、死区调解、过压过流保护等	DIP18

　　这些专用集成电路内部都含有一个转子位置译码电路,接受转子位置信号。虽然无刷直流电动机的位置传感器有多种,但是,专用集成电路中绝大多数都是为霍尔开关式转子位置传感器设计的。此外,专用芯片一般都具有正反转、起停、制动等控制,还具有过流、欠压等保护功能。

　　采用集成电路芯片为核心构成无刷直流电动机调速系统具有硬件简单、调试方便、开发周期短、性能稳定、运行速度快等优点。但是,由于集成芯片构成的系统设计不灵活,数字化程度不高,具有一定的局限性。因此,基于专用芯片的无刷直流电动机控制系统适用于一些要求简单,性能不高,实时性要求较高的场合。下面以 MC33035 构成的无刷直流电动机控制系统为例,介绍无刷直流电动机专用芯片控制原理。

　　(1) 无刷直流电动机专用控制芯片 MC33035 介绍

MC33035 是一种无刷直流电动机控制专用芯片,该芯片采用双极性模拟工艺制造,可在恶劣的工业环境条件下保证高品质和高稳定性。其典型的电动机控制功能包括开环速度、正向或反向、以及运行使能等,还可以引入电子测速器(如 Motorola 公司的 MC33039)构成闭环调速系统。

其主要特点如下:

① 工作电源电压范围很宽,有 10 ~ 30V;

② 可以方便地实现电动机的正反转控制,速度控制和制动;

③ 内部有锯齿波振荡器,可以根据需要设置 PWM 的调制频率;

④ 具有故障检测与处理功能:包括欠压、过热、误码、过流等;

图 1-54 是 MC33035 芯片的封装和外部引脚图。由图可见,该芯片具有 24 个引脚,DIP 封装。其各引脚功能如表 1-10 所示。

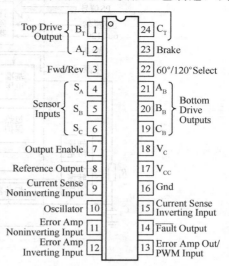

图 1-54　MC33035 的引脚和封装

表 1-10　MC33035 各引脚定义

引脚编号	功能定义
1、2、24	三个集电极开路顶端驱动输出,用于驱动外部上端功率开关三极管
3	正反向输入,用于改变电动机转向
4、5、6	三个传感器输入用于控制整流序列
7	输出使能端,高电平时可以使电动机转动
8	此输出为振荡器定时器电容提供充电电流
9	电流检测同相输入,一个相对于 15 引脚为 100mV 的信号终止输出开关导通
10	振荡器引脚
11	误差放大器同相输入端,连接到速度电位器上
12	误差放大器反相输入端,连接到速度电位器上
13	误差放大器输出 /PWM 输入端
14	故障输出端。当集电极开路输出;无效的传感器输入码,电流检测超过低电压 100mV;锁定或热关断
15	流检测反相输入
16	接地
17	电源端
18	底部驱动输出的高端电源是由该引脚提供的
19、20、21	用于直接驱动低部功率开关管晶体管
22	该引脚决定控制电路是工作在 60° 还是 120° 的传感器电气相位输入状态位
23	输出使能端,该引脚为低电平时允许电动机运行,高电平电动机停止

MC33035 内部结构图如图 1-55 所示。

MC33035 内部的转子位置译码器主要用于监控三个传感器输入,以便系统能够正确提供高端和低端驱动输入的正确时序。传感器输入可直接与集电极开路型霍尔效应开关或者光电耦合器相连接。此外,该电路还内含上拉电阻,其输入与门限典型值为 2.2V 的 TTL 电平兼容。

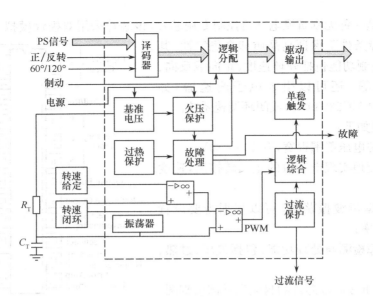

图 1-55　MC33035 内部结构图

用 MC33035 系列产品控制的三相电动机可在最常见的四种传感器相位下工作。MC33035 所提供的 60°/120° 选择可使 MC33035 很方便地控制具有 60°、120°、240° 或 300° 的传感器相位电动机。其三个传感器输入有 8 种可能的输入编码组合,其中 6 种是有效的转子位置,另外两种编码组合无效。通过 6 个有效输入编码可使译码器在使用 60° 电气相位的窗口内分辨出电动机转子的位置。

电动机通 / 断控制可由输出使能来实现,当该引脚开路时,连接到正电源的内置上拉电阻将会启动顶部和底部驱动输出时序。而当该引脚接地时,顶端驱动输出将关闭,并将底部驱动强制为低,从而使电动机停转。

MC33035 中的误差放大器、振荡器、脉冲宽度调制、电流限制电路、片内电压参考、欠压锁定电路、驱动输出电路以及热关断等电路的工作原理及操作方法与其他同类芯片的方法基本类似,不多赘述。

（2）MC33035 应用实例

图 1-56 所示的三相应用电路是具有全波六步驱动的一个开环电动机控制器的电路连接图。其中的功率开关三极管为达林顿 NPN 型,下部的功率开关三极管为 N 沟道功率MOSFET。由于每个器件均含有一个寄生箝位二极管,因而可以将定子电感能量返回到电源。其输出能驱动三角形连接或星形连接的定子。如果使用分离电源,也能驱动中线接地的 Y 形连接。用于底部驱动的电源是由 VC(引脚 18) 提供的。这种独立供电方式使得设计人员修改驱动电压十分灵活,不依赖于 V_{CC}。

在任意给定的转子位置,图 1-56 所示的电路中都仅有一个顶部和底部功率开关有效。因此,通过合理配置可使定子绕组的两端从电源切换到地,并可使电流为双向或全波。

3 脚为电动机正反向控制引脚,MC33035 无刷直流电动机控制器的正向 / 反向输出可通过翻转定子绕组上的电压来改变电动机转向。当输入状态改变时,指定的传感器输入编码将从高电平变为低电平,从而改变整流时序,以使电动机改变旋转方向。

内部转子位置译码器监控图中三个传感器输入(引脚 4,5,6)以提供顶端、底端驱动输入的正确时序。对于三个传感器输入,有 8 种可能的输入编码组合,其中 6 种是有效的转子位置,

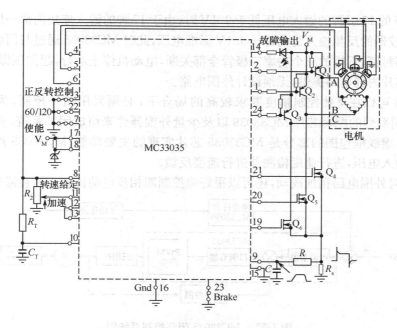

图 1-56　三相六步全波电动机控制电路

利用 6 个有效编码,译码器可以在使用 60°电气相位的窗口内分辨出电动机转子位置。

电动机通/断控制由输出使能(引脚 7)来实现,当该引脚开路时,内部 25μA 的电流源启动顶部与底部驱动输出时序。接地时,顶部驱动输出关闭并且底部驱动强制为低,使电动机停转,同时故障输出激活。

误差放大器提供高性能,全补偿误差信号放大器,具有可访问输入和输出端(引脚 11,12,13)用来使闭环电动机速度控制更容易实现。本例为开环,MC33035 的 8 引脚输出为 6.25V 标准电压,由 R_T、C_T 组成了一个 RC 振荡器,所以 10 引脚的输入近似一个三角波,其频率由 $\frac{1}{2\pi}\sqrt{R_T C_T}$ 决定。R_2 为控制无刷电动机转速的电位器,通过该电位器改变 11 引脚对地的电压,从而改变内部比较器的输出方波的占空比,比较器的输出为我们所需的 PWM 信号,从而来改变电动机的转速。

23 脚可实现制动控制,23 脚悬空时为高电平(内部电路保证),电动机进行制动操作,它使三个上侧驱动输出开路,三个下侧驱动输出为高电平,外接逆变桥下侧三个功率管开关导通,使电动机三个绕组端对地短接,实现能耗制动。芯片内部电路确保避免逆变桥上下开关出现同时导通的危险。23 脚接地时,电动机正常运转。

严重过载的电动机持续使用将导致过热甚至烧毁。为此,MC33035 通过检测电阻 R_s 上的电压来检测电动机定子绕组电流,电流检测输入监控引脚(引脚 9 和引脚 15),并与内部 100mV 参考电压作比较,当电流检测比较器输入端有一个大约 3.0V 的共模输入范围如果超过了电流检测门限,比较器复位低锁存器,并终止输出开关导通。检测电阻一般用受温度影响较小的康铜丝或者锰铜丝做成,监测电阻阻值不能太大,一般取小于 0.3Ω,参数的选取跟电动机的最大允许电流有关。由于前沿尖峰通常在电流波形中出现,并会导致芯片内部比较器误动作产生,因此,通过在电流检测输入处串联一个 RC 滤波器来抑制尖峰。

集电极开路故障输出(引脚 14)的设计是用来在系统工作故障时提出诊断信息。它有一个 16mA 的灌入电流能力可以直接驱动一个发光二极管来提供指示。

MC33035 的 17 引脚的输入电压低于 9.1V 时，由于 17 脚的输入连接内部一比较器的同相输入端，该比较器的反相输入为内部 −9.1V 标准电压，此时 MC33035 通过与门将驱动下桥的三路输出全部封锁，下桥的三个功率三极管全部关断，电动机停止运行，起欠压保护作用。过热保护等功能芯片内部电路提供，无须设计外围电路。

MC33035 可以在某些控制精度要求较高的场合下，必须采用闭环控制，为此可以采用 MC33035 和同系列的配套芯片 MC33039 以及少量外围器件来组成闭环系统，框图如图 1-57 所示，该图中，虚线框包围的部分是 MC33035 芯片实现的主要功能，MC33039 用来产生与速度成比例的输入电压，进行速度检测并进行速度反馈。

此外，若对外围电路稍加改动，还可以很好地控制四相步电动机和有刷直流电动机。

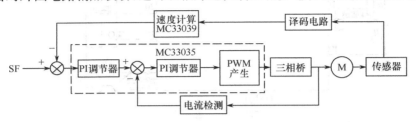

图 1-57　MC33035 闭环控制系统图

2. 基于单片机的无刷直流电动机控制

专用集成芯片技术的发展促进了无刷直流电动机控制技术的飞速发展，但是也存在系统设计不灵活、不可编程、不便于升级和电路数字化不高的缺点。采用以单片机为主的数字控制可以克服这些缺点，是无刷直流电动机的主要控制手段。

图 1-58 是一个用单片机控制无刷直流电动机的例子。由于要使用 PWM 控制无刷直流电动机的转速，因此选用带 PWM 口的单片机，本例选用 C8051 单片机。C8051 的 P1 口作为输出口，通过驱动器 7407 控制全桥驱动电路上桥臂的 P 沟道 MOSFET（VT_1、VT_3、VT_5）。通过与门 7409 控制下桥臂的 N 沟道 MOSFET（VT_4、VT_6、VT_2）。C8051 的 P0.0 作为 PWM 输出口来控制电动机的转速。P0.4、P0.5、P0.6 作为位置信号输入口，连接位置传感器输出的控制信号。C8051 的所有输出口都接上拉电阻，与 5V 负载电平相匹配。下面介绍该单片机控制无刷直流电动机电路所能实现的功能。

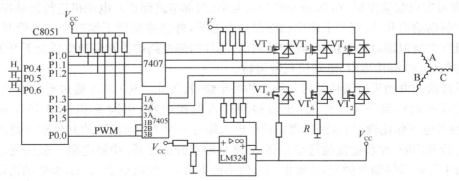

图 1-58　无刷直流电动机单片机控制原理图

（1）换相控制

本例中采用三相全桥星形连接（也可以采用三相全桥角形连接）。无论使用两两导通方式还是三三导通方式,都有6种导通状态。转子每转60°换一种状态,导通状态的转换通过软件来完成。软件控制导通状态转换非常简单,即根据位置传感器的输出信号 H_1、H_2、H_3,不断地取相应的控制字送 P1 口来实现。因此,如果采用霍尔式位置传感器,根据 P1 口与 MOSFET 管的连接关系。两两导通和三三导通方式的控制字分别如表 1-11、表 1-12 所列。

表 1-11 两两导通方式控制字(正转)

H_1	H_2	H_3	导通管	P1.5	P1.4	P1.3	P1.2	P1.1	P1.0	控制字
1	0	1	VT_1、VT_2	0	0	1	1	1	0	0EH
1	0	0	VT_2、VT_3	0	0	1	1	0	1	0DH
1	1	0	VT_3、VT_4	1	0	0	1	0	1	25H
0	1	0	VT_4、VT_5	1	0	0	0	1	1	23H
0	1	1	VT_5、VT_6	0	1	0	0	1	1	13H
0	0	1	VT_6、VT_1	0	1	0	1	1	0	16H

表 1-12 三三导通方式控制字(正转)

H_1	H_2	H_3	导通管	P1.5	P1.4	P1.3	P1.2	P1.1	P1.0	控制字
1	0	1	VT_1、VT_2、VT_3	0	0	1	1	0	0	0CH
1	0	0	VT_2、VT_3、VT_4	1	0	1	1	0	1	2DH
1	1	0	VT_3、VT_4、VT_5	1	0	0	0	0	1	21H
0	1	0	VT_4、VT_5、VT_6	1	1	0	0	1	1	33H
0	1	1	VT_5、VT_6、VT_1	0	1	0	0	1	0	12H
0	0	1	VT_6、VT_1、VT_2	0	1	1	1	1	0	1EH

　　由于利用软件进行导通状态转换,可以在软件中很容易地进行两两导通方式和三三导通方式的相互切换,通过键盘让用户选择导通方式。

　　(2)转速控制

　　无刷直流电动机的转速控制原理与普通直流伺服电动机一样,可以通过 PWM 方法来控制电枢的通电电流,从而实现转速的控制。

　　本例中,通过 C8051 的 PWM 口,控制三个与门 7409 的 B 输入端。当 PWM 口输出低电平时,使与门 7409 输出低电平,开关电路的 MOSFET 管 VT_4、VT_6、VT_2 被封锁;当 PWM 口输出高电平时,与门 7409 的输出状态取决于单片机的控制字,MOSFET 管 VT_4、VT_6、VT_2 的导通与截止按正常换相状态进行。

　　由于采用了 PWM 口,单片机可以自动地输出 PWM 波,减轻了单片机的负担。

　　(3)转向控制

　　从前面的介绍我们已经了解到无刷直流电动机的正反转控制原理:只要改变开关管的导通顺序,就可以实现改变无刷直流电动机的转向。

　　在本例中,转向的控制也是通过软件来完成的,通过送反转控制字到 P1 口即可。电动机反转控制字如表 1-13、表 1-14 所列。

表 1-13 两两导通方式控制字(反转)

H_1	H_2	H_3	导通管	P1.5	P1.4	P1.3	P1.2	P1.1	P1.0	控制字
1	0	1	VT_4、VT_5	1	0	0	0	1	1	23H
0	0	1	VT_3、VT_4	1	0	0	1	0	1	25H
0	1	1	VT_2、VT_3	0	0	1	1	0	1	0DH
0	1	0	VT_1、VT_2	0	0	1	1	1	0	0EH
1	1	0	VT_6、VT_1	0	1	0	1	1	0	16H
1	0	0	VT_5、VT_6	0	1	0	0	1	1	13H

表 1-14　三三导通方式控制字(反转)

H_1	H_2	H_3	导通管	P1.5	P1.4	P1.3	P1.2	P1.1	P1.0	控制字
1	0	1	VT_4、VT_5、VT_6	1	1	0	0	1	1	33H
0	0	1	VT_3、VT_4、VT_5	1	0	0	0	0	1	21H
0	1	1	VT_2、VT_3、VT_4	1	0	1	1	0	1	2DH
0	1	0	VT_1、VT_2、VT_3	0	0	1	1	0	0	0CH
1	1	0	VT_6、VT_1、VT_2	0	1	1	1	1	0	1EH
1	0	0	VT_5、VT_6、VT_1	0	1	0	0	1	0	12H

(4)启动电流控制

图 1-58 的限流电路是由采样电阻 R 和比较器 LM324 硬件组成。当电动机启动时,启动电流增大,在采样电阻 R 上的压降增大,当压降等于给定电压 U_0 时,比较器 LM324 输出低电平,使 MOSFET 开关管 VT_4、VT_6、VT_2 被关断。R 上的电流迅速减小。R 上的压降也减小,当压降降到小于给定电压 U_0 时,比较器输出高电平,使 MOSFET 开关管 VT_4、VT_6、VT_2 恢复正常的通断顺序。通过该方法,电流被限制在 U_0/R 上下,达到限流的目的。

3. 基于 DSP 的无刷直流电动机控制

在直流电动机的控制部分我们已经对 TI 公司针对电动机控制而设计的 DSP 芯片——TMS320LF2812 做了简单的介绍。由于 DSP 芯片具备丰富的外设资源和快速运算能力,在电动机全数字实时控制中应用越来越广泛。下面介绍以 DSP 为控制核心构成的无刷直流电动机全数字控制系统。

本例所用的三相无刷直流电动机只有一对磁极,采用三相星形连接。定子相电感为 40mH,相电阻 190mΩ,转速 5000rpm 时的电流极限为 4.3A,转矩常数 17.2mN·m/A,直流供电电压 12V,感应电动势波形为梯形。

(1)控制原理

图 1-59 是用 TMS320LF2812DSP 实现三相无刷直流电动机调速的控制和驱动电路。在这个例子中,三个位置间隔 120°分布的霍尔传感器 H_1、H_2、H_3 经整形隔离电路后分别与 TMS320LF2812 的三个捕捉引脚 CAP_1、CAP_2、CAP_3 相连,通过产生捕捉中断来给出换相时刻,同时给出位置信息。由于电动机每次只有两相通电,其中一相正向通电,另一相反向通电,形成一个回路,因此每次只需控制一个电流。用电阻 R 作为廉价的电流传感器,将其安放在电源对地端,就可方便地实现电流反馈。电流反馈输出经滤波放大电路连接到 TMS320LF2812 的 ADC 输入端 ADCIN00,在每一个 PWM 周期都对电流进行一次采样,对速度(PWM 占空比)进行控制。

DSP 通过 PWM1～PWM6 引脚,经一个反相驱动电路连接到 6 个开关管,实现定频 PWM 和换相控制。

图 1-60 是对本例中三相无刷直流电动机用软件实现全数字双闭环控制的框图。给定转速与速度反馈量形成偏差,经速度调节后产生电流参考量,它与电流反馈量的偏差经电流调节后形成 PWM 波占空比的控制量,实现电动机的速度控制。电流的反馈是通过检测电阻 R_s 上压降来实现的。速度反馈是通过霍尔位置传感器输出的位置量,经过计算得到的。位置传感器输出的位置量还用于控制换相。

(2)电流的检测和计算

电流的检测是用采样电阻 R_s 来实现的。电阻值的选择可考虑当过流发生时能采样到的最大电压,起到过流检测的作用。例如,4.3A 对应 A/D 转换后的最大 10 位数字量 3FFH,0A 对

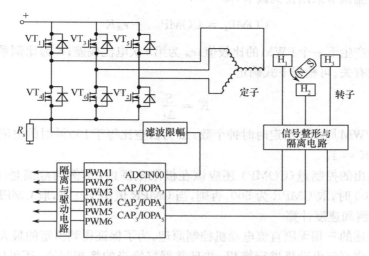

图 1-59 基于 DSP 控制和驱动电路

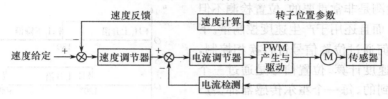

图 1-60 三相无刷直流电动机调速控制框图

应转换后的最小 10 位数字量 000H。每一个 PWM 周期对电流采样一次。如果 PWM 周期设为 $50\mu s$，则电流的采样频率应为 20kHz。

在一个 PWM 周期中何时对电流进行采样，这个问题需要我们注意。如果对开关管采用单极性 PWM 控制（即两个对角开关管中的上桥臂开关管采用定频 PWM 控制，另一个开关管常开），在 PWM 周期的"关"期间，电流经过那个常开的开关管和另一个开关管的续流二极管形成续流回路，这个续流回路并不经过电流检测电阻 R_s，因此在 R_s 上没有压降，所以在 PWM 周期的"关"期间不能采样电流。如果对开关管采用双极性 PWM 控制（即两个对角开关管都采用同样的定频 PWM 控制），在 PWM 周期的"关"期间，电流经过同一桥臂的另两个开关管的续流二极管到电源形成续流回路，在电阻 R_s 上有反向电流流过，产生负压降。所以在 PWM 周期的"关"期间也不能采样电流。另外在 PWM 周期的"开"的瞬间，电流上升并不稳定，也不易采样。所以电流采样时刻应该是在 PWM 周期的"开"期间的中部，如图 1-61、图 1-62 所示（以对 VT_2、VT_5 开关管的控制为例）。它可以通过 DSP 定时器采用连续增减计数方式时周期匹配事件启动 ADC 转换来实现。

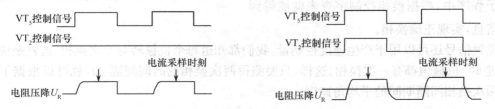

图 1-61 单极性 PWM 控制时电阻上的电压波形　图 1-62 双极性 PWM 控制时电阻上的电压波形

本例中的电流调节采用比例调节。即

$$\mathrm{COMP}_k = \mathrm{COMP}_{k-1} + e_{lk}K$$

式中，COMP_k 为产生下一个 PWM 的比较值；e_{lk} 为第 k 次电流偏差；K 为比例系数。比例系数 K 与电动机的参数有关。可根据下式确定：

$$K = \frac{S}{\Delta i}$$

式中，S 为一个 PWM 周期中的定时时钟个数；Δi 为占空比等于 100% 时的电流最大偏差。为了简明，本例中取 $K = 1$。

电流调节输出的控制量（COMP）还应该在极限范围内，本例的范围是 $[0, 500]$，因此当 CMPR 值大于 500 时，取 CMPR 为 500，否则，当 CMPR 值小于 0 时，取 CMPR 为 0。

（3）位置检测和速度计算

根据前面讲述的三相无刷直流电动机控制原理，为了保证得到恒定的最大转矩，就必须要不断地对三相无刷直流电动机进行换相，并且掌握好恰当的换相时刻，还可以减小转矩的波动。因此位置检测是非常重要的。位置检测不但用于换相控制，而且还用于产生速度控制量。下面我们讨论如何通过位置信号进行换相控制，以及如何进行速度计算。位置信号是通过三个霍尔传感器得到的。每一个霍尔传感器都会产生 $180°$ 脉宽的输出信号，如图 1-63 所示。三个霍尔传感器的输出信号相位互差 $120°$。这样它们在每个机械转动周期中共有 6 个上升或下降沿，正好对应着 6 个换相时刻。通过将 DSP 设置为双沿触发捕捉中断功能，就可以获得这 6 个时刻。

但是只有换相时刻还不能正确换相，还需要知道应该换哪一相。通过将 DSP 的捕捉口 $\mathrm{CAP}_1 \sim \mathrm{CAP}_3$ 设置为 I/O 口、并检测该口的电平状态，就可以知道哪一个霍尔传感器的什么沿触发的捕捉中断。我们将捕捉口的电平状态称为换相控制字，换相控制字与换相的对应关系见表 1-15，该表是根据图 1-63 和三相星形全桥驱动电路的通电规律所得到的。在捕捉中断处理子程序中，根据换相控制字查表就能得到换相信息，实现正确换相。

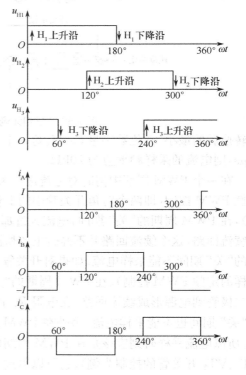

图 1-63　传感器输出波形与电流波形对应关系

位置信号还可以用于产生速度控制量。我们都知道每个机械转有 6 次换相，这就是说转子每转过 $60°$ 机械角都有一次换相。这样，只要测得两次换相的时间间隔 Δt，就可以根据下式计算出两次换相间隔期间的平均角速度。

$$\omega = 60°/\Delta t$$

两次换相的时间间隔 Δt 可以通过捕捉中断发生时读定时器 2 的 T2CNT 寄存器值来获得。

表 1-15　换相控制字与换相的关系

换相控制字状态			触发中断的边沿状态	各开关管的状态					
CAP$_3$	CAP$_2$	CAP$_1$		VT$_1$	VT$_2$	VT$_3$	VT$_4$	VT$_5$	VT$_6$
0	0	1	H$_3$ 下降沿	PWM	断	断	断	断	PWM
0	1	0	H$_1$ 下降沿	断	PWM	PWM	断	断	断
0	1	1	H$_2$ 上升沿	断	断	PWM	断	断	PWM
1	0	0	H$_2$ 下降沿	断	断	断	PWM	PWM	断
1	0	1	H$_1$ 上升沿	PWM	断	断	PWM	断	断
1	1	0	H$_3$ 上升沿	断	PWM	断	断	PWM	断

定时器 2 采用连续增计数方式。转子转速越低，所花的时间 Δt 越长，T2CNT 寄存器中的值就越大。如果定时器 2 的周期值定为 FFFFH，预分频最大设为 1/128，因此每 1/6 机械转所用的最长时间为（计数时钟周期为 50ns）。

$$50\text{ns} \times 128 \times 2^{16} = 0.4194245$$

每转所用的时间为：$6 \times 0.419424\text{s} = 2.516544\text{s}$

最低平均转速为：$(60/2.516544)\text{r/min} = 23.84\text{r/min}$

这样可以得到一个比例关系，当 T2CNT = FFFFH 时，对应的转速是 23.84r/min；当 T2CNT = X 时，对应的转速应该是 23.84r/min 的 FFFFH/X 倍。

通过这样计算所得到的速度值作为速度反馈量参与速度调节计算。

速度调节采用最通用的 PI 算法，以获得最佳的动态效果。计算公式如下：

$$I_{\text{refk}} = I_{\text{refk}-1} + K_{\text{p}}(e_k - e_{k-1}) + K_{\text{i}}T_{\text{ek}}$$

式中，I_{refk} 为速度调节输出。它作为电流调节的参考值；e_k 为第 k 次速度偏差；K_{p} 为速度比例系数；K_{i} 为速度积分系数；T_{ek} 为速度调节周期。

本例中，速度调节每 62.5ms 进行一次，即 1250 个 PWM 周期（每个 PWM 周期 50μs）。因此采样周期 $T = 0.0625\text{s} = 2^{-4}\text{s}$。这样，当进行 $K_{\text{i}}T$ 乘法计算时，只需通过右移 4 位即可求得。速度计算和速度调节所使用的参数存放在数据区 300H 开始的 6 个单元中，AR2 作为数据的地址指针。各单元存放的变量如表 1-16 所列。

表 1-16　从 300H 开始的 6 个存储单元中的变量

地址	变量名称
300H	第 k 次捕捉时间 t_k
301H	第 $k-1$ 次捕捉时间 t_{k-1}
302H	两次捕捉的时间间隔 Δt
303H	第 k 次速度偏差 e_k
304H	第 $k-1$ 次速度偏差 e_{k-1}
305H	两次速度偏差之差 Δe

三相无刷直流电动机在启动时也需要位置信号。通过三个霍尔传感器的输出来判断应该先给哪两相通电，并且给出一个不变的供电电流，直到第一次速度调节。

（4）DSP 编程

根据以上所述，设计一个用 TMS320LF2812DSP 来控制一个三相无刷直流电动机调速的例子。采用图 1-59 所示的硬件电路。CPU 时钟频率为 20MHz，PWM 频率为 20kHz。通过定时器 1 周期匹配事件启动 ADC 转换，使每个 PWM 周期都对电流进行一次采样，并在 A/D 转换中断处理程序中对电流进行调节,来控制PWM输出。转子每转过60°机械角都触发一次捕捉中断,进行换相操作和速度计算。该例子的捕捉中断和A/D转换中断的程序框图如图1-64所示。

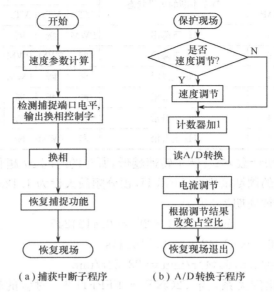

图1-64　程序流程图

4. 无位置传感器的无刷直流电动机控制

虽然位置传感器为转子位置提供了最直接有效的检测方法,但是,它增大了电动机的体积,同时,由于需要多条信号线,增加了电动机的工艺要求和成本。无位置传感器无刷直流电动机制造工艺简单、体积小、可靠性高并且成本较低。无位置传感器无刷直流电动机的控制方式有多种,在要求不高的场合,可以用专用芯片,比如:TB6520P、TB6537P、ML4425、Si9993CS等。这些芯片的应用不再一一讲解,如果需要,可参阅相关芯片手册。

随着无刷直流电动机无位置传感器控制技术的发展和高速处理芯片的成熟,无位置传感器无刷直流电动机的控制和应用越来越广泛。下面介绍以TMS320LF2812为控制核心实现无位置传感器的无刷直流电动机的控制的例子。

(1)无刷直流电动机转子位置检测技术简介

无位置传感器无刷直流电动机的转子位置检测是通过硬件或者软件的方法实现,其方法有多种,以下均以三相无刷直流电动机为例,简单介绍其中的几个。

① 反电动势积分法

这种检测方法是通过对电动机不导通相反电动势的积分信号来获取转子位置信息。当截止相反电动势过零时开始积分,对应于换向瞬时设置一个门限,用来截止积分信号。反电动势和转速之间存在线性关系,反电动势沿斜线变化的斜率和转子速度密切相关,在整个速度运行范围内,积分器的门限值保持不变,一旦达到积分门限,复位信号立即将积分器置零。为了避免积分器因为电动机启动开始积分,复位信号保持足够时间以保证电流降为零之后启动积分器。这种方法对于开关噪声不敏感,积分门限可以根据转速信号自动调节,但这种方法由于误差积累在电动机低速运行时存在一定的问题。

② 续流二极管法

这种方法是通过监视并联在逆变器功率管两端的自由换向二极管的导通情况来确定电动

机功率管的换向瞬时。无刷直流电动机三相绕组中总有一相处于断开状态,于是通过监视 6 个续流二极管的导通关断情况就可以获得 6 个功率管的开关顺序。这种方法同样适用于 120°的导通三相六拍方波驱动的永磁无刷直流电动机。但这种方法有一个最大的不足之处就是:必须给比较电路提供 6 个独立的电源来检测续流二极管中的电流,而且在换向点存在位置误差。

③ 直接反电动势法

三相无刷直流电动机每过 60°就需要换相一次,每转一周需要六次换相,因此,需要 6 个换相信号。在图 1-65 中可以看出,每相的感应电动势都有两个过零点,一共有 6 个过零点。通过检测和计算出这 6 个过零点,再将其延迟 30°,就可以获得 6 个换相信号。直接电动势位置检测方法利用这一点进行位置检测,因此,也称此方法为过零点检测法。

(2)无位置传感器无刷电动机的 DSP 实现

① 位置检测实现

利用上述过零点检测理论,设计出图 1-66 的转子位置检测电路。图中,R 为相电阻;E_X 为相感应电动势;I_X 为相电流;U_X 为相电压;U_n 为星形连接中性点电压。

根据图 1-66,列出相电压方程如下:

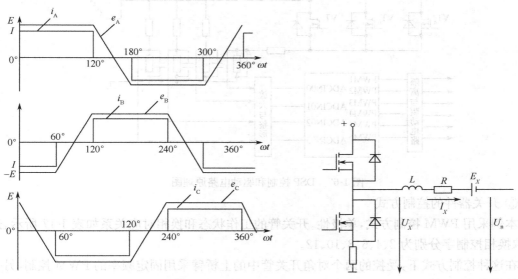

图 1-65 电流与感应电动势波形   图 1-66 电动机定子某一相电路模型

$$U_X = RI_X + L\frac{\mathrm{d}I_X}{\mathrm{d}t} + E_X + U_n \tag{1-34}$$

对于三相无刷直流电动机,每次只有两相通电,两相通电电流方向相反,同时,另一相断电,相电流为零。因此,利用这个特点,将 X 分别为 A、B、C 相带入式(1-34)中,列出 A、B、C 三相的电压方程,并将三个方程相加,使 $L\frac{\mathrm{d}I}{\mathrm{d}t}$ 和 RI_X 项抵消,便可以得到

$$U_A + U_B + U_C = E_A + E_B + E_C + 3V_n$$

由图 1-64 可知,无论哪个相的感应电动势的过零点,都存在 $E_A + E_B + E_C = 0$ 的关系,所以,由上式可知,在感应电动势过零点有

$$U_A + U_B + U_C = 3U_n \tag{1-35}$$

对于断电的一相,I_X 为零。根据式(1-34),其感应电动势为

$$E_X = U_X - U_n \tag{1-36}$$

因此,只要测量出各相的相电压 U_A、U_B、U_C,根据式(1-35)计算出 U_n,就可以通过式(1-36)计算出任意一断电相的感应电动势。通过判断感应电动势的符号变化,就可确定过零点时刻。

② 硬件系统组成

图1-67是采用 TMS320LF2812DSP 实现无位置传感器无刷直流电动机控制和驱动电路。在该电路中,为了计算不通电相的感应电动势,需要检测三相电压。这里采用分压电阻的方法对三相电压进行电压检测,同时,为了检测电流过流信号,对电流信号也进行了检测。所有信号都采用电容进行滤波。这样的信号检测电路结构简单,器件廉价。电流信号和各相电压信号经过放大限幅以后,分别与 DSP 的 ADCIN00 ~ ADCIN03 通道相连。

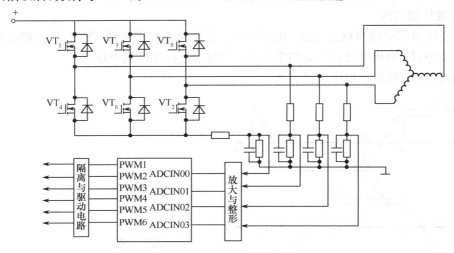

图 1-67　DSP 控制和驱动电路原理图

③ 开关器件的控制方式

本例采用 PWM 控制方式,单极性。开关管的工作状态和换相对应关系如表1-17所示。这里,取换相控制字分别为 2、4、6、8、10、12。

在这种控制方式下,受控的两个对角开关管中的上桥臂采用固定频率的 PWM 控制,另一个开关管常开。

表 1-17　开关管的工作状态与换相的对应关系

换相控制字	对应有位置传感器的沿状态	各开关管的工作状态					
		VT_1	VT_2	VT_3	VT_4	VT_5	VT_6
2	H_1 上升沿	PWM	断	断	开	断	断
4	H_3 下降沿	PWM	断	断	断	断	开
6	H_2 上升沿	断	断	PWM	断	断	开
8	H_1 下降沿	断	开	PWM	断	断	断
10	H_3 上升沿	断	开	断	断	PWM	断
12	H_2 下降沿	断	断	断	开	PWM	断

④ 调节计算和感应电动势的计算

为了简明,电流调节和速度调节都采用比例调节。电流比例调节每隔 $50\mu s$ 进行一次,与 PWM 同频率,速度比例调节每 100ms 进行一次。

每隔 $50\mu s$ 对三个相电压采样一次,通过 ADC 转换变成数字量。根据式(1-35)求得中性点电压。因为 DSP 的乘法运算比除法运算快得多,在计算中性点电压时不除以 3,而是保留 3 倍的中性点电压值。在用式(1-36)计算感应电动势时,使用 3 倍的相电压与 3 倍的中性点电压值相减,而得到 3 倍的感应电动势值。我们对感应电动势的大小不感兴趣,而只对感应电动势的符号变化感兴趣,因此直接用 3 倍的感应电动势值去判断符号的变化,而省去除法运算,提高了计算速度。

⑤ 换相及其计算

换相的瞬间会产生电磁干扰,这时,检测相电压容易产生较大的误差。又因为换相后感应电动势不会立即进入过零点,所以在换相后加一个延时,等待延时过后再进行相电压的检测。由图 1-65 可见过零点与换相点间隔 30°。这就是说在测得过零点后,还要延迟一段时间才能换相,延迟的这段时间称为延迟时间。在程序中,延迟时间是采用以下方法估算的:测得转子刚转过一转所用的时间,将这个时间除以 12 就可以得到转过 30°所用的平均时间,用这个平均时间作为下一转的六个过零点与相应的换相点之间的延迟时间。

当速度增大或者减小时,采用这种估算延迟时间的方法会在系统动态响应中产生一个负反馈作用:即当电动机减速时,估算的延迟时间要比实际所需的时间短,使换相点提前,造成电动机加速;当电动机加速时,估算的延迟时间要比实际所需的时间长,使换相点滞后,造成电动机减速。这种延迟时间的估算不会影响速度控制。

⑥ 软件设计

根据图 1-67 所示的硬件构成,设计了软件。PWM 采用对称波形,固定频率 20kHz。利用定时器 1 的周期匹配触发 ADC 转换,因此每隔 50μs 进行一次转换,转换结束后产生中断。

ADC 中断子程序的框图如图 1-68 所示。在 ADC 中断子程序中,主要进行读 ADC 转换结果、电流调节、速度调节、中性点电压计算、延迟时间计算、感应电动势符号判别和换相准备的操作,另外在磁定位过程中,根据电流调节的结果更新 PWM 的占空比、磁定位结束的判别操作。

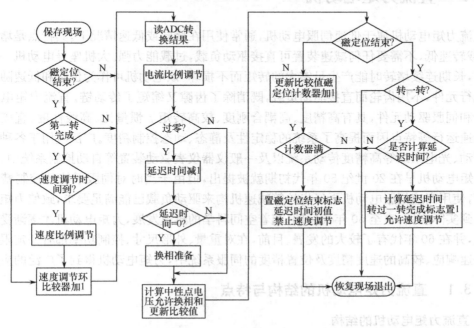

图 1-68 ADC 中断子程序流程图

在主程序中，初始化后进行磁定位启动电动机操作，之后的主循环程序主要进行换相操作和每 $50\mu s$ 一次的更新 PWM 占空比操作，这些操作是通过调用"更新比较值或换相"子程序来实现的。该程序框图如图 1-69 所示。

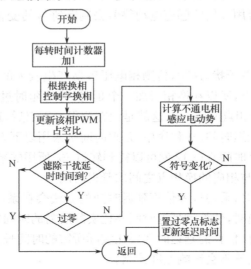

图 1-69 更新比较值或换相子程序图

需要注意的是，由于本例采用的转子位置检测方法是直接反电动势检测法，也即过零点检测法。所以，电动机转速越低，其相电压越小，越难检测。因此，该例不适合于转速较低的场合。

1.3 直流力矩电动机

直流力矩电动机属于低速伺服电动机，通常使用在堵转或低速情况下。其特点是堵转力矩大，空载转速低，不需要任何减速装置可直接驱动负载，过载能力强。大机座号电动机一般呈薄环结构，长期连续堵转时能产生足够大的转矩而不损坏。该电动机可作为位置和低速随动系统中的执行元件，不用齿轮而直接驱动负载，既消除了齿隙又缩短了传动链。直流力矩电动机作为执行和伺服驱动元件，具有高精度、高耦合刚度、较高转矩／惯量比、高线性度、直接驱动负载及低速运行等特点因而提高了系统的稳定性及静态、动态控制精度。广泛应用于各种雷达天线的驱动、光电跟踪等高精度传动系统以及一般仪器仪表驱动装置等自动控制系统中。

力矩电动机早在 20 世纪 50 年代初期就被提出，但由于当时对伺服系统的控制精度要求不很高，使用高速伺服电动机再经齿轮等减速机构来驱动负载已能满足要求，致使力矩电动机没有得到实际应用。直至 50 年代后期，随着空间科学的迅速发展，力矩电动机才逐渐受到人们的重视，并在 60 年代有了较大的发展。目前，在对重量、外形尺寸、控制功率都有一定限制而又要求快速响应、较高的速度精度及位置精度的伺服系统中，力矩电动机得到了广泛的应用。

1.3.1 直流力矩电动机的结构与特点

1. 直流力矩电动机的结构

直流力矩电动机是一种永磁式低速直流伺服电动机，它的外形和普通直流伺服电动机完全两样。通常做成扁平式结构，电枢长度与直径之比一般仅为 0.2 左右，并选取较多的极对数。

选用扁平式结构是为了使力矩电动机在一定的电枢体积和电枢电压下能产生较大的转矩和较低的转速。

力矩电动机的总体结构型式又有分装式和内装式两种。分装式结构包括定子、转子和电刷架三大部件，转子直接套在负载轴上，机壳由用户根据需要自行选配。内装式与一般电动机相同，机壳和轴已由制造厂在出厂时装配好。

图1-70为永磁式直流力矩电动机的结构示意图。图中定子是钢制的带槽的圆环，槽中镶嵌铝镍钴永久磁钢，组成环形桥式磁路。为了固定磁钢，在其外圆上又热套一个铜环。在两个磁极间的磁极桥使磁场在气隙中近似地呈正弦分布。

2. 直流力矩电动机的特点

由于直流力矩电动机与其他伺服电动机结构有较大区别，因此力矩电动机具有以下优点：

① 电动机具有高的力矩惯量比，使系统加速能力得以提高；

② 可直接耦合传动省去齿轮传动链，消除了齿隙误差，提高了系统精度；

③ 电动机反应速度快，线性度好，结构紧凑。

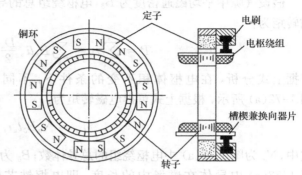

图1-70 永磁式直流力矩电动机的结构示意图

3. 力矩电动机的分类

力矩电动机有直流力矩电动机和交流力矩电动机两种。其中，直流力矩电动机的自感电抗很小，所以响应性很好；其输出力矩与输入电流成正比，与转子的速度和位置无关；它可以在接近堵转状态下直接和负载连接低速运行而不用齿轮减速，所以在负载的轴上能产生很高的力矩对惯性比，并能消除由于使用减速齿轮而产生的系统误差。交流力矩电动机又可以分为同步和异步两种，目前常用的是鼠笼型异步力矩电动机，它具有低转速和大力矩的特点。一般地，在纺织工业中经常使用交流力矩电动机，其工作原理和结构和单相异步电动机的相同，但是由于鼠笼型转子的电阻较大，所以其机械特性较软。

1.3.2 运行原理与特性

直流力矩电动机的工作原理与普通直流伺服电动机基本相同。力矩电动机之所以做成圆盘状，是为了能在相同的体积和控制电压下产生较大的转矩和较低的转速。

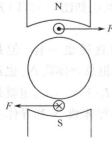

图1-71 直流电动机
工作原理图

1. 电枢形状对转矩的影响

直流力矩电动机的工作原理与普通直流伺服电动机基本相同，为弄清直流力矩电动机的特点，所以首先分析一般的直流电动机，如图1-71所示为直流电动机工作原理图。

根据电磁学基本知识可知，载流导体在磁场中要受到电磁力的作用。如果导体在磁场中的长度为 l，其中流过的电流为 i，导体所在处的磁通密度为 B，那么导体受到的电磁力的值为

$$F = Bli \tag{1-37}$$

式中,F 为载流导体受到的电磁力,单位为牛顿(N);B 的单位为韦伯／平方米(Wb/m²);l 的单位为米(m);i 的单位为安培(A)。

式(1-37) 给出了磁极下一根载流导体所受到的电磁。此力作用在电枢外圆的切线方向,产生的电磁转矩为:

$$t_i = F_i \frac{D_a}{2} = B_x li_a \frac{D_a}{2} \tag{1-38}$$

式中,l 为导体在磁场中的长度,取电枢铁芯长度;B_x 为导体所在处的气隙磁通密度;i_a 为导体的电流;D_a 为电枢直径。

假设气隙中平均磁通密度为 B_δ,电枢绕组总的导体数为 N,则电动机转子所受到的总电磁转矩为:

$$T = \sum_{i=1}^{N} t_i = \sum_{i=1}^{N} B_x li_a \frac{D_a}{2} = NB_\delta li_a \frac{D_a}{2} \tag{1-39}$$

根据上式分析,在电枢体积不变的条件下,不同电枢直径电动机的电磁转矩不同。如图 1-72(a) 所示,根据上式可得电磁转矩为:

$$T_a = N_a B_\delta l_a i_a \frac{D_{aa}}{2} \tag{1-40}$$

式中,N_a 为图 1-72(a) 中电枢绕组的总导体数;B_δ 为一个磁极下气隙磁通密度的平均值;l_a 为图 1-72(a) 中导体在磁场中的长度,即电枢铁芯轴向长度;i_a 为电枢导体中的电流;D_{aa} 为图 1-72(a) 中电枢的直径。

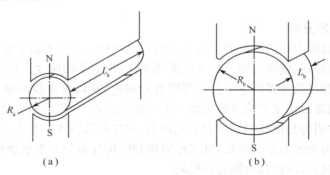

图 1-72 电枢体积不变的条件下不同直径时的电枢形状

因为电枢体积的大小,在一定程度上反映了整个电动机的体积,因此可以在电枢体积不变的条件下,比较不同直径时所产生的转矩。

如果把图中电枢的直径增大 1 倍,而保持体积不变,此时电动机的形状则如图 1-72(b) 所示,即该图中电枢直径为 $D_{ab} = 2D_{aa}$,则电枢长度变为 $l_b = l_a/4$。

假定两种情况下电枢导体的电流一样,那么两种情况下导体的直径也一样,但是图 1-72(b) 中电枢铁芯截面积增大到图 1-72(a) 的 4 倍,所以槽面积及电枢总导体数 N_b 也近似增加到图 1-72(a) 的 4 倍,即 $N_b = 4N_a$。这样一来,乘积 $N_b l_b = 4N_a \cdot l_a/4 = N_a l_a$。也就是说,在电枢铁芯体积相同,导体直径不变的条件下,即使改变其铁芯直径,导体数 N 和导体有效长度 l 的乘积仍不变。据此,我们可以得到图 1-72(b) 时的电磁转矩为:

$$T_b = B_\delta i_a (N_a l_b) \frac{D_{ab}}{2} = B_\delta i_a N_a l_a \times 2 \frac{D_{aa}}{2} = 2T_a \tag{1-41}$$

式中,T_b 为图 1-72(b) 时的电磁转矩;D_{ab} 为图 1-72(b) 时的电枢直径。

从式(1-41)可见,在电动机体积不变,电枢导体的电流也一样的情况下,若电动机的电枢的直径增大1倍,则相应的电磁转矩也增加一倍。

2. 电枢形状对空载转速的影响

如图1-71所示,电磁学基本知识可知,一个极下一根导体的平均电势为

$$e_p = B_\delta l v = B_\delta l \frac{\pi D_a n}{60} \tag{1-42}$$

式中,B_δ 为一个极下气隙的平均磁通密度;l 为导体在磁场中的长度;v 为导体运动的线速度或电枢圆周速度;n 为电动机转速。

如果电枢总导体数为 N,若一对电刷之间的并联支路数为 2,则一对电刷所串联的导体数为 $N/2$,这样,电刷间电势为:

$$E_a = B_\delta l N \frac{\pi D_a n}{120} \tag{1-43}$$

在理想空载时,电动机转速为 n_0,电枢电压 U_a 和反电势 E_a 相等。因此,由式(1-42)可得:

$$n_0 = \frac{120}{\pi} \frac{U_a}{B_\delta l N} \frac{1}{D_a} \tag{1-44}$$

已知当电枢体积和导体直径不变的条件下,Nl 的乘积近似不变。所以,当电枢电压和气隙平均磁通密度相同时,理想空载转速 n_0 和电枢铁芯直径近似成反比。即电枢直径越大,电动机理想空载转速就越低。

从以上分析可知,在其他条件相同时,如增大电动机直径,减少其轴向长度,就有利于增加电动机的转矩和降低空载转速。这就是力矩电动机做成圆盘状的原因。

1.3.3 直流力矩电动机性能特点

1. 机械特性和调节特性的线性度

在力矩电动机中同样也存在着电枢反应的去磁作用,而且它的去磁程度与电枢电流或负载转矩有关,它将导致机械特性和调节特性的非线性。为了提高特性的线性度,通常,力矩电动机的磁路设计成高饱和状态,并选用磁导率小、回复线较平的永磁材料(即永磁材料的矫顽力 H_c 大,剩磁磁密 B_r 小) 做磁极,同时选取较大的气隙。这就可以使电枢反应的影响显著减小。

2. 力矩波动小,低速下能稳定运行

力矩波动是指力矩电动机转子处于不同位置时,堵转力矩的峰值与平均值之间存在的差值,它是力矩电动机重要性能指标。这是因为它通常运行在低速状态或长期堵转,力矩波动将导致运行不平稳或不稳定。力矩波动系数是指转子处于不同位置时,堵转力矩的峰值与平均值之差相对平均值的百分数。力矩波动的主要原因是由于绕组元件数、换向器片数有限使反电势产生波动,电枢铁芯存在齿槽引起磁场脉动,以及换向器表面不平使电刷与换向器之间的滑动摩擦力矩有所变化等。

结构上采用扁平式电枢,可增多电枢槽数、元件数和换向器片数;适当加大电动机的气隙,采用磁性槽楔、斜槽等措施,都可使力矩波动减小。

3. 响应迅速,动态特性好

通过对直流伺服电动机动态分析可知,决定过渡过程快慢的两个时间常数是机械时间常数 τ_m 和电磁时间常数 τ_e。虽然直流力矩电动机电枢直径大,转动惯量大,但由于它的堵转力矩

很大,空载转速很低,力矩电动机的机械时间常数还是比较小的,这样,其电磁时间常数 τ_e 相对变大。已知 $\tau_e = L_a/R_a$,而电枢电感 L_a 又取决于电枢绕组的磁链,它又可分为电枢反应磁链和漏磁链两部分。可以证明,电枢反应磁链与电动机的极对数有关,极对数越多,电枢反应磁链就越小,相应使电感 L_a 也越小。所以,直流力矩电动机采用多极结构有利于减小电磁时间常数。

此外,适当加大电动机的气隙,也有利于减小电枢反应磁链,相应使电动机的电磁时间常数减小。

提高电枢铁芯的饱和度,可使槽漏磁回路的磁阻增加,以减小漏磁链。在力矩电动机中,因采用了多极结构又考虑到机械强度的要求,电枢轭部的磁密往往比较低。所以,提高铁芯的饱和度主要是靠增大齿部的磁密来解决。电枢绕组漏磁链的减小,也有利于减小电磁时间常数。

4. 峰值堵转转矩和峰值堵转电流

力矩电动机因经常使用在低速和堵转状态,伺服系统又要求它在一定的转速范围内进行转速调节,对它的机械特性和调节特性的线性度都有很高的要求。因此,力矩电动机的额定指标就常常给出一定使用条件(如电压和散热面大小)时的空载转速及堵转转矩。

电动机的连续堵转转矩是指它在长期堵转下,稳定温升不超过允许值时所能输出的最大堵转转矩。对应于这种情况下的电枢电压称为连续堵转电压,相应的电枢电流称为连续堵转电流。

因电动机的温升与散热情况有关,所以在不同的使用条件下,力矩电动机可以输出不同的连续堵转转矩值。为此,在电动机铭牌上,往往根据出厂测试情况,给出不带散热面或带有规定散热面时的连续堵转转矩。

力矩电动机在运行时,会产生一个正比于电枢电流的去磁磁势。为此,电动机在出厂前,必须经受规定电流的正、反两个方向的磁性稳定处理,使电动机工作在预定的回复线上。该稳定磁化电流称为峰值电流。在这种情况下力矩电动机所能输出的堵转转矩就是峰值堵转转矩。因此,力矩电动机的峰值堵转转矩是受电动机磁钢去磁条件所限制的最大堵转转矩。

在系统中为了使力矩电动机快速动作,往往在短时间内输入一个较大的电流,使电动机迅速加速。此电流值可以允许超过连续堵转电流,但是决不允许超过峰值电流。否则,就会使电动机磁钢失磁、转矩下降,并使电动机性能产生不可逆的变化。如果电动机磁钢一旦失磁,必须重新充磁才能恢复正常工作。

思考与练习一

1-1　一台他励直流电动机,如果励磁电流和负载转矩都不变,而仅仅提高电枢端电压,试问电枢电流、转速变化怎样?

1-2　已知一台直流电动机,其电枢额定电压 $U_a = 110V$,额定运行时的电枢电流 $I_a = 0.4A$,转速 $n = 3600r/min$,它的电枢电阻 $R_a = 50\Omega$,空载时阻转矩 $T_0 = 15mN \cdot m$。试问该电动机额定负载转矩是多少?

1-3　用一对完全相同的直流机组成电动机 — 发电机组,它们的励磁电压均为 110V,电枢电阻 $R_a = 75\Omega$。已知当发电动机不接负载,电动机电枢电压加 110V 时,电动机的电枢电流为 0.12A,绕组的转速为 4500r/min。试问:

(1) 发电机空载时的电枢电压为多少伏?

(2) 电动机的电枢电压仍为 110V,而发电机接上 0.5kΩ 的负载时,机组的转速 n 是多大(设空载阻转矩为恒值)?

1-4　请用电压平衡方程式解释直流电动机的机械特性为什么是一条下倾的曲线?为什么放大器内阻越大,机械特性就越软?

1-5　直流伺服电动机在不带负载时,其调节特性有无失灵区?调节特性失灵区的大小与哪些因素有关?

1-6　若已知一台直流电动机的转动惯量为J,如何从电动机的机械特性上估算出电动机的机电时间常数?

1-7　在直流伺服电动机的电枢绕组上分别施加50V和110V的阶跃电压,测得的电动机的时间常数是否相同,为什么?

1-8　一台直流伺服电动机其电磁转矩为0.2倍的额定电磁转矩时,测得始动电压为4V,并当电枢电压增加到49V时,测得其转速为1500r/min。试求当电动机为额定转矩,转速为$n=3000$r/min时,电枢电压$U_a=$?

1-9　一台永磁直流电动机额定电压为27V,转速为9000r/min,功率28W,现测得的转动惯量$J=6.228\times10^{-6}$kg·m²,当$U_a=15$V时,理想空载转速$n_0=4400$r/min,堵转转矩$T_k=0.010$N·m。希望时间常数应不大于30ms,问该电动机是否满足要求?

1-10　简述无刷直流电动机的组成及各部分的作用。

1-11　位置传感器在无刷直流电动机中起到什么作用?

1-12　无位置传感器转子位置检测的方法有哪些?

1-13　无刷直流电动机三相星形连接两两导通方式与三相三角形连接三三导通方式有何不同?

1-14　无刷直流电动机三相星形连接三三导通方式与三相三角形连接两两导通方式有何不同?

1-15　什么是可逆PWM系统?什么是单极性驱动和双极性驱动?

1-16　简述直流力矩电动机的结构及特点。

第 2 章　永磁伺服电动机

本章主要永磁同步伺服电动机。

主要内容

- 永磁同步伺服电动机的结构、原理与运行特性
- 永磁同步伺服电动机控制的原理与方法

知识重点

本章重点为永磁同步伺服电动机的结构与原理；机械特性、调节特性和动态特性；应掌握永磁同步伺服电动机控制的原理与方法。

从第 1 章的介绍可知，伺服电动机按其使用的电源性质不同，可分为直流伺服电动机和交流伺服电动机两大类。传统的交流伺服电动机的结构通常是采用笼转子两相伺服电动机以及空心杯转子两相伺服电动机，所以常把交流伺服电动机称为两相伺服电动机。随着永磁材料、电力电子技术和计算机控制技术的发展，近几年永磁同步伺服电动机得到了很大的发展和广泛的应用。永磁同步伺服电动机（SM）是一台机组，由永磁同步伺服电动机，转子位置检测器件，速度检测器件等组成。永磁同步伺服电动机主要由三部分组成：定子，转子和检测元件（转子位置检测器和测速装置）。其中定子有齿槽，内有三相绕组，形状与普通感应电动机的定子相同。但其外圆多呈多边行，且无外壳，以利于散热。本章主要介绍永磁同步伺服电动机的结构、原理、运行特性、控制及应用。

2.1　永磁同步伺服电动机

伺服系统常用于快速、准确、精密的位置控制场合，这就要求电动机有大的过载能力，小的转动惯量，小的转矩脉动，线性的转矩电流特性，控制系统应有尽可能高的通频带和放大系数，以使整个伺服系统具有良好的动、静态性能。永磁同步伺服电动机（PMSM）用永磁体取代普通同步电动机转子中的励磁绕组，节省了励磁线圈、滑环和电刷，体积小、重量轻、效率高、转子无发热问题，控制系统也较异步电动机要简单些。

2.1.1　结构与分类

永磁同步伺服电动机分类方法比较多。按工作主磁场方向的不同，可分为径向磁场式和轴向磁场式。按电枢绕组位置的不同，可分为内转子式（常规式）和外转子式。按转子上有无启动绕组分，可分为无启动绕组的电动机（常称为调速永磁同步伺服电动机）和有启动绕组的电动机（常称为异步启动永磁同步伺服电动机）。异步启动永磁同步伺服电动机用于频率可调的传动系统时，形成一台具有阻尼（启动）绕组的调速永磁同步伺服电动机。

永磁同步伺服电动机由定子和转子等部件构成。永磁同步伺服电动机的定子与异步电动机定子结构相似，主要是由硅钢片、三相对称的绕组、固定铁芯的机壳及端盖部分组成。对其三相对称的绕组通入三相对称的空间电流就可以得到一个旋转的圆形空间磁场，旋转磁场的转速被称为同步转速 $n_s = 60f/p$，其中，f 为定子电流频率，p 为电动机的极对数。

永磁同步伺服电动机的转子采用磁性材料组成,如钕铁硼等永磁稀土材料,不再需要额外的直流励磁电路。这样的永磁稀土材料具有很高的剩余磁通密度和很大的矫顽力,加上它的磁导率与空气磁导率相仿,对于径向结构的电动机交轴(q轴)和直轴(d轴)磁路磁阻都很大,可以在很大程度上减少电枢反应。永磁同步电动机转子按其形状可以分为两类:凸极式永磁同步电动机和隐极式永磁同步电动机,如图2-1所示。凸极式是将永磁铁安装在转子轴的表面,因为永磁材料的磁导率很接近空气磁导率,所以在交轴(q轴)和直轴(d轴)上的电感基本相同。隐极式转子则是将永磁铁嵌入到转子轴的内部,因此交轴的电感大于直轴的电感,并且,除了电磁转矩外,还有磁阻转矩存在。

(a)凸极式电机转子　　　　　(b)隐极式电机转子

图2-1　永磁同步电动机转子类型

为了使得永磁同步伺服电动机具有正弦波感应电动势波形,其转子磁钢形状呈抛物线状,使其气隙中产生的磁通密度尽量呈正弦分布。定子电枢采用短距分布式绕组,能最大限度地消除谐波磁动势。

转子磁路结构是永磁同步伺服电动机与其他电动机最主要的区别。转子磁路结构不同,电动机的运行性能、控制系统、制造工艺和适用场合也不同。按照永磁体在转子上位置的不同,永磁同步伺服电动机的转子磁路结构一般可分为:表面式、内置式和爪极式。

1. 表面式转子磁路结构

在这种结构中,永磁体通常呈瓦片形,并位于转子铁芯的外表面上,永磁体提供磁通的方向为径向,且永磁体外表面与定子铁芯内圆之间一般仅套上一个起保护作用的非磁性圆筒,或在永磁磁极表面包上无纬玻璃丝带作保护层。有的调速永磁同步伺服电动机的永磁磁极用许多矩形小条拼装成瓦片形,能降低电动机的制造成本。表面式转子磁路结构又分为凸出式和插入式两种,其结构图如图2-2所示。

表面式转子磁路结构的制造工艺简单,成本低,应用较为广泛,尤其适宜于矩形波永磁同步伺服电动机。但因转子表面无法安放启动绕组,无异步启动能力,故不能用于异步启动永磁同步伺服电动机。

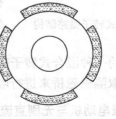

(a)凸出式　　　　(b)插入式

图2-2　表面式转子磁路结构

2. 内置式转子磁路结构

这类结构的永磁体位于转子内部,永磁体外表面与定子铁芯内圆之间有铁磁物质制成的极靴,极靴中可以放置铸铝笼或铜条笼,起阻尼或(和)启动作用,动、稳态性能好,广泛用于要求有异步启动能力或动态性能高的永磁同步伺服电动机。内置式转子内的永磁体受到极靴的保护,其转子磁路结构的不对称性所产生的磁阻转矩有助于提高电动机的过载能力和功率密度,而且易于"弱磁"扩速。按永磁体磁化方向与转子旋转方向的相互关系,其结构可分为径向式、切向式和混合式。

（1）径向式结构

这类结构（如图2-3所示）的优点是漏磁系数小、轴上不需采取隔磁措施,极弧系数易于控制,转子冲片机械强度高,安装永磁体后转子不易变形。图2-3(a)是早期采用的转子磁路结构,现已较少采用。图2-3(b)和(c)图中,永磁体轴向插入永磁体槽并通过隔磁磁桥限制漏磁通,结构简单可靠,转子机械强度高,因而近年来应用较为广泛。图2-3(c)可比图2-3(b)提供了更大的永磁体空间。

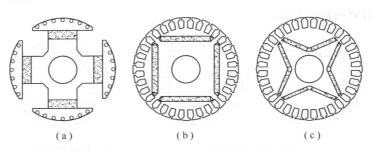

图2-3　内置径向式转子磁路结构

（2）切向式结构

这类结构（如图2-4所示）的漏磁系数较大,并且需采用相应的隔磁措施,电动机的制造工艺和制造成本较径向式结构有所增加。其优点在于一个极距下的磁通由相邻两个磁极并联提供,可得到更大的每极磁通,尤其当电动机极数较多、径向式结构不能提供足够的每极磁通时,这种结构的优势更为突出。此外,采用切向式转子结构的永磁同步伺服电动机磁阻转矩在电动机总电磁转矩中的比例可达40%,这对充分利用磁阻转矩,提高电动机功率密度和扩展电动机的恒功率运行范围很有利。

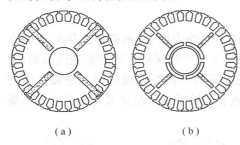

图2-4　内置切向式转子磁路结构

（3）混合式结构

这类结构（如图2-5所示）集中了径向式和切向式转子结构的优点,但其结构和制造工艺较复杂,制造成本也比较高。图2-5(a)所示结构需采用非磁性轴或采用隔磁铜套,主要应用于采用剩磁密度较低的铁氧体等永磁材料的永磁同步伺服电动机。图2-5(b)所示结构采用隔磁磁桥隔磁。需指出的是,这种结构的径向部分永磁体磁化方向长度约是切向部分永磁体磁化方向长度的一半。图2-5(c)是由图2-3的径向式结构中图(b)和图(c)衍生来的一种混合式转子磁路结构,其中,永磁体的径向部分和切向部分的磁化方向长度相等,也采取隔磁磁桥来进行隔磁。

3. 永磁同步伺服电动机与无刷直流电动机的区别

无刷直流电动机通常情况下转子磁极采用瓦形磁钢,经过磁路设计,可以获得梯形波的气隙磁密,定子绕组多采用集中整距绕组,因此感应反电动势也是梯形波的。无刷直流电动机的控制需要位置信息反馈,必须有位置传感器或是采用无位置传感器估计技术,构成自控式的调速系统。控制时各相电流也尽量控制成方波,逆变器输出电压按照有刷直流电动机PWM的方法进行控制即可。本质上,无刷直流电动机也是一种永磁同步伺服电动机,调速实际也属于变

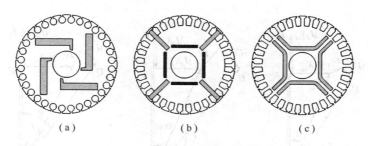

(a)　　　　　(b)　　　　　(c)

图 2-5　内置混合式转子磁路结构

压变频调速范畴。通常说的永磁同步伺服电动机具有定子三相分布绕组和永磁转子,在磁路结构和绕组分布上保证感应电动势波形为正弦,外加的定子电压和电流也应为正弦波,一般靠交流变压变频器提供。永磁同步电动机控制系统常采用自控式,也需要位置反馈信息,可以采用矢量控制(磁场定向控制)或直接转矩控制的先进控制策略。

2.1.2　运行原理及分析

1. 稳态运行和相量图

正弦波永磁同步伺服电动机与电励磁同步电动机有着相似的内部电磁关系,故可采用双反应理论进行分析。但需要指出的是,由于永磁同步伺服电动机转子直轴磁路中永磁体的导磁率很小,因此,其直轴电枢反应电抗小于交轴电枢反应电抗,即 $X_{ad} < X_{aq}$。而在电励磁凸极同步电动机中,凸极面下气隙较小,两极之间的气隙较大,故直轴下单位面积的磁导要比交轴下单位面积的磁导大很多,因此,$X_{ad} > X_{aq}$。这与永磁同步伺服电动机截然不同,分析时应注意这一参数特点。

电动机稳定运行于同步转速时,根据双反应理论,可写出永磁同步伺服电动机的电压方程为:

$$U = E_0 + IR_1 + jIX_1 + jI_dX_{ad} + jI_qX_{aq}$$

式中,E_0 为永磁气隙基波磁场所产生的空载反电动势(V);U 为外施相电压(V);R_1 为定子绕组每相电阻(Ω);X_1 为定子绕组漏电流(A);X_{ad}、X_{aq} 为直、交轴电枢反应电抗(Ω);I_d、I_q 为直、交轴电枢电流(A)。

又　　　　　　　　　　$I_d = I\sin\phi,\qquad I_q = I\cos\phi$

式中,ϕ 为 I 与 E_0 间的夹角,称为内功率因数角,并规定 I 超前 E_0 时 ϕ 为正。

而　　　　　　　　　　$X_d = X_{ad} + X_1,\qquad X_q = X_{aq} + X_1$

则上式可写为:

$$U = E_0 + IR_1 + jI_dX_d + jI_qX_q \tag{2-1}$$

由电压方程可画出永磁同步伺服电动机与不同情况下稳态运行时的几种典型相量图,如图 2-6 所示。

图中,E_δ 为气隙合成基波磁场所产生的电动势,称为气隙合成电动势(V);E_d 为气隙合成基波磁场直轴分量所产生的电动势,称为直轴内电动势(V);θ 为 U 超前 E_0 的角度,即功率角,或称转矩角;φ 为电压 U 超前定子相电流 I 的角度,即功率因数角。

图 2-6(a)、(b) 和 (c) 中的电流 I 均超前于空载反电动势 E_0,这时的直轴电枢反应(图中的 jI_dX_{ad})均为去磁性质,导致电动机直轴内电动势 E_d 小于空载反电动势 E_0。图 2-6(e) 中的电流

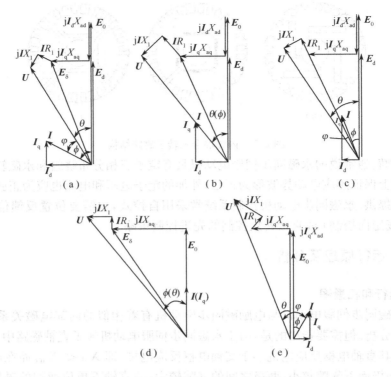

图 2-6 永磁同步电动机几种典型的相量图

I 滞后于空载反电动势 E_0，这时的直轴电枢反应（图中的 jI_dX_{ad}）均为增磁性质，导致电动机直轴内电动势 E_d 大于空载反电动势 E_0。图 2-6(d) 则为临界状态（I 与空载反电动势 E_0 同相）下的相量图，由此可列出如下电压方程：

$$\left. \begin{array}{l} U\cos\theta = E_0' + IR_1 \\ U\sin\theta = IX_q \end{array} \right\} \tag{2-2}$$

从而可求得临界状态时的空载反电动势 E_0' 为：

$$E_0' = \sqrt{U^2 - (IX_q)^2} - IR_1 \tag{2-3}$$

式(2-3) 可用于判断所设计的电动机是运行于增磁状态还是去磁状态，实际上 E_0 值由永磁体产生的空载气隙磁通算出。如 $E_0 > E_0'$，则电动机运行于去磁工作状态，反之将运行于增磁工作状态。从图 2-6 还可以看出，要是电动机运行于单位功率因数[图 2-6(b)] 或容性功率因数[图 2-6(a)] 状态，只有设计在去磁状态时才能达到。

2. 稳态运行性能分析计算

永磁同步伺服电动机的稳态运行性能包括效率、功率因数、输入功率和电枢电流等与输出功率之间的关系以及失步转矩倍数等。电动机的这些稳态性能均可从电动机的基本电磁关系或相量图推导而得。

（1）电磁转矩和功角特性

从图 2-6 和式(2-1) 可得出如下关系：

$$\phi = \arctan\frac{I_d}{I_q} \tag{2-4}$$

$$\varphi = \theta - \phi \tag{2-5}$$

$$U\sin\theta = I_q X_q + I_d R_1 \tag{2-6}$$

$$U\cos\theta = E_0 - I_d X_d + I_q R_1 \tag{2-7}$$

由式(2-6)和式(2-2)得：

$$I_d = \frac{R_1 U\sin\theta + X_q(E_0 - U\cos\theta)}{R_1^2 + X_d X_q} \tag{2-8}$$

$$I_q = \frac{X_d\sin\theta - R_1(E_0 - U\cos\theta)}{R_1^2 + X_d X_q} \tag{2-9}$$

定子电流为：
$$I_1 = \sqrt{I_d^2 + I_d^2} \tag{2-10}$$

而电动机的输入功率为：

$$P_1 = mUI_1\cos\phi = mUI_1\cos(\theta - \varphi) = mU(I_d\sin\theta + I_q\cos\theta)$$

$$= \frac{mU\left[E_0(X_q\sin\theta - R_1\cos\theta) + R_1 U + \frac{1}{2}U(X_d - X_q)\sin2\theta\right]}{R_1^2 + X_d X_q} \tag{2-11}$$

忽略定子电阻，由式(2-11)可得电动机的电磁功率为

$$P_{em} \approx P_1 \approx \frac{mE_0 U\sin\theta}{X_d} + \frac{mU^2}{2}\left(\frac{1}{X_q} - \frac{1}{X_d}\right)\sin2\theta \tag{2-12}$$

将上式除以机械角速度 Ω，即可得电动机的电磁转矩，即

$$T_{em} = \frac{P_{em}}{\Omega} = \frac{mp}{\omega}\left[\frac{E_0 U\sin\theta}{X_d} + \frac{U^2}{2}\left(\frac{1}{X_q} - \frac{1}{X_d}\right)\sin2\theta\right] \tag{2-13}$$

图 2-7 是永磁同步伺服电动机的功角特性曲线。图 2-7 中，曲线 1 为式(2-13)第 1 项由永磁气隙磁场与定子电枢反应磁场相互作用产生的基本电磁转矩，也即永磁转矩；曲线 2 为由于电动机 d 轴、q 轴不对称而产生的磁阻转矩；曲线 3 为曲线 1 和曲线 2 的合成。由于永磁同步伺服电动机直轴同步电抗 X_d 一般小于交轴同步电抗 X_q，磁阻转矩为一负正弦函数，因而功角特性曲线上转矩最大值所对应的功率角大于 $90°$，而不像电励磁同步电动机那样小于 $90°$，这是永磁同步伺服电动机一个值得注意的特点。

功角特性上的转矩最大值 T_{max} 被称为永磁同步伺服电动机的失步转矩，如果电动机负载转矩超过此值，则电动机将不再能保持同步转速。

(2) 工作特性曲线

设已知电动机的 E_0、X_d 和 R_1 等参数值，给定一系列不同的功率角 θ，便可求出相应的电动机输入功率、定子相电流和功率因数角 φ 等，然后求出电动机此时的各个损耗，便可得到电动机的效率从而得到电动机稳态运行性能(P_1 等)与输出功率 P_2 之间的关系曲线，即电动机的工作特性曲线。图 2-8 为用以上步骤求出的某台永磁同步伺服电动机的工作特性曲线。

对于永磁同步电动机的稳态分析，由于电动机物理过程是相同的，因此同样可以应用到永磁同步伺服电动机的稳态分析。但是，由于永磁同步伺服电动机一般工作于动态过程，电动机的转速和转矩总是处于变化的状态，因此，必须采用永磁同步伺服电动机的暂态分析方法来分析电动机的动态控制过程，其通常采用的数学方法是采用电动机转子坐标系的 Park 方程来建立永磁同步伺服电动机的动态数学方程和传递函数，进而建立起基于 PID 调节器的伺服电动机的前向控制框图，同时，可以采用单片机或者数字信号处理器对于永磁同步伺服电动机进行全数字化离散控制。

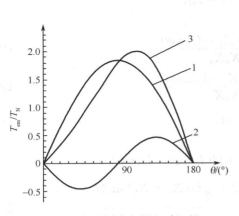

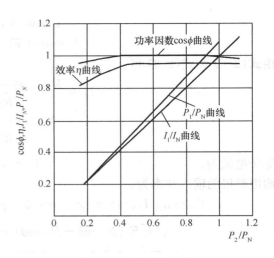

图 2-7　永磁同步伺服电动机的　　　　　图 2-8　工作特性曲线
　　　　计算功角曲线

2.2　永磁同步伺服电动机的控制

在本节中,我们将分析永磁同步伺服电动机控制系统的原理、结构和主要控制方法,使得我们对永磁同步伺服电动机控制系统有进一步的认识。三相永磁同步伺服电动机采用三相逆变器交流供电,其数学模型具有多变量、强耦合以及非线性等特点,所以控制较为复杂。为使三相永磁同步伺服电动机具有高性能控制特性,需要采用矢量变换并进行线性化解耦控制。在本章首先讨论三相永磁同步伺服电动机的矢量控制方法和 SVPWM 空间矢量实现模式,然后进一步讨论以三相永磁同步伺服电动机为主驱动对象的主电路拓扑结构和电路参数设计和原理分析,最后我们将分析基于 TMS320 LF2812DSP 的永磁伺服电动机的控制系统与软件设计。

2.2.1　三相永磁同步伺服电动机在静止 ABC 坐标系中的参数

无转子阻尼绕组的三相永磁同步伺服电动机在静止 ABC 坐标系中的示意图参见图 2-9。根据该图,为使分析简化起见,作如下假设:

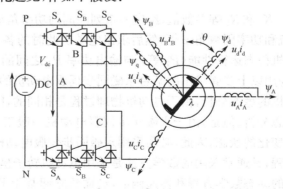

图 2-9　三相永磁同步伺服电动机在静止 ABC 坐标系中的参数示意图

（1）饱和效应忽略不计;

（2）感应反电势呈正弦波状;

（3）磁滞及涡流损耗不计；

（4）转子上没有阻尼绕组；

（5）电动机定子绕组是三相对称的。

则三相永磁同步伺服电动机的定子绕组的每相电阻为 R_1；三相电压为 u_A, u_B, u_C；三相电流为 i_A, i_B, i_C；则永磁同步伺服电动机的电压矩阵方程为：

$$\boldsymbol{U}_{ABC} = \boldsymbol{R}_{ABC} \cdot \boldsymbol{I}_{ABC} + p\boldsymbol{\Psi}_{ABC} \tag{2-14}$$

式中，$p = \dfrac{\mathrm{d}}{\mathrm{d}t}$ 是微分算子。

在公式（2-14）中，电压列向量矩阵为：

$$\boldsymbol{U}_{ABC} = \begin{bmatrix} u_A & u_B & u_C \end{bmatrix}^T \tag{2-15}$$

电流列向量矩阵为：

$$\boldsymbol{I}_{ABC} = \begin{bmatrix} i_A & i_B & i_C \end{bmatrix}^T \tag{2-16}$$

电阻矩阵为：

$$\boldsymbol{R}_{ABC} = \begin{bmatrix} R_1 & 0 & 0 \\ 0 & R_1 & 0 \\ 0 & 0 & R_1 \end{bmatrix}$$

磁链矩阵方程为：

$$\boldsymbol{\Psi}_{ABC} = \boldsymbol{L}_{ABC}\boldsymbol{I}_{ABC} + \boldsymbol{\lambda}_{ABC} \tag{2-17}$$

凸极三相永磁同步伺服电动机的定子电感的表达式为：

$$\boldsymbol{L}_{ABC} = \begin{bmatrix} L_{s0} + L_{s2}\cos 2\theta & -M_{s0} + M_{s2}\cos\left(2\theta - \dfrac{2\pi}{3}\right) & -M_{s0} + M_{s2}\cos\left(2\theta + \dfrac{2\pi}{3}\right) \\ -M_{s0} + M_{s2}\cos\left(2\theta - \dfrac{2\pi}{3}\right) & L_{s0} + L_{s2}\cos\left(2\theta + \dfrac{2\pi}{3}\right) & -M_{s0} + M_{s2}\cos 2\theta \\ -M_{s0} + M_{s2}\cos\left(2\theta + \dfrac{2\pi}{3}\right) & -M_{s0} + M_{s2}\cos 2\theta & L_{s0} + L_{s2}\cos\left(2\theta - \dfrac{2\pi}{3}\right) \end{bmatrix} \tag{2-18}$$

在矩阵式（2-18）中，L_{s0} 是三相永磁同步伺服电动机自感的恒定值分量，其值与转子的位置无关，其中包括定子绕组的漏感分量；L_{s2} 是三相永磁同步伺服电动机自感的交变分量幅值，为主电感分量。M_{s0} 是三相永磁同步伺服电动机互感的恒定值分量，其值与转子的位置无关，M_{s2} 是三相永磁同步伺服电动机互感的交变分量幅值，为主电感分量。

三相永磁同步伺服电动机的永磁磁链在 ABC 静止坐标系中的投影为：

$$\lambda_{ABC}^s = \lambda \begin{bmatrix} \sin\theta & \sin\theta\left(\theta - \dfrac{2\pi}{3}\right) & \sin\theta\left(\theta + \dfrac{2\pi}{3}\right) \end{bmatrix}^T \tag{2-19}$$

式中，λ 为转子永磁磁链的幅值；θ 为永磁磁链与定子轴线的转动角度，其变量可以参照图 2-10。

永磁同步伺服电动机的电磁转矩方程为：

$$T_e = \frac{3}{2}P\psi_{ABC} \cdot \boldsymbol{I}_{ABC}$$

2.2.2　逆变器机电能量变换装置的坐标变换

逆变器对于三相永磁同步伺服电动机采用转子坐标系，即（d-q-O）坐标系进行坐标变换。

三相永磁同步伺服电动机坐标变换示意图参见图 2-9，在图中，d-q 坐标系以 ω 角速度旋转，而 θ 是该坐标系的旋转角度，假定三相永磁同步伺服电动机的 $(d$-q-$O)$ 坐标系中，其变换矩阵为下列形式：

$$\boldsymbol{K}(\theta) = \sqrt{\frac{2}{3}} \begin{bmatrix} \sin\theta & \sin\left(\theta - \dfrac{2\pi}{3}\right) & \sin\left(\theta + \dfrac{2\pi}{3}\right) \\ \cos\theta & \cos\left(\theta - \dfrac{2\pi}{3}\right) & \cos\left(\theta + \dfrac{2\pi}{3}\right) \\ 1/\sqrt{2} & 1/\sqrt{2} & 1/\sqrt{2} \end{bmatrix} \tag{2-20}$$

逆矩阵为下列公式：

$$\boldsymbol{K}^{-1}(\theta) = \boldsymbol{K}^{\mathrm{T}}(\theta) = \sqrt{\frac{2}{3}} \begin{bmatrix} \sin\theta & \sin\left(\theta - \dfrac{2\pi}{3}\right) & \sin\left(\theta + \dfrac{2\pi}{3}\right) \\ \cos\theta & \cos\left(\theta - \dfrac{2\pi}{3}\right) & \cos\left(\theta + \dfrac{2\pi}{3}\right) \\ 1/\sqrt{2} & 1/\sqrt{2} & 1/\sqrt{2} \end{bmatrix}^{\mathrm{T}} \tag{2-21}$$

则式（2-15）～（2-19）新的矩阵向量的表达式如下：

$$\boldsymbol{U}_{\mathrm{ABC}} = \boldsymbol{K}^{-1}(\theta)\boldsymbol{U}_{\mathrm{dqO}} \tag{2-22}$$

$$\boldsymbol{I}_{\mathrm{ABC}} = \boldsymbol{K}^{-1}(\theta)\boldsymbol{I}_{\mathrm{dqO}} \tag{2-23}$$

$$\boldsymbol{\psi}_{\mathrm{ABC}} = \boldsymbol{K}^{-1}(\theta)\boldsymbol{\psi}_{\mathrm{dqO}} \tag{2-24}$$

$$\boldsymbol{\lambda}_{\mathrm{ABC}} = \boldsymbol{K}^{-1}(\theta)\boldsymbol{\lambda}_{\mathrm{dqO}} \tag{2-25}$$

将式（2-22）～式（2-25）代入式（2-14），并用 $\boldsymbol{K}(\theta)$ 左乘式（2-14）得到下列公式：

$$\boldsymbol{K}(\theta)\boldsymbol{K}^{-1}(\theta)\boldsymbol{U}_{\mathrm{dqO}} = \boldsymbol{K}(\theta)\boldsymbol{R}\boldsymbol{K}^{-1}(\theta)\boldsymbol{I}_{\mathrm{dqO}} + \boldsymbol{K}(\theta)\,p\left[\boldsymbol{K}^{-1}(\theta)\boldsymbol{\psi}_{\mathrm{dqO}}\right] \tag{2-26}$$

在式（2-26）中，定义在 d-q-O 坐标系中电压矩阵为：

$$\boldsymbol{U}_{\mathrm{dqO}} = \boldsymbol{K}(\theta)\boldsymbol{U}_{\mathrm{ABC}} = \left[\boldsymbol{U}_{\mathrm{dq}}\right]^{\mathrm{T}} \tag{2-27}$$

定义在 d-q-O 坐标系中电流矩阵为：

$$\boldsymbol{I}_{\mathrm{dqO}} = \boldsymbol{K}(\theta)\boldsymbol{I}_{\mathrm{ABC}} = \left[\boldsymbol{I}_{\mathrm{dq}}\right]^{\mathrm{T}} \tag{2-28}$$

定义在 d-q-O 坐标系中磁链矩阵为：

$$\boldsymbol{\psi}_{\mathrm{dqO}} = \boldsymbol{K}(\theta)\boldsymbol{\psi}_{\mathrm{ABC}} = \left[\boldsymbol{\psi}_{\mathrm{dq}}\right]^{\mathrm{T}} \tag{2-29}$$

定义在 d-q-O 坐标系中电阻矩阵为：

$$\boldsymbol{R}_{\mathrm{dqO}} = \boldsymbol{K}(\theta)\boldsymbol{R}_{\mathrm{ABC}}\boldsymbol{K}^{-1}(\theta) = \left[\boldsymbol{R}_{\mathrm{dq}}\right]^{\mathrm{T}} \tag{2-30}$$

2.2.3　逆变器机电能量变换装置电压方程的坐标变换

根据式（2-20）和式（2-21）有关矩阵变量的定义，那么逆变器能量变换网络在 $(d$-q-$O)$ 坐标系中，电压矩阵方程具有下列形式：

$$\boldsymbol{U}_{\mathrm{dqO}} = \boldsymbol{R}_{\mathrm{dqO}}\boldsymbol{I}_{\mathrm{dqO}}\boldsymbol{K}(\theta)\,p\left[\boldsymbol{K}^{-1}(\theta)\boldsymbol{\psi}_{\mathrm{dqO}}\right] \tag{2-31}$$

方程式（2-31）按照复合微分法则展开后有下列方程：

$$\boldsymbol{U}_{\mathrm{dqO}} = \boldsymbol{R}_{\mathrm{dqO}}\boldsymbol{I}_{\mathrm{dqO}} + \boldsymbol{K}(\theta)\,p\left[\boldsymbol{K}^{-1}(\theta)\right]\boldsymbol{\psi}_{\mathrm{dqO}} + \boldsymbol{K}(\theta)\left[\boldsymbol{K}^{-1}(\theta)\right]p\boldsymbol{\psi}_{\mathrm{dqO}} \tag{2-32}$$

根据全微分链式法则：

$$p\left[\boldsymbol{K}^{-1}(\theta)\right] = \frac{\partial \boldsymbol{K}^{-1}(\theta)}{\partial \theta}\frac{\mathrm{d}\theta}{\mathrm{d}t} = \frac{\partial \boldsymbol{K}^{-1}(\theta)}{\partial \theta}\,\omega \tag{2-33}$$

而

$$\boldsymbol{K}(\theta)\left[\boldsymbol{K}^{-1}(\theta)\right] = \begin{bmatrix} 1 & 0 \\ 0 & 1 \end{bmatrix} \tag{2-34}$$

对于转子坐标系可以证明：

$$K(\theta)\frac{\partial K^{-1}(\theta)}{\partial \theta}\begin{bmatrix}0 & -1\\ 1 & 0\end{bmatrix} \tag{2-35}$$

对于无转子阻尼绕组的三相永磁同步伺服电动机，其特点是转子上存在永磁磁链，同时转子上无绕组，因此，转子上的电压、电流变量等于零。而坐标变换采用转子坐标系。则根据机电能量变换装置的电压公式(2-31)，三相永磁同步伺服电动机的电压方程可以推导为下列公式：

$$\boldsymbol{U}_{dq}^s = \boldsymbol{R}_{dq}^s \boldsymbol{I}_{dq}^s + p\boldsymbol{\psi}_{dq}^s + \omega\boldsymbol{\Gamma}_{dq}^s \boldsymbol{\psi}_{dq}^s \tag{2-36}$$

$$\boldsymbol{U}_{dq}^s = \begin{bmatrix}u_{ds}\\ u_{qs}\end{bmatrix}; \boldsymbol{I}_{dq}^s = \begin{bmatrix}i_{ds}\\ i_{qs}\end{bmatrix}; \boldsymbol{\psi}_{dq}^s = \begin{bmatrix}\phi_{ds}\\ \phi_{qs}\end{bmatrix} \tag{2-37}$$

在转子速 d-q-O 的坐标系中，假定磁路是线性的，根据机电能量变换装置的磁链方程式(2-29)，三相永磁同步伺服电动机的磁链方程可以表示成为分块矩阵形式：

$$\boldsymbol{\psi}_{dq}^s = \boldsymbol{L}_{dq}^s \boldsymbol{I}_{dq}^s + \boldsymbol{\lambda}_{dqO}^s \tag{2-38}$$

在式(2-38)中，三相永磁同步伺服电动机电阻矩阵的变换公式为：

$$\boldsymbol{R}_{dq}^s = \boldsymbol{K}(\theta)\boldsymbol{R}_{ABC}\boldsymbol{K}^T(\theta) \tag{2-39}$$

在式(2-38)中，三相永磁同步伺服电动机电感矩阵的变换公式为：

$$\boldsymbol{L}_{dq}^s = \boldsymbol{K}_s(\theta)\boldsymbol{L}_s \boldsymbol{K}_s^T(\theta) \tag{2-40}$$

在式(2-38)中，三相永磁同步伺服电动机永磁磁链矩阵的变换公式为：

$$\boldsymbol{\lambda}_{dq}^s = \boldsymbol{K}_s(\theta)\boldsymbol{\lambda}_{ABC}^s \tag{2-41}$$

根据式(2-37)～(2-41)我们在分析出无转子阻尼绕组的三相永磁同步伺服电动机的在静止 ABC 坐标系中的定子电阻矩阵 $\boldsymbol{R}_{ABC}$ 和电感矩阵 $\boldsymbol{L}_s$，同时，构造出坐标变换矩阵 $\boldsymbol{K}(\theta)$ 就可以得到在转子速 d-q-O 坐标系中，三相永磁同步伺服电动机的电压方程式。

在确定坐标变换的矩阵后，根据式(2-39)，变换后的 d-q-O 坐标系的电阻矩阵为：

$$\boldsymbol{R}_{dq}^s = \begin{bmatrix}R_1 & 0\\ 0 & R_1\end{bmatrix} \tag{2-42}$$

在确定坐标变换的矩阵后，根据式(2-40)，变换后的 d-q-O 坐标系的电感矩阵为：

$$\boldsymbol{L}_{dq}^s = \begin{bmatrix}L_d & 0\\ 0 & L_q\end{bmatrix} \tag{2-43}$$

在式(2-43)中，矩阵元素的表达式为：

$$\left.\begin{aligned}L_d = \cdots = L_{d_{m\phi}} = L_d = L_{s0} + M_{s0} - \frac{1}{2}L_{s2} = L_{ls} + L_{md}\\ L_q = \cdots = L_{q_{m\phi}} = L_q = L_{s0} + M_{s0} + \frac{1}{2}L_{s2} = L_{ls} + L_{mq}\end{aligned}\right\} \tag{2-44}$$

在确定坐标变换的矩阵后，根据公式(2-41)，变换后的 d-q-O 坐标系永磁磁链矩阵：

$$\boldsymbol{\lambda}_{dq}^s = \begin{bmatrix}\lambda\\ 0\end{bmatrix} \tag{2-45}$$

将式(2-42)、式(2-43)和式(2-45)代入到方程式(2-36)中，得到无转子阻尼绕组永磁电动机的电压方程式：

$$u_d = R_1 i_d + L_d p i_d - \omega L_q i_q \tag{2-46}$$

$$u_q = R_1 i_q + L_q p i_q + \omega L_d i_d + \omega\lambda \tag{2-47}$$

电动机的磁链方程式为：

$$\psi_d = \lambda + L_d i_d \tag{2-48}$$

$$\psi_q = L_q i_q \tag{2-49}$$

在式（2-46）和式（2-47）中，只有电动机的定子变量，显然，其定子端电压是由开关变量所控制。在式（2-46）和式（2-47）中三相永磁同步伺服电动机的定子参数还可以根据公式 $X_d = X_{ad} + X_1, X_q = X_{aq} + X_1$ 导出，其中

$$\lambda = \frac{E_0}{\omega_N} \tag{2-50}$$

在公式（2-50）中，ω_N 是三相永磁同步伺服电动机的额定电角速度。

而定子 d 轴的电感为：

$$L_d = \frac{X_d}{\omega_N} \tag{2-51}$$

而定子 q 轴的电感为：

$$L_q = \frac{X_q}{\omega_N} \tag{2-52}$$

2.2.4 无转子阻尼绕组的三相永磁同步伺服电动机的电磁转矩

在方程式（2-46）和式（2-47）中，三相永磁同步伺服电动机定子的 d 轴旋转电势为：

$$e_d = -\omega\psi_q = -\omega L_q i_q \tag{2-53}$$

d 轴旋转电势为：

$$e_q = \omega(\lambda + L_q i_q) \tag{2-54}$$

三相永磁同步伺服电动机的电磁功率定义为电磁转矩与电动机的转子角速度的乘积，如果考虑到多极电动机的极对数，则电磁转矩的表达式为：

$$T_e = \frac{3}{2}\left(\frac{P}{2}\right)\frac{P_e}{\omega} = \frac{3}{2}\left(\frac{P}{2}\right)\frac{e_d i_d + e_q i_q}{\omega} \tag{2-55}$$

将公式（2-53）和式（2-54）代入式（2-55）则电磁转矩表达式可以进一步化简为：

$$T_e = \frac{3}{2}\left(\frac{P}{2}\right)\left[\lambda i_q + (L_d - L_q)i_d i_q\right] \tag{2-56}$$

式中，$\left(\dfrac{P}{2}\right)$ 为电动机的极对数。

无转子阻尼绕组的三相永磁同步伺服电动机由于无法产生异步转矩，因此，无法在电网中直接启动，必须采用逆变器进行控制。

2.2.5 基于统一模型电动机方法的三相永磁同步伺服电动机动态方程

采用统一模型电动机方法也可以建立三相永磁同步伺服电动机的动态方程，其具体步骤如下：首先分析图 2-10，在该图中，三相永磁同步伺服电动机直接等效为定子具有两个伪静止 d-q 绕组的统一模型电动机，该电动机采用电动机法则，确定正方向，即正电流产生正值磁链，正电流与正磁链符合右手螺旋定则；电压和电流方向也符合电动机法则，假定转子的旋转方向为逆时针，坐标系也按照逆时针方向正转，对于定子绕组承受的力矩，与旋转方向相反为正值力矩方向。ω_a 为定子导体切割磁力线的角速度其虚拟运动的方向与转子旋转方向正好相反。

根据图 2-10 的标志直接可以列写三相永磁同步伺服电动机的动态方程组，其中定子 d 轴上存在 1 个电感线圈，电感线圈存在着电阻压降和楞次电势，同时由于 d 轴线圈与 q 轴的磁链存在

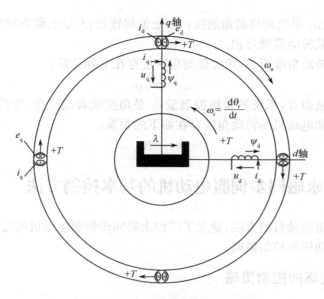

图 2-10   统一模型电动机示意图

相对运动,必然产生旋转电势,其中旋转电势的数值为:

$$\omega \cdot \psi_q = \omega \cdot L_q i_q \tag{2-57}$$

而其方向,按照右手切割电势法则,该旋转电势项为负值,因此定子 d 轴上线圈的电压方程为:

$$u_d = R_1 i_d + L_d p i_d - \omega L_q i_q \tag{2-58}$$

同理,根据图 2-10,定子 q 轴上也存在 1 个电感线圈,电感线圈存在着电阻压降和楞次电势,同时由于 q 轴线圈与 d 轴的磁链也存在相对运动,必然产生旋转电势,其中旋转电势的数值为:

$$\omega \psi_d = \omega \lambda + \omega L_d i_d \tag{2-59}$$

而旋转电势的方向,按照右手切割电势法则,旋转电势项为正值。因此定子 q 轴上线圈的电压方程为:

$$u_q = R_1 i_q + L_q p i_q + \omega L_d i_d + \omega \lambda \tag{2-60}$$

根据三相永磁同步伺服电动机的磁路特点,我们可以进一步分析出电动机的磁链方程的表达式。在图 2-10 中 d 轴上存在一个永磁体和一个线圈,因此在定子 d 轴上线圈的磁链方程式为:

$$\psi_d = \lambda + L_d i_d \tag{2-61}$$

而 q 轴上仅存在着一个线圈,因此在定子 q 轴上线圈的磁链方程式为:

$$\psi_q = L_q i_q \tag{2-62}$$

电动机的转矩采用如下方程式合成,对于 d 轴磁链 ψ_d 和 q 轴电流 i_q 相互的作用产生的转矩分量与转矩的正方向相同,为正值,即 $T_q = +\psi_d i_q$;对于 q 轴磁链 ψ_q 和 d 轴电流 i_d 相互的作用产生的转矩分量与转矩的正方向相反,为负值,即 $T_d = -\psi_q i_d$。

电动机的转矩方程式为两个转矩分量的合成:

$$T_e = T_q + T_d = \frac{3}{2}\left(\frac{P}{2}\right)\left[\lambda i_q + (L_d - L_q) i_d i_q\right] \tag{2-63}$$

根据动力学法则,三相永磁同步伺服电动机的转子运动方程式为:

$$T_e = F\omega + T_L + J\frac{d\omega}{dt} \tag{2-64}$$

式中，F 是摩擦系数；ω 是电动机的角速度；T_L 是负载转矩；J 是电动机轴的总转动惯量，包括转子转动惯量和负载转动惯量总和。

对于电动机的转动角度而言，角度值与角速度存在下列关系：

$$\omega = \mathrm{d}\theta/\mathrm{d}t \tag{2-65}$$

对于伺服电动机而言，系统的最终控制量 θ_1 是角度或者是位置、位移或长度量，因此，系统的最终控制变量和电动机的转动角度存在如下的关系：

$$\theta_1 = K\theta \tag{2-66}$$

2.3　三相永磁同步伺服电动机的基本控制方法

在基于统一模型电动机的方法，建立了三相永磁同步伺服电动机的动态方程后，可以根据该方程组推导出电动机的控制策略。

2.3.1　位置环的控制策略

位置环一般采用比例（P）控制、比例（P）前馈控制或比例微分（PD）控制，若位置环采用比例调节器，而在速度调节器采用（PI）调节器，且位置环截止频率远小于速度环各时间常数的倒数时，速度环的闭环传递函数可以近似等效为一阶惯性环节。

假定位置控制环增益为 K_θ，速度环的时间周期和增益为 τ_w 和 K_w，则可以得到交流位置伺服系统等效结构如图 2-11 所示。

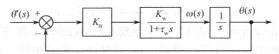

图 2-11　交流位置伺服系统等效结构

由图 2-11 可以得到交流位置伺服系统的闭环传递函数为：

$$G(s) = \frac{\theta}{\theta^*} = \frac{K_\theta K_w/\tau_w}{s^2 + s/\tau_w + K_\theta K_w/\tau_w} \tag{2-67}$$

设位置控制环增益 $K_p = K_\theta K_w$，则公式（2-67）可得：

$$G(s) = \frac{\theta}{\theta^*} = \frac{\omega_n^2}{s^2 + 2\xi\omega_n s + \omega_n^2} \tag{2-68}$$

式中

$$\xi = \frac{1}{2}\sqrt{\frac{1}{K_p\tau_w}}, \quad \omega_n = \sqrt{\frac{K_p}{\tau_w}}$$

当输入为一斜坡函数位置指令 $\theta^*(s) = v/s^2$ 时，稳态位置跟踪误差为

$$\varepsilon = \frac{v}{K_p} \tag{2-69}$$

从式（2-69）可知，若 K_p 越大，v 越小，则位置跟踪误差越小，位置控制精度越高，但受整个伺服系统稳定性以及机械负载部分的影响，K_p 的选择不能很大，这就限制了位置控制精度的提高。

因为位置伺服系统要求快速响应并且无超调，所以应使位置伺服系统处于临界阻尼状态或欠阻尼状态，当校正后速度控制环节的截止频率 $f_w = 1/\tau_w$ 确定后，K_p 可由 $\xi \geqslant 1$ 这个条件确定：

$$K_p \leqslant 1/(4\tau_w) \tag{2-70}$$

式中,$K_p = 1/(4\tau_w)$ 为最优的位置控制环增益。

2.3.2 速度环的控制策略

根据三相永磁同步伺服电动机的转子运动方程,则可以采用简单类比方法,构造电动机速度环的控制策略:

$$T_e = F\omega + T_L + J\frac{d\omega}{dt} \tag{2-71}$$

其拉普拉斯运算形式为:

$$\omega(s) = \frac{1}{Js}[T_e - T_L - F\omega(s)] \tag{2-72}$$

设速度环采用比例积分微分(PID)控制策略,则有:

$$T_e = \left(K_p + \frac{K_I}{s} + K_D s\right)\Delta\omega \tag{2-73}$$

其中 $\Delta\omega = \omega^* - \omega$,根据速度环的相关的式(2-73)可以构造速度调节器的控制简化框图如图2-12所示。

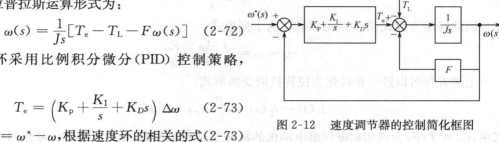

图 2-12 速度调节器的控制简化框图

2.3.3 电流环的控制模型

根据三相永磁同步伺服电动机的电压方程,则可以采用简单类比方法,构造电动机电流环的控制策略,电动机的 q 轴电压方程式为:

$$u_q = R_1 i_q + L_q p_{i_q} + \omega\psi_d \tag{2-74}$$

其对应的拉普拉斯运算形式为:

$$i_q(s) = \frac{1/R_1}{1+\tau_q s}u_q(s) - \frac{1/R_1}{1+\tau_q s}\psi_d\omega(s) \tag{2-75}$$

在公式中,$\tau_q = \dfrac{L_q}{R_1}$ 为电动机的定子 q 轴绕组时间常数。

直轴磁链方程为:

$$\psi_d = \lambda + L_d i_d \tag{2-76}$$

当采用矢量控制时,可使定子 d 轴电流矢量 $i_d \approx 0$,则有:$L_d i_d \ll \lambda$,因此:$\psi_d \approx \lambda$ 近似为常数。

令 $E_f = \lambda\omega$,则 $E_f(s) = \lambda\omega(s)$,则电动机的 q 轴电流方程式的拉普拉斯变换形式为:

$$i_q(s) = \frac{1/R_1}{1+\tau_q s}[u_q(s) - E_f(s)] \tag{2-77}$$

电动机的 d 轴电压方程式为:

$$u_d = R_1 i_d + L_d p i_d - \omega\psi_q \tag{2-78}$$

则电动机的 d 轴电流方程式的拉普拉斯运算形式为:

$$i_d(s) = \frac{1/R_1}{1+\tau_d s}[u_d(s) + L_q i_q(s)\omega(s)] \tag{2-79}$$

根据伺服电动机的运动方程式(2-71)可以得到:

$$T_e - T_L = J\frac{d\omega}{dt} + F\omega \tag{2-80}$$

对于三相永磁伺服电动机而言,可以假定等值负载电流为:

$$i_L = \frac{T_L}{\lambda} \tag{2-81}$$

对于电磁转矩而言,由于$(L_d - L_q)i_d i_q \ll \lambda i_q$,因此电磁转矩可以近似为$T_e \approx \lambda i_q$,故三相永磁伺服电动机的$q$轴有功电流近似为:

$$i_q \approx \frac{T_e}{\lambda} \tag{2-82}$$

因此转矩方程式(2-80)可以转化为下列形式:

$$i_q - i_L = \frac{J}{\lambda}\frac{d\omega}{dt} + \frac{F\omega}{\lambda} \tag{2-83}$$

上述方程可以进一步转化为拉普拉斯变换形式:

$$i_q(s) - i_L(s) = \frac{F}{\lambda}(\tau_m s + 1)\omega(s) \tag{2-84}$$

式中,$\tau_m = J/F$,为三相永磁伺服电动机的机械惯性时间常数,显然,该时间常数与电动机的转动惯量J成正比,与电动机的摩擦系数F成反比。

由上可知电动机的转速可以表示为:

$$\omega(s) = \frac{K_m}{1 + \tau_m S}[i_q(s) - i_L(s)] \tag{2-85}$$

式中,$K_m = \lambda/F$,为三相永磁伺服电动机的电流增益系数,显然,该增益系数与电动机的永磁磁链λ正比,与电动机的摩擦系数F成反比。

显然,根据公式(2-84)和公式(2-85)可以构造三相永磁同步伺服电动机的动态结构图如图2-13所示。

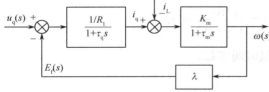

图 2-13 三相永磁同步伺服电动机的动态结构图

从图2-13可以看出,三相永磁同步伺服电动机的动态结构图中有两个输入量,另一个是定子q轴输入电压,另一个是扰动负载等效输入电流i_L,而输出是电动机的角速度。这样的结构与直流电动机类似,可以采用类似直流伺服电动机的系统设计方法来设计永磁伺服电动机的系统。

2.3.4 电流环的 PID 控制

同样,根据电压方程的简单类比方法,也可以建立电流环的PID控制策略。

对于定子q轴电压方程,即公式(2-84)中,定子q轴输出的电压u_q与定子q轴输出的电压的给定值u_q^*相对应;电阻分量$R_1 i_q$与PID调节器的比例项$K_{Pd} \cdot \Delta i_q$相对应;由于电流的时间常数远远小于电动机的速度机械时间常数,即$\tau_q \ll \tau_m$成立,则在电流变化时,可以认为电动机的转速是恒定的,因此旋转电势分量$\lambda\omega$与PID调节器的积分项$K_{Iq}\int\Delta i_q dt$相对应;由于楞次感应电势分量与PID调节器的微分项$K_{Dq}\frac{d\Delta i_q}{dt}$相对应。

则定子 q 轴电流 PID 调节器数学方程式为:

$$u_q^* = K_{Pq}\Delta i_q + K_{Iq}\int \Delta i_q dt + K_{Dq}\frac{d\Delta i_q}{dt} \qquad (2\text{-}86)$$

式中,K_{Pq} 为 q 轴电流调节器的比例系数;K_{Iq} 为 q 轴电流调节器的积分系数;K_{Dq} 为 q 轴电流调节器的微分系数。

同理,可以得到定子 d 轴电流 PID 调节器数学方程式为:

$$u_d^* = K_{Pd}\Delta i_d + K_{Id}\int \Delta i_d dt + K_{Dd}\frac{d\Delta i_d}{dt} \qquad (2\text{-}87)$$

式中,K_{Pd} 为 d 轴电流调节器的比例系数;K_{Id} 为 d 轴电流调节器的积分系数;K_{Dd} 为 d 轴电流调节器的微分系数。

q 轴电流 PID 调节器数学方程式同样也可以转化为传递函数形式:

$$u_q^*(s) = \left(K_{Pq} + \frac{K_{Iq}}{s} + K_{Dq}s\right)\Delta i_q \qquad (2\text{-}88)$$

d 轴电流 PID 调节器数学方程式同样也可以转化为传递函数形式:

$$u_d^*(s) = \left(K_{Pd} + \frac{K_{Id}}{s} + K_{Dd}s\right)\Delta i_d \qquad (2\text{-}89)$$

对于电流 PID 调节器,可以认为是无偏差调节系统,则

$$u_q^* = u_q, \quad u_d^* = u_d \qquad (2\text{-}90)$$

根据电流环的相关的式(2-78)、式(2-85)和式(2-90)可以构造电流调节器的控制简化框图为如图 2-14 所示。

在图 2-14 中可以分析得出伺服电动机定子 q 轴电流调节器,假定 $i_d \approx 0$,则在小信号系统分析中,认为是近似具有解耦控制特性。

同样,根据 d 轴电流环的相关的公式(2-79)、式(2-89)和式(2-90)可以构造 d 电流调节器的控制简化框图为图 2-15。在 d 轴电流环中显然 u_d 必须为负值,且必须满足公式(2-91)所列条件,才能够使 $i_d \approx 0$

$$u_d(s) = -\omega(s)L_q i_q(s) \qquad (2\text{-}91)$$

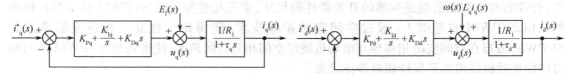

图 2-14　伺服电动机定子 q 轴电流
调节器的控制简化框图

图 2-15　伺服电动机定子 d 轴电流调节器的
控制简化框图

2.3.5　三相永磁同步伺服电动机的三闭环控制系统

根据三相永磁同步伺服电动机的矢量控制方程式,我们根据传递函数,分别构造出位置闭环、速度闭环和电流闭环的 PID 控制策略,但是,作为一个全面和完整的三相永磁同步伺服电动机的矢量控制还应当包括下列测量和控制单元,以及相关的 SVPWM 空间矢量控制方法,硬件部分应当包括霍尔电流传感器,三相 PWM 逆变器,光电旋转编码器或者其他角度和速度传感器,通过相关的软件和硬件构造出一个完整的三相永磁同步伺服电动机的三闭环控制系统。采用数字信号处理器 DSP 为硬件平台的控制系统,可以采用图 2-16 的控制框图来构造三相永磁同步伺服电动机的三闭环控制系统。

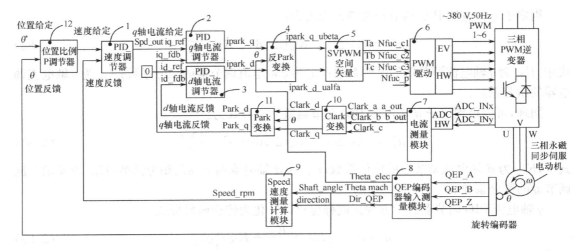

图 2-16　三相永磁同步伺服电动机的三闭环控制系统框图

2.4　三相永磁同步伺服逆变器的空间正弦 SVPWM 技术

对于三相永磁同步伺服电动机的三闭环控制系统而言,目前广泛采用的是磁通正弦PWM(即空间电压矢量 PWM 法,SVPWM-Space Vector PWM),该方法与电压正弦 PWM 不同,它是从电动机的角度出发,着眼于如何使电动机获得幅值恒定的圆形旋转磁场,即正弦磁通。它以三相对称正弦波电压供电时交流电动机的理想磁通圆为基准,用逆变器不同的开关模式所产生的实际磁通去逼近基准圆磁通,并由它们比较的结果决定逆变器的开关状态,形成PWM 波形。由于该控制策略把逆变器和电动机看成一个整体来处理,所得模型简单,便于微处理器实时控制,并具有转矩脉动小、噪声低、电压利用率高的优点,因此目前无论在开环调速系统或闭环控制系统中均得到了广泛应用。应该指出的是对于主动前端而言,空间电压矢量PWM 法的控制策略仍然是适用的,采用磁通正弦 PWM 技术同样可以提高直流电压的利用率,有效的缩小有源前端逆变器的开关器件的尺寸。多三相逆变器的 SVPWM 技术是在标准的三相 SVPWM 的基础上,通过空间实时相移技术,使得每个独立三相逆变器单元的SVPWM 波形在空间实时相移到与电动机绕组空间相对应的角度。使得每组 SVPWM 波与相对应的电动机绕组总是保持相对静止状态。

2.4.1　直角坐标系二电平广义逆变器空间电压矢量 SVPWM 波

二电平广义逆变器空间电压矢量 PWM 调制方式其本质上对应的开关策略是:在三相电压源逆变器的拓扑结构中,开关状态函数仅仅是由上桥臂功率器件的开关状态所确定的,下桥臂的开关状态与上桥臂是互补的。三相电压的开关状态是由 8 个基本开关状态所确定的,其中包括 6 个非零矢量和两个零矢量。矢量合成 SVPWM 法是由三个向量来等效合成广义逆变器控制所需的理想空间电压向量 $\boldsymbol{V}_{out}$,即 $\boldsymbol{V}_{out}$ 的幅值和相位是由一个 $60°$ 区间的两个非零向量和一个零向量共同作用的合成。这种特殊的开关策略引入了虚拟的 3 次谐波调制电压,有效地提高了 PWM 波的线性调制区域。与传统的正弦波电压 SPWM 波调制方式相比,SVPWM 在输出电压和电流中产生的谐波畸变更小,并且对直流母线电压有更高的利用率。其相电压的基波有效值是传统 SPWM 波的 1.1547 倍。在同样功率输出的情况下,可以有效缩小功率器件的尺寸或者提高系统的过载能力。由于矢量控制是基于直角坐标系的解耦控制方式,因此与开环控制所采用的基于幅值／相位的 SVPWM 方式有所不同,研究基于直角坐标系的 SVPWM 产生策略在算法的实时性与执行效率方面对于 DSP 系统就更为重要。基于直角坐标系的 SVPWM 可以提高异步电动机和永磁同步电动机中广泛采用的矢量控制算法的效率,尽可能避免消耗较多资源的三角函数和反三角函数的运算。最大限度的利用 DSP 所擅长的乘、加法运算能力。

2.4.2 直角坐标系的 SVPWM 的基本概念

采用三相桥式逆变器主电路的简化拓扑结构见图 2-17,其中对于上、下桥臂中同一位置的开关元件无论是 IGBT、IPM 等主开关或者是续流二极管其导通的开关状态函数是相同的,因此等效为同一个理想开关。

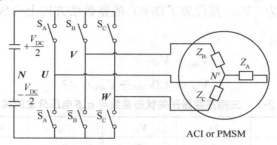

图 2-17 SVPWM 拓扑示意图

根据 SVPWM 的拓扑示意图 2-17,可以得出在直流环节电压 V_{DC} 确定已知的情况下,开关状态函数 S_C 种不同的组合方式及相应的线电压和相电压的表达式,见表 2-1。

表 2-1 三相逆变器开关状态函数与电压的关系

S_C	S_B	S_A	V_{AN}	V_{BN}	V_{CN}	V_{AB}	V_{BC}	V_{CA}
0	0	0	0	0	0	0	0	0
0	0	1	$2V_{DC}/3$	$-V_{DC}/3$	$-V_{DC}/3$	V_{DC}	0	$-V_{DC}$
0	1	0	$-V_{DC}/3$	$2V_{DC}/3$	$-V_{DC}/3$	$-V_{DC}$	V_{DC}	0
0	1	1	$V_{DC}/3$	$V_{DC}/3$	$-2V_{DC}/3$	0	V_{DC}	$-V_{DC}$
1	0	0	$-V_{DC}/3$	$-V_{DC}/3$	$2V_{DC}/3$	0	$-V_{DC}$	V_{DC}
1	0	1	$V_{DC}/3$	$-2V_{DC}/3$	$V_{DC}/3$	V_{DC}	$-V_{DC}$	0
1	1	0	$-2V_{DC}/3$	$V_{DC}/3$	$V_{DC}/3$	$-V_{DC}$	0	V_{DC}
1	1	1	0	0	0	0	0	0

当电动机绕组为星型接法时,V_{AN}、V_{BN}、V_{CN} 为逆变器三相电压输出电压,6 个开关器件分别被各自的门极信号 S_A,S_B,S_C,$\overline{S}_A$,$\overline{S}_B$,$\overline{S}_C$ 控制。根据开关向量 $[S_A, S_B, S_C]$ 的 0/1 选取,电动机的三相电压可以表示为:

$$\begin{bmatrix} V_{AN} \\ V_{BN} \\ V_{CN} \end{bmatrix} = \frac{V_{DC}}{3} \begin{bmatrix} 2 & -1 & -1 \\ -1 & 2 & -1 \\ -1 & -1 & 2 \end{bmatrix} \begin{bmatrix} S_A \\ S_B \\ S_C \end{bmatrix} \tag{2-92}$$

同时,可以确定逆变器功率器件的 8 种组合状态,并得到不同状态下电动机定子电压的矢量表达式:

$$U_{K\theta} = \begin{cases} \dfrac{2}{3} V_{DC} e^{jK\theta}, & K = 1, 2, \cdots, 6; \theta = 60° \\ 0, & K = 0, 7 \end{cases} \tag{2-93}$$

在 $\alpha\text{-}\beta$ 直角坐标系中，经过克拉克变换可以得到三相电压与直角坐标系中正交电压分量的转换关系，$V_{s\alpha}$，$V_{s\beta}$ 电压分量由如下公式表示：

$$\begin{bmatrix} V_{s\alpha} \\ V_{s\beta} \end{bmatrix} = \frac{2}{3} \begin{bmatrix} 1 & -\dfrac{1}{2} & -\dfrac{1}{2} \\ 0 & \dfrac{\sqrt{3}}{2} & -\dfrac{\sqrt{3}}{2} \end{bmatrix} \begin{bmatrix} V_{AN} \\ V_{BN} \\ V_{CN} \end{bmatrix} \tag{2-94}$$

将公式（2-93）代入式（2-94）可以得到开关向量 $[S_A, S_B, S_C]$ 与 $V_{s\alpha}$，$V_{s\beta}$ 电压分量的关系，见表 2-2。显然，$V_{s\alpha}$，$V_{s\beta}$ 同样包括 8 个基本空间电压矢量，6 个有效电压矢量，2 个零矢量。其中 6 个有效电压矢量的模长为 $\dfrac{2}{3} V_{DC}$，其代表了在 60° 的整数倍方向上合成电压矢量的作用效果。方程式（2-94）化简可得：

$$\begin{cases} V_{s\alpha} = V_{AN} \\ V_{s\beta} = (2V_{BN} + V_{AN})/\sqrt{3} \end{cases} \tag{2-95}$$

表 2-2   三相逆变器开关状态函数与 α、β 电压分量的关系

S_C	S_B	S_A	$V_{s\alpha}$	$V_{s\beta}$	Vector	Sector
0	0	0	0	0	O_0	0
0	0	1	$2V_{DC}/3$	0	U_0	1
0	1	0	$V_{DC}/3$	$V_{DC}/\sqrt{3}$	U_{120}	2
0	1	1	$V_{DC}/3$	$V_{DC}/\sqrt{3}$	U_{60}	3
1	0	0	$-V_{DC}/3$	$-V_{DC}/\sqrt{3}$	U_{240}	4
1	0	1	$V_{DC}/3$	$-V_{DC}/\sqrt{3}$	U_{300}	5
1	1	0	$-2V_{DC}/3$	0	U_{180}	6
1	1	1	0	0	O_{111}	7

从表 2-2 可得逆变器开关状态电压空间向量图，将向量图的空间区域分为 6 个象限，每个象限间隔 60°，如图 2-18 所示。

合成电压空间向量的表达式为：

$$U_{OUT} = U_\alpha + jU_\beta \tag{2-96}$$

空间矢量 PWM 技术的核心是离散控制 8 个基本空间电压向量的导通时间，使 8 个电压向量的合成作用，在整个 360° 空间区域内来逼近原本由 U_α、U_β 产生的空间合成电压向量 U_{OUT}。在图 2-19 中 $\sum U_{s\alpha}$ 代表了由 U_0，U_{60} 合成作用时的 α 轴合成分量，$\sum U_{s\beta}$ 代表了由 U_0，U_{60} 合成作用时的 β 轴合成分量。

$$\begin{cases} \sum U_{s\alpha} = \dfrac{2V_{DC}}{3} + \dfrac{V_{DC}}{3} = V_{DC} \\ \sum U_{s\beta} = \dfrac{V_{DC}}{\sqrt{3}} \end{cases} \tag{2-97}$$

SVPWM 空间电压矢量脉宽调制的目标就是尽可能地模拟定子电压向量在空间的变化趋势。虽然电压向量不能通过 V_α、V_β 直接获得，但利用功率开关状态函数的 8 种基本组合却能够方便的实现定子电压向量的模拟。

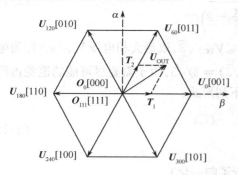 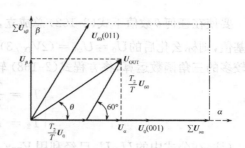

图 2-18　逆变器开关状态基本空间电压向量图　　图 2-19　0～60°区域逆变器空间矢量 PWM
技术电压向量图

假定在某一时刻合成电压向量处于 $0 \rightarrow 60°$ 区域，则此时 U_{OUT} 向量是由 U_0，U_{60}，O_{000}，O_{111} 四个基本电压空间矢量所合成的。由图 2-19 可以得出在第一个 60° 的区域内有关矢量的几何关系如下：

$$\begin{cases} T = T_1 + T_2 + T_0 \\ U_{OUT} = \dfrac{T_1}{T} U_0 + \dfrac{T_2}{T} U_{60} \end{cases} \tag{2-98}$$

式中，T_1、T_2 为周期 T 内相邻开关状态的累计导通时间；T 为离散采样周期；T_0 为周期 T 内零状态累计导通时间。

对公式（2-98）进行矢量分解得到：

$$\begin{cases} U_\alpha = \dfrac{T_1}{T} \mid U_0 \mid + \dfrac{T_2}{T} \mid U_{60} \mid \cos 60° \\ U_\beta = \dfrac{T_2}{T} \mid U_{60} \mid \sin 60° \end{cases} \tag{2-99}$$

2.4.3　电压幅值的归一化

方程式（2-98）中采用的是实际值，为了规范计算过程，需要采用标幺值，对计算进行归一化处理。由表 2-2 可以得知，U_0，U_{60} 向量模的长度为 $2V_{DC}/3$。如果令

$$U_{OUT} = U_\alpha + jU_\beta = U_\varphi e^{-j\theta} \tag{2-100}$$

U_φ 是相电压的峰值，由（2-98）可以得出以幅值 / 角度形式表示的 T_1，T_2，T_0 表达式：

$$\begin{cases} T_1 = \dfrac{\sqrt{3} U_\varphi T}{V_{DC}} \sin\left(\dfrac{\pi}{3} - \theta\right) \\ T_2 = \dfrac{\sqrt{3} U_\varphi T}{V_{DC}} \sin(\theta) \\ T_0 = T\left[1 - \dfrac{\sqrt{3} U_\varphi}{V_{DC}} \cos\left(\dfrac{\pi}{6} - \theta\right)\right] \quad \text{其中 } 0 \leqslant \theta \leqslant \dfrac{\pi}{3} \end{cases} \tag{2-101}$$

设定零矢量 O_{000} 的作用时间为 $T_{00} = (1-k)T_0$；$T_{07} = kT_0$，可以看到零矢量的两个分量的作用时间是可以按照比例因子进行调整，从而得出不同类型的空间矢量 SVWPM 的方案。可以得出：随着合成电压矢量 U_φ 的长度的增加，T_1，T_2 也逐渐增加，T_0 逐渐减小。但是要满足 U_φ 在线性区内的要求，必须 $T_0 \geqslant 0$，即

$$U_\phi \leqslant \frac{V_{DC}}{\sqrt{3}\cos\left(\frac{\pi}{6}-\theta\right)} \tag{2-102}$$

要使在任何 θ 数值下式 (2-102) 总成立,则 $U_\varphi \leqslant V_{DC}/\sqrt{3}$。取最大相电压 $V_{DC}/\sqrt{3}$ 作为电压的基值,则标幺化后的 $U_0 = U_{60} = (2V_{DC}/3)(V_{DC}/\sqrt{3}) = 2/\sqrt{3}$。由于需要尽可能的避免占用资源较多的三角函数运算,将方程式 (2-168) 转变为下列形式:

$$\begin{cases} T_1 = \dfrac{T}{2}(\sqrt{3}U_\alpha - U_\beta) \\ T_2 = TU_\beta \end{cases} \tag{2-103}$$

(注:在公式中的 U_α,U_β 已经利用 $V_{DC}/\sqrt{3}$ 进行了归一化)

可以采用时间的标幺值来简化计算,由下列公式定义 t_1,t_2:

$$\begin{cases} t_1 = \dfrac{T_1}{T} = \dfrac{1}{2}(\sqrt{3}U_\alpha - U_\beta) \\ t_2 = \dfrac{T_2}{T} = U_\beta \end{cases} \tag{2-104}$$

类似地可以得到,当 $\boldsymbol{U}_{OUT}$ 处于 $60° \sim 120°$ 区域时,$\boldsymbol{U}_{120} = \boldsymbol{U}_{60}2/\sqrt{3}$ 则:

$$\begin{cases} t_1 = \dfrac{T_1}{T} = \dfrac{1}{2}(-\sqrt{3}U_\alpha + U_\beta) \\ t_2 = \dfrac{T_2}{T} = \dfrac{1}{2}(\sqrt{3}U_\alpha + U_\beta) \end{cases} \tag{2-105}$$

假定根据下列方程式定义 3 个变量 X、Y、Z:

$$\begin{cases} X = U_\beta \\ Y = \dfrac{1}{2}(\sqrt{3}U_\alpha + U_\beta) \\ Z = \dfrac{1}{2}(-\sqrt{3}U_\alpha + U_\beta) \end{cases} \tag{2-106}$$

2.4.4　电压矢量的分区

显然,当 $\boldsymbol{U}_{OUT}$ 处于 $0° \sim 60°$ 区域时,$t_1 = -Z$,$t_2 = X$;当 $\boldsymbol{U}_{OUT}$ 处于 $60° \sim 120°$ 区域时,$t_1 = Z$,$t_2 = Y$。通过类似的方法可以得到整个 $360°$ 区域内以变量 X,Y,Z 作为自变量的 t_1,t_2 表达式。这种方法可以利用计算效率很高的一维查表算法,尽可能避免耗用资源较多三角函数运算和矩阵运算。表 2-3 列出了整个 $360°$ 区域 t_1,t_2 的计算与分区结果。其中快速地确定分区是 SVPWM 算法的关键步骤之一。因此,有必要建立一组辅助函数来确定分区。

表 2-3　以变量 X、Y、Z 为自变量所确定的 t_1、t_2 分区定义

Sector	$U_0 \sim U_{60}$	$U_{60} \sim U_{120}$	$U_{120} \sim U_{180}$	$U_{180} \sim U_{240}$	$U_{240} \sim U_{300}$	$U_{300} \sim U_{360}$
Number	1	3	2	6	4	5
t_1	$-Z$	Z	X	$-X$	$-Y$	Y
t_2	X	Y	$-Y$	Z	$-Z$	$-X$

分区函数建立的规则是当空间电压合成向量 $\boldsymbol{U}_{OUT}$ 每转过 $60°$ 区域,分区函数的输出值改变一次,改变的值与所处区间的序列数为一一对应的关系,同时数值改变的边界应当是 6 个非零有效基本空间电压矢量的方向。根据以上规则可以建立出分区辅助函数如下:

$$\begin{cases} \boldsymbol{U}_{\text{ref1}} = \boldsymbol{U}_{\beta} \\ \boldsymbol{U}_{\text{ref2}} = \dfrac{-\boldsymbol{U}_{\beta} + \sqrt{3}\boldsymbol{U}_{\alpha}}{2} \\ \boldsymbol{U}_{\text{ref3}} = \dfrac{-\boldsymbol{U}_{\beta} - \sqrt{3}\boldsymbol{U}_{\alpha}}{2} \end{cases} \qquad (2\text{-}107)$$

定义三个变量 a、b、c。分区 Sector 判断规则是：

IF $U_{\text{ref1}} > 0$, THEN $a = 1$, ELSE $a = 0$;

IF $U_{\text{ref2}} > 0$, THEN $b = 1$, ELSE $b = 0$;

IF $U_{\text{ref3}} > 0$, THEN $c = 1$, ELSE $c = 0$;

　分区号码：Sector_Number

Sector_Number $= 4c + 2b + a$ （2-108）

具体地基于直角坐标系的 SVPWM 算法的实现可以归纳为下列几个基本步骤：

① 确定 $\boldsymbol{U}_{\text{OUT}}$ 所在的分区数 Sector_Number；

② 计算 X、Y、Z；

③ 计算时间标幺值 t_1、t_2。通常情况下，$t_1 + t_2 \leqslant 1$，如果 $t_1 + t_2 > 1$ 时，需进行状态饱和补偿，用补偿计算值作为新的状态时间；

$$t_{1\text{sat}} = \frac{1}{t_1 + t_2} t_1, \ t_{2\text{sat}} = \frac{1}{t_1 + t_2} t_2 \qquad (2\text{-}109)$$

④ 确定循环周期值 t_{aon}、t_{bon}、t_{con}；

⑤ 将循环周期值 t_{aon}、t_{bon}、t_{con} 赋值给 T_a、T_b、T_c。

循环周期值 t_{aon}、t_{bon}、t_{con} 变量由下列公式确定：

$$\begin{cases} t_{\text{aon}} = \dfrac{\text{PWMPRD} - t_1 - t_2}{2} \\ t_{\text{bon}} = t_{\text{aon}} + t_1 \\ t_{\text{con}} = t_{\text{bon}} + t_2 \end{cases} \qquad (2\text{-}110)$$

根据分区数 Sector_Number 把正确的循环周期值 t_{xon} 赋值给正确的逆变器的相变量，即 T_a、T_b、T_c，表 2-4 列出了赋值基规律。

表 2-4　循环周期值 t_{xon} 赋值逆变器的相变量逻辑表

Sector	$\boldsymbol{U}_0 \sim \boldsymbol{U}_{60}$	$\boldsymbol{U}_{60} \sim \boldsymbol{U}_{120}$	$\boldsymbol{U}_{120} \sim \boldsymbol{U}_{180}$	$\boldsymbol{U}_{180} \sim \boldsymbol{U}_{240}$	$\boldsymbol{U}_{240} \sim \boldsymbol{U}_{300}$	$\boldsymbol{U}_{300} \sim \boldsymbol{U}_{360}$
Number	1	3	2	6	4	5
T_a	t_{aon}	t_{bon}	t_{con}	t_{con}	t_{bon}	t_{aon}
T_b	t_{bon}	t_{aon}	t_{aon}	t_{bon}	t_{con}	t_{con}
T_c	t_{con}	t_{con}	t_{bon}	t_{aon}	t_{aon}	t_{bon}

公式（2-110）给出的是对称模式 SVPWM 调制，也称之为七段式 SVPWM 波，其相对于非对称 PWM 信号的优势在于它在每一个周期内的开始和结尾处有两个零矢量区段。在交流电动机（包括异步电动机、永磁同步电动机、同步电动机等）中，对称 PWM 调制信号比非对称 PWM 信号引起的谐波畸变小。

2.4.5　基于 LF2812DSP 的 SVPWM 波的产生

LF2812DSP 具有两个事件管理器（EV），其中的定时器、全比较单元及相应的 12 路 PWM

波形输出端口，及相应的算法为 SVPWM 波形的实现提供了很大的便利条件。三个全比较单元可以共同作用产生三相对称空间矢量 PWM 输出信号。事件管理器内的比较寄存器用于保持 PWM 信号的调制值 $T_x(x=a,b,c)$。该值不断地与定时器计数器的值（相当于对称三角波信号）进行比较。当两值匹配时，相应的 PWM 输出引脚就发生跳变。对于每一个定时器的周期，根据比较寄存器中不同的调制值（T_a、T_b、T_c），重复以上比较过程，从而产生不同占空比的 PWM 信号。在对称的 PWM 波形发生的一个周期内有两次比较匹配。F2812 通过设定定时器为增／减计数模式，即可在计数器周期匹配前的增计数期间完成一次比较匹配；在减计数期间完成另一次比较匹配。每次进入新的 PWM 调制周期开始时，根据 T_a、T_b、T_c 计算结果，装载新的比较寄存器数值。图 2-20 说明了对称模式 PWM 波的原理图。

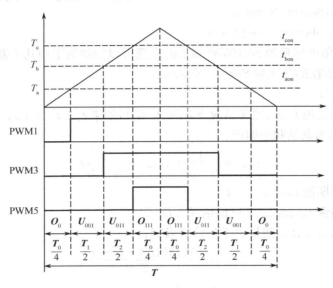

图 2-20　$0° \sim 60°$ 区间内 PWM 波类型和循环周期示意图

2.5　三相永磁同步伺服电动机的 DSP 控制电路

三相永磁同步伺服电动机控制器的功率部分通常都采用三相全桥式电压型逆变器。由 SVPWM 脉宽调制产生的开关控制信号去控制功率开关器件的导通和关断，从而实现输出电压的规律变换。控制器的核心是产生的开关控制信号的 DSP 芯片。DSP 芯片外加一些外围电路组成控制器的数字控制部分。

2.5.1　控制器的硬件组成

1. 主电路整流部分
主电路输入采用交流电压 220V，经过滤波后经整流桥整流，整流后的电路采用两个大电容进行滤波使其成为幅值平缓的直流电压。

2. 逆变桥及其触发电路
该电路采用 6 个独立功率器件 G4BC15MD（IGBT）组成逆变桥，采用驱动芯片 IR2130S 来驱动逆变桥中的 IGBT，实现整个电路的逆变功能。因为逆变驱动的核心是 IR2130S 芯片，因此先介绍一下该芯片。

IR2130S是功率器件专用栅极驱动集成电路。它的主要特点是工作结温范围为−55～+150，工作频率从几十赫兹到上千赫兹，它可用来驱动工作在母线电压不高于600V的电路中的功率器件，其可输出的最大正向峰值驱动电流为250mA，而反向峰值驱动电流为500mA。它的内部设计有过电流，过电压及欠压保护，脉冲封锁和故障指示网络，可方便地保护被驱动的功率管。加之，内部自举技术的巧妙运用，使它可用于高压系统，它还可对同一桥臂上下两功率MOS器件的栅极驱动信号产生2μs的互锁延时时间。它自身工作电源的电压范围较宽，为3～20V，在它的内部还设有与被驱动的功率器件所通过的电流成线性关系的电流放大器，电路设计还保证了内部的三个通道中的高压侧驱动器与低压侧驱动器可单独使用，使用户即可仅用其内部的三个高压侧驱动器，也可只用其内部的三个低压侧驱动器，并且输入信号与TTL及CMOS电平兼容。

图2-21为IR2130S的功能框图。VB1～VB3：是悬浮电源连接端，通过自举电容为三个上桥臂功率管的驱动器提供内部悬浮电源，VS1～VS3是其对应的悬浮电源地端。HIN1～HIN3、LIN1～LIN3：逆变器上桥臂和下桥臂功率管的驱动信号输入端，低电平有效。ITRIP：过流信号检测输入端，可通过输入电流信号来完成过流或直通保护。CA−、CAO、Vso：内部放大器的反相端、输出端和同相端，可用来完成电流信号检测。HO1～HO3、LO1～LO3：逆变器上下桥臂功率开关器件驱动器信号输出端。FAULT：过流、直通短路、过压、欠压保护输出端，该端提供一个故障保护的指示信号。它在芯片内部是漏极开路输出端，低电平有效。V_{CC}、V_{SS}：芯片供电电源连接端，V_{CC}接正电源，而V_{SS}接电源地。

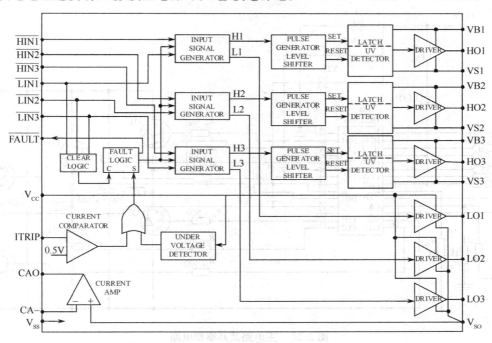

图2-21　IS2130S功能框图

IR2130的内部集成有一个电流比较器CURRENT COMPARATOR，一个电流放大器CURRENT AMP，一个自身工作电源欠压检测器UNDERVOLTAGE DETECTOR，一个故障处理单元FAUL TLOGIC及一个清除封锁逻辑单元CLEAR LOGIC。除上述外，它内部还集成有三个输入信号处理器INPUTSIGNAL GENERATOR、两个脉冲处理和电平移位器PULSE GENERATOR LEVEL SHIFTER，三个上桥臂侧功率管驱动信号锁存器LATCH，三个上桥臂侧功率管驱动信号与欠压检测器 UV DETECTOR 及 6 个低输出阻抗 MOS 功率管驱动器 DRIVER 和 1 个或门电路。正常工作时,输入的 6 路驱动信号经输入信号处理器处理后变为 6 路输出脉冲,驱动下桥臂功率管的信号 L1～L3 经输出驱动器功放后,直接送往被驱动功率器件。而驱动上桥臂功率管的信号 H1～H3 先经集成于 IR2130 内部的三个脉冲处理器和电平移位器中的自举电路进行电位变换,变为 3 路电位悬浮的驱动脉冲,再经对应的 3 路输出锁存器锁存并经严格的驱动脉冲与否检验之后,送到输出驱动器进行功放后才加到被驱动的功率管。一旦外电流发生过流或直通,即电流检测单元送来的信号高于 0.5V 时,则 IR2130 内部的电流比较器迅速翻转,促使故障逻辑处理单元输出低电平,一则封锁 3 路输入脉冲信号处理器的输出,使 IR2130 的输出全为低电平,保护功率管;另一方面,同时 IR2130 的 FAULT 脚给出故障指示。同样若发生 IR2130 的工作电源欠压,则欠压检测器迅速翻转,也会进行类似动作。发生故障后,IR2130 内的故障逻辑处理单元的输出将保持故障闭锁状态。直到故障清除后,在信号输入端 LIN1～LIN3 同时被输入高电平,才可以解除故障闭锁状态。当 IR2130 驱动上桥臂功率管的自举电源工作电压不足时,则该路的驱动信号检测器迅速动作,封锁该路的输出,避免功率器件因驱动信号不足而损坏。当逆变器同一桥臂上两个功率器件的输入信号同时为高电平,则 IR2130 输出的两路门极驱动信号全为低电平,从而可靠地避免桥臂直通现象发生。

主电路及其驱动电路如下图 2-22 所示。

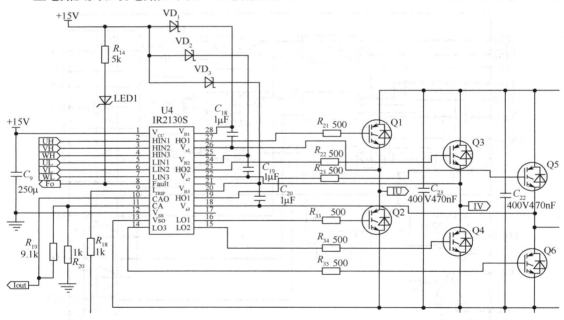

图 2-22　主电路及其驱动电路

3. 电流检测

三相电流的检测在这里选用霍尔元件 csne151-104 来实现,csne151-104 的具体参数列举如下:

额定电流:25A

测量范围(峰值):0～55A

输出/输入电流比:12.5mA/25A

供电电压：±15V

响应时间：小于 $1\mu s$

精度：1%

通过霍尔电流传感器得到的电流信号经过采样电阻变换成电压信号后，经 RC 滤波，送入到放大器的反向输入端，对于输入都可以加补偿偏置，这里只允许单极性电流测量，本电路采用加法器的原理，将输入偏置到 $0 \sim 3.3\text{V}$。为防止信号幅值过高，可以采用稳压二极管限幅，如图 2-23 所示。

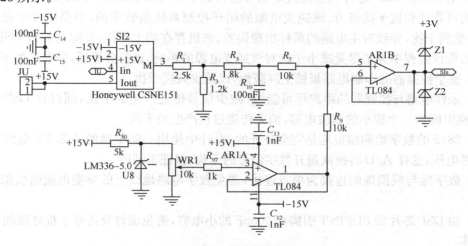

图 2-23 霍尔传感器采样电路

4. 驱动电源

由于功率板中主要的芯片需要额外电源供电，主要有直流 -15V，$+15\text{V}$，以及 $+3.3\text{V}$ 等几种等级的电压。本电路采用 7815 和 7915 三端稳压管输出所需的直流 -15V，$+15\text{V}$。具体电路如图 2-24 所示。

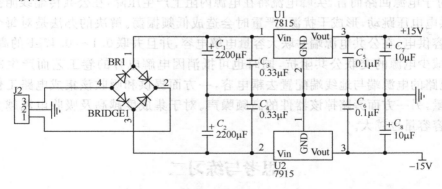

图 2-24 ±15V 电源

2.5.2 电磁兼容设计

由于高频下 PWM 所产生的电磁干扰非常的严重，检测和控制电路很容易受到干扰而产生误判断和误动作，而以 DSP 为核心的数字电路容易受到主功率电路的电磁干扰。这种干扰主要表现在地线上的共模干扰，它容易导致程序的跑飞和复位。因此，在数字控制电源中需要很好地解决抗干扰的问题，才能保证电源的高可靠性。

模拟电路和数字电路的抗干扰能力是不同的。模拟电路中的信号为一定值的电压或电流量,电路由于传导或辐射干扰模拟信号总会叠加一些噪声信号,引起信号发生畸变。而数字电路的信号表示为高低电平的组合,高低电平都有一定的阈值,并且有一定的回差,数字电平受到干扰而使其代表的数字逻辑发生翻转所需的干扰要超过其阈值电压。叠加的噪声不是很大时,基本上不会引起信号的畸变。所以说数字电路的抗干扰能力比模拟电路强,但是数字电路一旦受到强干扰,后果是致命的。

逆变电源是在 DSP 芯片内部通过对信号进行数字处理而实现的,不易受到干扰。因此具有更高的可靠性和抗干扰能力。该逆变电源的闭环控制系统是数字的,但是采样电路是模拟的,容易受到干扰,导致对主电路的采样出现误差。该机存在的大干扰,可能会导致 DSP 复位。在电路的设计过程中为了尽量减小干扰对该逆变电源的影响,进行分析后,采取了如下措施:

(1) 整个控制器的印制电路板铺上屏蔽地,以减少共模干扰。

(2) 采样电路与控制器的距离尽可能短,减少信号传送产生的干扰,同时在 DSP 芯片的 A/D 转换引脚加一个很小的滤波电容,消去传送过程产生的干扰。

(3) 2812 的数字地和模拟地是完全分开的,设计中使用一路单独的 +3.3V 电源为 A/D 提供参考电压,这样 A/D 转换就避开数字信号的干扰,保证了精度。

(4) 数字地与模拟地的连接为单点连接,避免数字电路地线上的突变电流给模拟地带来干扰。

(5) 给 DSP 芯片的 PDPINT 引脚加 500pF 的小电容,避免辐射及传导干扰导致的 DSP 芯片误动作。

(6) 主电路的接线尽可能短,尽可能将几根线绞起来,减少环路面积,这都能起到减少线路漏感的作用。

(7) 在主电路的功率开关管和二极管两端加阻容吸收,一方面减少功率和二极管的应力,另一方面减小开关过程中的 dv/dt、di/dt,从而减少主电路对控制电路的干扰。

(8) 对于电源回路而言,尖峰电流将在电源内阻上产生压降,在公共传输线阻抗上产生压降,使供电电压跳动,形成干扰源,严重时会造成低频振荡。解决的办法是对每个元件采用去耦电容供电,在公共电源端并联大容量电解电容,并且并联 $0.1 \sim 0.47\mu F$ 的高频电容,以进一步减少电源的交联公共阻抗,同时也可抵消因电解电容的卷工艺而产生的电感效应,在门电路的电源端与地线端配置去耦电容,一方面提供和吸收该集成电路工作瞬间的充放电能量,另一方面旁路掉该器件的高频噪声。对于集成度越高及吸收电流越大的电路并联的电容容量也越大。

思考与练习二

2-1　简述永磁同步伺服电动机与无刷直流电动机的区别?

2-2　画图说明永磁同步伺服电动机与电励磁同步电动机功角特性的不同,为什么?

2-3　说明三相永磁同步伺服电动机三闭环控制的原理,说明与常规的速度控制的差异。

第 3 章 步进电动机

本章主要介绍步进电动机的工作原理、结构与控制方法。
主要内容
- 步进电动机的工作原理
- 反应式步进电动机的运行特性
- 步进电动机主要性能指标
- 驱动电源
- 步进电动机的微处理器控制

知识重点

重点掌握步进电动机的原理与运行特性，驱动电源组成和原理，了解步进电动机专用控制芯片，怎样利用微处理器对步进电动机进行控制。

随着计算机技术的发展，步进电动机在自动控制系统中已得到了广泛地的应用，例如数控机床、绘图机、计算机外围设备、自动记录仪表、钟表和数/模转换装置等。

步进电动机是一种数字电动机，它受脉冲信号控制，并将电脉冲信号转换成相应的角位移或线位移的控制电动机。它由专用电源供给电脉冲，每输入一个脉冲，步进电动机就移进一步，所以称为步进电动机。又因其绕组上所加的电源是脉冲电压，有时也称它为脉冲电动机。

步进电动机受脉冲信号控制。它的直线位移量或角位移量与电脉冲数成正比，所以电动机的直线速度或转速也与脉冲频率成正比，通过改变脉冲频率的高低就可以在很大的范围内调节电动机的转速，并能快速启动、制动和反转。由于步进电动机受脉冲控制，电动机的步距角和转速大小不受电压波动和负载变化的影响，也不受环境条件如温度、气压、冲击和振动等影响，它仅与脉冲频率有关。它每转一周都有固定的步数，在不失步的情况下运行，其步距误差不会长期积累。这些特点使它完全适用于数字控制的开环系统中作为伺服元件，并使整个系统大为简化而又运行可靠。当采用了速度和位置检测装置后，它也可以用于闭环系统中。

步进电动机种类繁多，按其运动形式分，有旋转式步进电动机和直线步进电动机两大类。按其工作原理又可分为反应式、永磁式和永磁感应子式（又称混合式）三类。

3.1 步进电动机的工作原理

3.1.1 反应式步进电动机的工作原理

反应式步进电动机不像传统交直流电动机那样依靠定、转子绕组电流所产生的磁场间的相互作用形成转矩与转速，它遵循磁通总是沿磁阻最小的路径闭合的原理，产生磁拉力形成转矩，即磁阻性质的转矩。所以反应式步进电动机也称为磁阻式步进电动机，图 3-1 所示为一台三相反应式步进电动机的工作原理图。它的定子上有 6 个极，每个极上都装有控制绕组，每相对的两极组成一相。转子由 4 个均匀分布的齿组成，其上是没有绕组。当 A 相控制绕组通电时,因磁通要沿着磁阻最小的路径闭合,将使转子齿 1、3 和定子极 A-X 对齐,如图 3-1(a)所示。当 A 相断电、B 相控制绕组通电时,转子将在空间逆时针转过 30°,即步距角 $\theta_s=30°$。转子齿 2、4 与定子极 B-Y 对齐,如图 3-1(b)所示。如再使 B 相断电,C 相控制绕组通电,转子又在空间逆时针转过 $\theta_s=30°$,使转子齿 1、3 和定子极 C-Z 对齐,如图 3-1(c)所示。如此循环往复,按 A→B→C→A 顺序通电,电动机便按一定的方向转动。电动机的转速取决于控制绕组与电源接通或断开的变化频率。若按 A→C→B→A 的顺序通电,则电动机反向转动。控制绕组与电源的接通或断开,通常是由电子逻辑线路或微处理器来控制完成,具体内容将在第 3.4 节讲述。

3.1.2 运行方式

定子控制绕组每改变一次通电方式,称为一拍。步进电动机按其通电方式可分为单拍运行方式,双拍运行方式和单、双拍运行方式。每一拍转过的机械角度我们称它为步距角,通常用 θ_s 表示。即使同一台步进电动机,如果运行方式不同其步距角也不相同。

1. 单拍通电运行方式

如图 3-1 按 A→B→C→A 顺序通电的通电方式称为三相单三拍。"单"是指每次只有一相控制绕组通电,"三拍"是指经过三次切换后控制绕组回到了原来的通电状态,完成了一个循环。对于图 3-1 的步进电动机,在三相单三拍通电运行方式中,步进电动机的步距角 $\theta_s=30°$。

2. 双拍通电运行方式

在实际使用中,单三拍通电运行方式由于在切换时一相控制绕组断电后而另一相控制绕组才开始通电,这种情况容易造成失步。此外,由单一控制绕组通电吸引转子,也容易使转子在平衡位置附近产生振荡,故运行的稳定性较差,所以很少采用。通常将它改为"双三拍"通电运行方式,即按 AB→BC→CA→AB 的通电顺序,即每拍都有两个绕组同时通电,假设此时电动机为正转,那么按 AC→CB→BA→AC 的通电顺序运行时电动机则反转。在双三拍通电方式下步进电动机的转子位置如图 3-2 所示,当 A、B 两相同时通电时,转子齿的位置同时受到两个定子极的作用,只有 A 相极和 B 相极对转子齿所产生的磁拉力相等时转子才平衡,如图 3-2(a)所示;当 B、C 两相同时通电时,转子齿的位置同时受到两个定子极的作用,只有在 B 相极和 C 相极对转子齿所产生的磁拉力相等时转子才平衡,如图 3-2(b)所示;当 C、A 两相同时通电时,原理同上,如图 3-2(c)所示。从上述分析可以看出双拍运行时,同样三拍为一循环,所

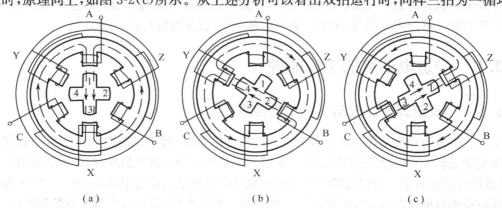

(a)   (b)   (c)

图 3-1 三相反应式步进电动机的工作原理图

以，按双三拍通电方式运行时，它的步距角与单三拍通电方式相同，也是 30°。

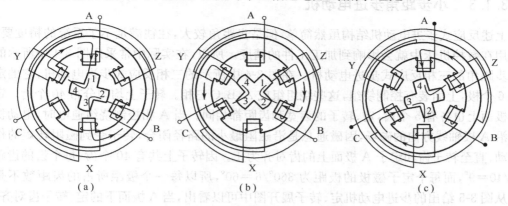

图 3-2 双拍运行时的三相反应式步进电动机

3. 单、双六拍通电运行方式

若控制绕组的通电顺序为：A→AB→B→BC→C→CA→A，或是 A→AC→C→CB→B→BA→A。我们称步进电动机工作在三相单、双六拍通电方式。即先 A 相绕组通电；之后 A、B 相绕组同时通电；然后断开 A 相控制绕组，由 B 相控制绕组单独通电；再使 B、C 相控制绕组同时通电，以此进行。在这种通电方式下，定子三相控制绕组需经过六次切换通电状态才能完成一个循环，故称"六拍"。在通电时，有时是单个控制绕组通电，有时又为两个控制绕组同时通电，因此称为"单、双六拍"。在这种通电方式时，步距角也有所不同。如图 3-3，当 A 相控制绕组通电时和单三拍运行的情况相同，转子齿 1、3 和定子极 A-X 分别对齐，如图 3-3(a)所示。当 A、B 相控制绕组同时通电时，转子齿 2、4 在定子极 B-Y 的吸引下使转子沿逆时针方向转动，直至转子齿 1、3 和定子极 A、X 之间的作用力与转子齿 2、4 和定子极 B-Y 之间的作用力相平衡为止，如图 3-3(b)所示。A、B 两相同时通电时和双拍运行方式相同。当断开 A 相控制绕组而由 B 相控制绕组通电时，转子将继续沿逆时针方向转过一个角度使转子齿 2、4 和定子极 B、Y 对齐，如图 3-3(c)所示。在这种通电方式下，$\theta_s = 30°/2 = 15°$。若继续按 BC→C→CA→A 的顺序通电，步进电动机就按逆时针方向连续转动。如通电顺序变为 A→AC→C→CB→B→BA→A 时，电动机将按顺时针方向反向转动。

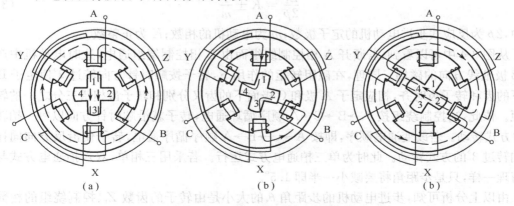

图 3-3 单、双六拍运行时的三相反应式步进电动机

从上述分析可知，即使同一台步进电动机，若通电运行方式不同，其步距角也不相同。所以一般步进电动机会给出两个步距角，例如 3°/1.5°、1.5°/0.75°等。

3.1.3　小步距角步进电动机

上述反应式步进电动机结构虽然简单,但是步距角较大,往往满足不了系统的精度要求,如使用在数控机床中就会影响到加工工件的精度。所以,在实际中常采用图 3-4 中所示的一种小步距角的三相反应式步进电动机。在图 3-4 中所示的三相反应式步进电动机,它的定子上有 6 个极,上面装有控制绕组,这些绕组组成 A、B、C 三相。转子上均匀分布 40 个齿。定子每个极面上也各有 5 个齿,定、转子的齿宽和齿距都相同。当 A 相控制绕组通电时,电动机中产生沿 A 极轴线方向的磁场,因磁通总是沿磁阻最小的路径闭合,转子受到磁阻转矩的作用而转动,直至转子齿和定子 A 极面上的齿对齐为止。因转子上共有 40 个齿,每个齿的齿距为 $360°/40=9°$,而每个定子磁极的极距为 $360°/6=60°$,所以每一个极距所占的齿距数不是整数。从图 3-5 给出的步进电动机定、转子展开图中可以看出,当 A 极面下的定、转子齿对齐时,Y 极和 Z 极面下的齿就分别和转子齿相错位三分之一的转子齿距,即 $3°$。

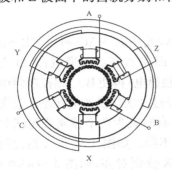

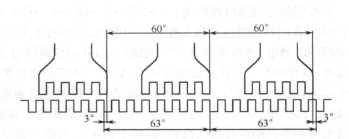

图 3-4　小步距角的三相　　　　图 3-5　三相反应式步进电动机的展开图
　　　　反应式步进电动机

设反应式步进电动机的转子齿数 Z_r 的大小由步距角的要求所决定。但是为了能实现"自动错位",转子的齿数必须满足一定的条件,而不能是任意数值。当定子的相邻极为相邻相时,在某一极下若定、转子的齿对齐时,则要求在相邻极下的定、转子齿之间应错开转子齿距的 $1/m$,即它们之间在空间位置上错开 $360°/mZ_r$。由此可得出这时转子齿数应符合下式条件:

$$\frac{Z_r}{2p} = K \pm \frac{1}{m} \tag{3-1}$$

式中,$2p$ 为反应式步进电动机的定子极数;m 为电动机的相数;K 为正整数。

从图 3-4 中可以看到,若断开 A 相控制绕组而由 B 相控制绕组通电,这时电动机中产生沿 B 极轴线方向的磁场。同理,在磁阻转矩的作用下,转子按顺时针方向转过 $3°$ 使定子 B 极面下的齿和转子齿对齐,相应定子 A 极和 C 极面下的齿又分别和转子齿相错三分之一的转子齿距。依此,当控制绕组按 A→B→C→A 顺序循环通电,转子就沿顺时针方向以每一拍转过 $3°$ 的方式转动。若改变通电顺序,即按 A→C→B→A 顺序循环通电,转子便沿反方向同样以每拍转过 $3°$ 的方式转动。此时为单三拍通电方式运行。若采用三相单、双六拍通电方式与前述道理一样,只是步距角将要减小一半 $1.5°$。

由以上分析可知,步进电动机的步距角 θ_s 的大小是由转子的齿数 Z_r、控制绕组的相数 m 和通电方式所决定。它们之间关系为:

$$\theta_s = \frac{360°}{mZ_rC} \tag{3-2}$$

式中，C 为通电状态系数。采用单拍或双拍通电运行方式时，$C=1$；采用单、双拍通电运行方式时，$C=2$。

若步进电动机通电的脉冲频率为 f，由于转子经过 Z_rC 个脉冲旋转一周，则步进电动机的转速为：

$$n = \frac{60f}{mZ_rC} \tag{3-3}$$

式中，f 的单位是 $1/\text{s}$；n 的单位是 r/min。

步进电动机除了做成三相外，也可以做成二相、四相、五相、六相或更多的相数。由式(3-2)可知，电动机的相数和转子齿数越多，则步距角就越小。常见的步距角有 $3°/1.5°$、$1.5°/0.75°$ 等。从式(3-3)又可知，相数多的电动机在脉冲频率一定时转速也越低。电动机相数越多，相应电源就越复杂，造价也越高。所以，步进电动机一般最多做到六相，只有个别电动机才做成更多的相数。

3.1.4　反应式步进电动机的结构

反应式步进电动机的结构有单段式和多段式两种形式。

1. 单段式

如图 3-4 所示的结构即为单段式结构。其相数沿径向分布，所以又称径向分相式。它是目前步进电动机中使用得最多的一种结构形式，转子上没有绕组，沿圆周有均布的小齿，其齿距与定子的齿距必须相等。定子的磁极数通常为相数的二倍，即 $2p=2m$。每个磁极上都装有控制绕组，并接成 m 相。这种结构形式使电动机制造简便，精度易于保证，步距角又可以做得较小，容易得到较高的启动频率和运行频率。其缺点是在电动机的直径较小而相数又较多时，沿径向分相较为困难。此外，这种电动机消耗的功率较大，断电时无定位转矩。

2. 多段式

多段式是指定转子铁芯沿电动机轴向按相数分成 m 段，所以又称为轴向分相式。按其磁路的特点不同，多段式又可分为轴向磁路多段式和径向磁路多段式两种。

(1) 径向磁路多段式步进电动机的结构如图 3-6 所示。定、转子铁芯沿电动机轴向按相数分段，每段定子铁芯的磁极上只放置一相控制绕组。控制绕组产生的磁场方向为径向，定子的磁极数是由结构决定的，最多可与转子齿数相等，少则可为二极、四极、六极等。定、转子圆周上有齿形相近并有相同齿距的齿槽。每一段铁芯上的定子齿都和转子齿处于相同的位置，转子齿沿圆周均布并为定子极数的倍数。定子铁芯（或转子铁芯）每相邻两段错开 $1/m$ 齿距。它的步距角同样可以做得较小，并使电动机的启动和运行频率较高。但铁芯段的错位工艺比较复杂。

(2) 轴向磁路多段式步进电动机的结构如图 3-7 所示。定、转子铁芯均沿电动机轴向按相数分段，每一组定子铁芯中间放置一相环形的控制绕组，控制绕组产生的磁场方向为轴向。定、转子圆周上冲有齿形相近和齿数相同的均布小齿槽。定子铁芯（或转子铁芯）每两相邻段错开 $1/m$ 齿距。这种结构使电动机的定子空间利用率较高，环形控制绕组绕制较方便，转子的惯量较低，步距角也可以做得较小，因此启动和运行频率较高。但在制造时，铁芯分段和错位工艺较复杂，精度不易保证。

3.1.5　其他形式的步进电动机

前面已经提到步进电动机按其工作原理又可分为反应式、永磁式和永磁感应子式（又称混

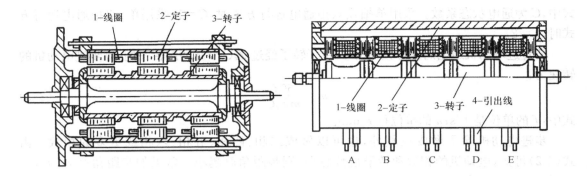

图 3-6　多段式径向磁路反应式步进电动机　　　图 3-7　多段式轴向磁路反应式步进电动机

合式)三类,上节主要介绍了反应式步进电动机的工作原理与结构,反应式步进电动机效率较低,停电时无定位转矩。本节主要介绍永磁式和永磁感应子式(又称混合式)步进电动机的工作原理与结构。

1. 永磁式步进电动机

永磁式步进电动机图典型的结构如图 3-8 所示。它的定子和反应式步进电动机结构相似是凸极式,装设两相或多相控制绕组。转子是一对极或多对极的凸极式永久磁钢。转子的极数应与定子每相的极数相同。图 3-8 中定子为两相集中绕组,每相有两对磁极,因此转子也是两对极的永磁转子。这种电动机的特点是步距角较大,启动频率和运行频率较低,并且还需要采用正、负脉冲供电。但它消耗的功率比反应式步进电动机小,由于有永磁极的存在,在断电时具有定位转矩。主要应用在新型自动化仪表制造领域。

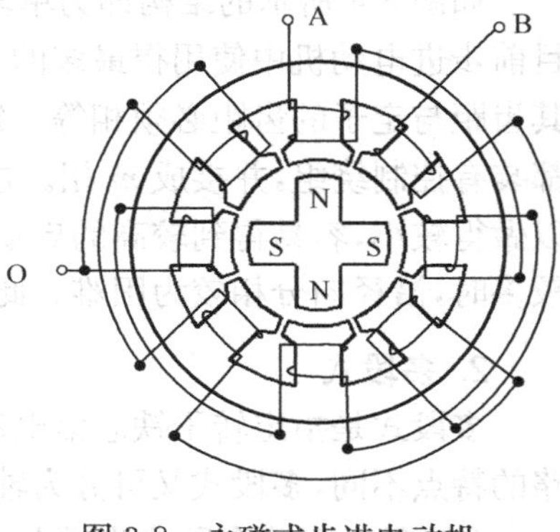

2. 永磁感应子式步进电动机

永磁感应子式步进电动机又称混合式步进电动机。最常见的为两相,现以两相永磁感应子式步进电动机为例进行分析。

图 3-8　永磁式步进电动机

(1)永磁感应子式步进电动机的结构

永磁感应子式步进电动机其结构如图 3-9 所示。它的定子结构与单段反应式步进电动机相似,定子有 8 个磁极,每相下有 4 个磁极,转子由环形磁钢和两端铁芯组成、两端转子铁芯的外圆周上有均布的齿槽,它们彼此相差 1/2 齿距。即同一磁极下若一端齿与齿对齐时,另一端齿与槽对齐。定、转子齿数的配合与单段反应式步进电动机相似。当一相磁极下齿与齿对齐时,相邻相定、转子的相对位置错开 1/m,所以其步距角为:$\theta_s = \dfrac{360°}{mZ_r C}$,和反应式相同。

用电弧度表示为:

$$\theta_{se} = \frac{2\pi}{2m} = \frac{\pi}{m} \tag{3-4}$$

这种电动机可以做成较小的步距角,因而也有较高的启动和运行频率,消耗的功率较小,并有定位转矩。它兼有反应式和永磁式步进电动机两者的优点。但它需要有正、负脉冲供电,在制造电动机时工艺也较为复杂。

(2)工作原理

永磁感应子式步进电动机的气隙中有两个磁动势,一个是永磁体产生的磁动势;另一个是

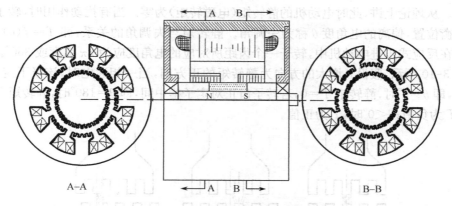

图 3-9 永磁感应子式步进电动机

控制绕组电流产生的磁动势,两个磁动势相互作用使步进电动机转动。与反应式步进电动机相比混入了永磁体产生的磁动势,所以永磁感应子式步进电动机又称混合式步进电动机。

①控制绕组中无电流

当控制绕组中无电流时,控制绕组电流产生的磁动势为零,气隙中只有永磁体产生的磁动势,如果电动机结构完全对称,定子各磁极下的气隙磁动势完全相等,此时电动机无电磁转矩。永磁体磁路方向为轴向,永磁体产生的磁通总是沿磁阻最小的路径闭合,使转子处于一种稳定状态,保持不变,因此具有定位转矩。

②控制绕组通电

当控制绕组通电时控制绕组电流便产生磁动势,它与永磁体产生的磁动势相互作用使步进电动机转动,其原理与反应式步进电动机基本相同,不再赘述。

③通电方式

和反应式步进电动机一样,其通电方式有单拍通电运行方式;双拍通电运行方式;单、双拍通电运行方式三种。

单 4 拍运行通电顺序为: A→B→(—A)→(—B)→A;

双 4 拍通电顺序为: AB→B(—A)→(—A)(—B)→(—B)A→AB;

单、双 8 拍通电顺序为:A→AB→B→B(—A)→(—A)→(—A)(—B)→(—B)→(—B)A→A。

单、双 8 拍的步距角是单 4 或双 4 步距角的 1/2。假设 $Z_r=50$,单 4 或双 4 运行时每拍转子转动 1/4 个齿距,每转一周需 200 步,而采用单、双 8 拍每拍转子转动 1/8 个齿距,每转一周需 400 步。

3.2 反应式步进电动机的运行特性

3.2.1 反应式步进电动机的静态特性

步进电动机的静态特性是指控制绕组的一相或几相通入直流电流,且通电状态保持不变,电动机处于稳定状态下,电动机的矩角特性、最大静转矩及矩角特性族。在实际工作时,虽然步进电动机总在动态情况下运行,但静态特性是分析步进电动机运行性能的基础。

1. 矩角特性

通电状态保持不变且步进电动机在空载情况下,转子最后稳定平衡的位置称为初始稳定平衡位置。从理论上讲，此时电动机的静转矩（电磁转矩）为零。当有扰动作用时，转子偏离初始稳定平衡位置，偏离的电角度 θ 称为失调角。静转矩与失调角的关系，即 $T=f(\theta)$，称为矩角特性。在反应式步进电动机中，转子一个齿距所对应的电角度应为 2π 弧度或 $360°$。

如图 3-10 所示，假设 θ 增大的方向为静转矩的正方向，当一相通电时，该极下定、转子齿正好对齐，即 $\theta=0°$ 时，静转矩 $T=0$；若转子齿正对定子槽中间，即 $\theta=180°$ 时，静转矩 $T=0$；当 $\theta>0°$ 时，T 为负值；$\theta<0°$ 时，T 为正值。

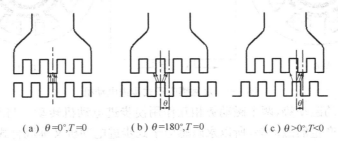

（a）$\theta=0°$，$T=0$　　　（b）$\theta=180°$，$T=0$　　　（c）$\theta>0°$，$T<0$

图 3-10　不同失调角时的静转矩

根据电动机的机电转换原理，可推导出反应式步进电动机的矩角特性的数学表达式。

若忽略电动机磁路铁芯部分磁场能量或磁共能变化的影响，只考虑气隙磁共能的变化。当只有一相绕组通电时，储存在电动机气隙中的磁场能为：

$$W=\frac{1}{2}LI^2 \tag{3-5}$$

式中，L 为每相绕组的自感；I 为通入控制绕组中的电流。

当控制绕组电流 I 不变时，静转矩的大小等于磁场能量对机械角位移的变化率即

$$T=\frac{\mathrm{d}W_{\mathrm{m}}}{\mathrm{d}\beta} \tag{3-6}$$

式中，β 为电动机转子的机械偏转角，即定、转子齿中心线之间的夹角，也可以用失调角来表示，即 $\beta=\theta/Z_{\mathrm{r}}$。

每相的电感：

$$L=\frac{N\Phi}{I}=N^2\Lambda \tag{3-7}$$

式中，N 为每极控制绕组的匝数；Λ 为定子每极气隙的磁导。

步进电动机中气隙磁导 Λ 可用气隙比磁导 λ 来表示。λ 是指电动机单位铁芯长度上一个齿距内定、转子之间的气隙磁导，则

$$\Lambda=Z_{\mathrm{s}}l\lambda \tag{3-8}$$

式中，Z_{s} 为定子每极的齿数；l 为电动机铁芯长度。

根据相关文献可知，气隙比磁导 λ 的大小和齿形、齿宽与齿距的比值，气隙与齿距的比值，以及齿部的饱和度有关。通常将气隙比磁导 λ 以傅里叶级数来表示：

$$\lambda=\lambda_{\mathrm{av}}+\sum_{n=1}^{\infty}\lambda_{\mathrm{m}}\cos\theta \tag{3-9}$$

式中，λ_{av} 为气隙比磁导的平均值；λ_{m} 为气隙比磁导中 n 次谐波的幅值。

若略去气隙比磁导中高次谐波的影响，则

$$\lambda=\lambda_{\mathrm{av}}+\lambda_1\cos\theta \tag{3-10}$$

$$\lambda_{\mathrm{av}}=\frac{1}{2}(\lambda_{\mathrm{max}}+\lambda_{\mathrm{min}}),\quad \lambda_1=\frac{1}{2}(\lambda_{\mathrm{max}}-\lambda_{\mathrm{min}}) \tag{3-11}$$

式中，$\lambda_{\max}$ 为气隙比磁导的最大值，即 $\theta=0$ 时气隙比磁导的值；$\lambda_{\min}$ 为气隙比磁导的最小值，即 $\theta=\pm\pi$ 时气隙比磁导的值。

考虑到每相控制绕组是安放在相对的两个定子磁极下时

$$T=2\times\frac{\mathrm{d}W_{\mathrm{m}}}{\mathrm{d}\beta}=2\times\frac{\mathrm{d}\left(\frac{1}{2}LI^2\right)}{\mathrm{d}\left(\frac{\theta}{Z_{\mathrm{r}}}\right)}=Z_{\mathrm{r}}I^2\frac{\mathrm{d}L}{\mathrm{d}\theta}=Z_{\mathrm{r}}I^2\frac{\mathrm{d}(N^2\Lambda)}{\mathrm{d}\theta}=Z_{\mathrm{r}}I^2N^2\frac{\mathrm{d}\Lambda}{\mathrm{d}\theta}$$

而 $F_\delta=IN$，$\Lambda=Z_{\mathrm{s}}l\lambda$ 代入上式得：

$$T=Z_{\mathrm{s}}Z_{\mathrm{r}}lF_\delta^2\frac{\mathrm{d}\lambda}{\mathrm{d}\theta} \tag{3-12}$$

将式(3-9)代入式(3-12)则：

$$T=-Z_{\mathrm{s}}Z_{\mathrm{r}}lF_\delta^2\lambda_1\sin\theta \tag{3-13}$$

它表示了步进电动机的静转矩 T 与失调角 θ 的关系，即矩角特性，如图 3-11 所示。理想的矩角特性是一个正弦波形。

由上述分析可知，在静转矩的作用下，转子有一定的稳定平衡位置。当电动机处于空载时，其稳定平衡位置对应于 $\theta=0$ 处。而 $\theta=\pm\pi$ 处则为不稳定平衡位置。在静态情况下，如转子受到外力矩的作用使其偏离它的稳定平衡位置，但没有超出相邻的不稳定平衡点，则在外力矩消除后，电动机转子在静转矩作用下仍可以回到原来的稳定平衡位置。所以两个不稳定平衡点之间的区域称为静稳定区，即 $-\pi<\theta<+\pi$，如

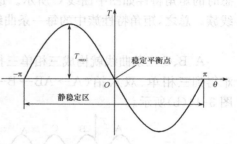

图 3-11　步进电动机的矩角特性

图 3-11 所示。在这一区域，当转子上有负载转矩，并且与静转矩相平衡时，转子能稳定在某一位置，当负载转矩消失时，转子又能回到初始稳定平衡位置。

2. 最大静转矩及最大静转矩特性

(1) 最大静转矩

矩角特性上静转矩的最大值称为最大静转矩。由式(3-13)可知，当一相控制绕组通电时，在 $\theta=\pm90°$ 时有最大静转矩为

$$T_{\max}=Z_{\mathrm{s}}Z_{\mathrm{r}}lF_\delta^2\lambda_1 \tag{3-14}$$

若为多相控制绕组同时通电时，最大静转矩为

$$T_{\max}=KZ_{\mathrm{s}}Z_{\mathrm{r}}lF_\delta^2\lambda_1 \tag{3-15}$$

式中，K 为转矩增大系数。

当两相控制绕组同时通电时，如图 3-12 所示。

$$K=2\cos(\pi/m)$$

同理可求，当三相控制绕组同时通电时，$K=1+2\cos(2\pi/m)$。

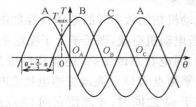

图 3-12　两相同时通电时的最大转矩

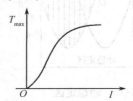

图 3-13　最大的静转矩特性

（2）最大静转矩特性

在一定通电状态下，最大静转矩与控制绕组内电流的关系，即 $T_{max}=f(I)$ 称为最大静转矩特性，如图 3-13 所示。

由式（3-15）可以看出，当电动机的磁路不饱和时，最大静转矩 T_{max} 与控制绕组中的电流 I 的平方成正比。电流增大时，由于受磁路饱和的影响，气隙磁势 F_δ 的增加变慢，最大静转矩 T_{max} 的上升就低于电流的平方关系。

3. 矩角特性族

步进电动机的矩角特性族是对应于不同的通电状态的矩角特性的总和。以三相单三拍为例，若将失调角的坐标统一取在 A 相磁极的轴线上。显然 A 相通电状态时矩角特性如图 3-14（a）中曲线 A 所示，稳定平衡点为 O_A 点；B 相通电状态时，转子转过 1/3 齿距，相当于转过 $2\pi/3$ 电角度，转子空载时的稳定平衡点为 O_B，矩角特性如图中 B 所示；同理 C 相通电状态时的矩角特性如图中曲线 C 所示。这三条曲线构成了三相单三拍通电方式的矩角特性曲线族。总之，矩角特性族中的每一条曲线一次错开一个用电角度表示的步距角 θ_{se}，即

$$\theta_{se}=Z_r\theta_s \tag{3-16}$$

A、B、C 三条曲线就构成三相单三拍 A→B→C→A 通电方式时的矩角特性族。同理，不难得到三相单、双六拍（A→AB→B→BC→C→CA→A）通电方式时的矩角特性族，如图 3-14（b）所示。

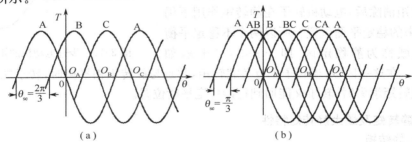

图 3-14 矩角特性

3.2.2 反应式步进电动机的动态特性

动态特性是指步进电动机在脉冲作用下，连续运行的特性。为更好地分析步进电动机的动态特性，首先分析其单步运行的状态。

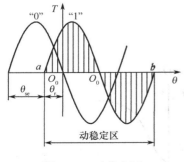

图 3-15 动稳定区

1. 单脉冲运行

步进电动机的单脉冲运行是指电动机仅仅改变一次通电状态时的运行方式。

（1）动稳定区

设步进电动机初始状态时的矩角特性如图 3-15 中曲线"0"所示。若电动机空载，则转子处于稳定平衡点 O_0 处。输入一个脉冲，通电状态改变后，矩角特性变为曲线"1"，转子新的稳定平衡点为 O_1。在改变通电状态时，只有当转子起始位置位于 ab 之间时，才能使它向 O_1 点运动达到该稳定平衡位置。步进电动机动稳定区是指从一种通电状态切换到另一种通电状态时，不至引

起失步的区域。因此,区间 ab 称为电动机空载时的动稳定区,用失调角表示应为$(-\pi+\theta_{\text{se}})<\theta<(\pi+\theta_{\text{se}})$。

动稳定区的边界 a 点到初始稳定平衡位置 O_0 点的区域 θ_r 称为裕量角。裕量角越大,从一个动稳定区到达另一动稳定区的时间就越短。电动机运行越稳定。若其值趋于零,则电动机就不能稳定工作,也就没有带负载的能力。裕量角 θ_r 用电角度表示为:

$$\theta_r = \pi - \theta_{\text{se}} \tag{3-17}$$

由式(3-2)得

$$\theta_r = \pi - \frac{2\pi}{mZ_rC} \times Z_r = \frac{\pi}{mC}(mC-2) \tag{3-18}$$

由式(3-18)可知,电动机的相数越多,步距角就越小,相应的裕量角也就越大,运行的稳定性也越好。当采用单拍通电运行或双拍通电运行时 $C=1$ 时,正常结构的反应式步进电动机最少的相数不应小于三。

(2) 最大负载转矩(启动转矩)

步进电动机在负载情况下,假设负载转矩为 $T_{l1}<T_{\text{st}}$,若 A 相绕组通电,则电动机的稳定平衡位置在图 3-16(a)曲线"0"上的 O'_A 点。当通电状态由 A 变为 B 相,转子仍位于位置 a 处还来不及改变,这时可看到 a 对应于新的矩角特性曲线"1"上 b' 点的电磁转矩值大于 T_1,将使转子加速并向 θ 增大的方向运动。电动机最后达到新的稳定平衡位置 O'_B 点。

若负载转矩 $T_{l2}>T_{\text{st}}$,若 A 相绕组通电时,电动机的稳定平衡位置对应于图 3-16(b)曲线"0"上的 O'_A 点。当输入一个脉冲,通电状态由 A 变为 B 相,转子仍位于位置 a 处还来不及改变,这时可看到 a 对应于新的矩角特性曲线"1"上 b'' 点的电磁转矩值小于 T_1。这样,转子便不能达到新的稳定平衡位置,而是向失调角 θ 减小的方向滑动。也就是说,尽管这时电动机的最大静转矩 T_{max},比负载转矩 T_{l2} 要大,电动机能在静态情况下保持稳定,但它却不能带动负载转矩 T_{l2} 做步进运动。此时的步进电动机处于失步状态。

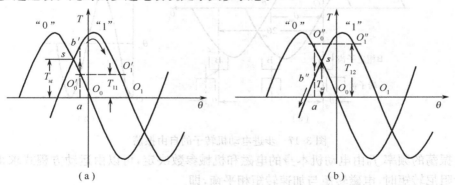

图 3-16　最大负载转矩

由上述分析可知,步进电动机能带动的最大负载转矩要比最大静转矩的小。电动机能带动的最大负载转矩值可由矩角特性族上相邻的两条矩角特性的交点所决定,即图 3-16 中的 s 点。T_{st} 就是最大负载转矩值,当负载转矩大于该值时,步进电动机就不能启动,所以也称它为步进电动机的启动转矩。

若矩角特性曲线为幅值相同的正弦波形时,可得出:

$$T_{\text{st}} = T_{\text{max}}\sin\frac{\pi-\theta_{\text{se}}}{2} = T_{\text{max}}\cos\frac{\theta_{\text{se}}}{2} = T_{\text{max}}\cos\frac{\pi}{mC} \tag{3-19}$$

同样,由式(3-19)可知,当通电状态系数 $C=1$ 时,正常结构的反应式步进电动机最少的相数必须是三。如果电动机的相数增多,通电状态系数较大时,它的最大负载转矩值也随之增大。

此外,矩角特性曲线的波形对电动机带动负载的能力也有较大的影响。矩角特性是平顶波形时 T_{st} 值接近于 T_{max} 值,电动机带负载的能力就较大。因此,步进电动机理想的矩角特性应是矩形波形。T_{st} 是步进电动机能带动负载转矩的极限值。在实际运行时,电动机具有一定的转速,因此最大负载转矩值比 T_{st} 将有所减小。通常应使折合到电动机轴上的负载转矩 $T_1 = (0.3-0.5)T_{max}$。

(3) 转子的自由振荡

由于转子具有惯性,在稳定平衡位置存在一个振荡过程。如果开始时 A 相通电,转子处于失调角为 $\theta=0$ 的位置。当绕组换接并使 B 相通电时,这时 B 相定子齿轴线与转子齿轴线错开 θ_{se} 角,矩角特性向前移动了一个步距角 θ_{se},转子在电磁转矩作用下由 a 点向新的平衡位置 $\theta=\theta_{se}$ 的 b 点(B 相定子齿轴线和转子齿轴线重合)的位置做步进运动。到达 b 点位置时,转矩就为 0,但转速不为 0。由于惯性作用,转子要越过平衡位置继续运动。当 $\theta>\theta_{se}$ 时,电磁转矩为负值,因而电动机减速。失调角 θ 越大,负的转矩越大,电动机减速越快,直至速度为 0 的 c 点。如果电动机没有受到阻尼作用,c 点所对应的失调角为 $2\theta_{se}$,这时 B 相定子齿轴线与转子齿轴线反方向错开 θ_{se} 角。以后电动机在负转矩作用下向反方向转动,又越过平衡位置回到出发点 a 点。这样,绕组每换接一次,如果无阻尼作用,电动机就环绕新的平衡位置来回做不衰减的振荡,此称为自由振荡,如图 3-17 所示。

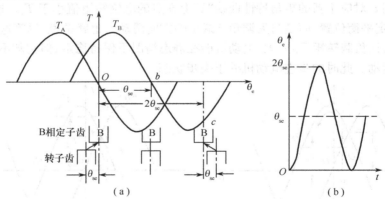

图 3-17 步进电动机转子的自由振荡

自由振荡的频率 f_0 由电动机本身的电磁和机械参数决定,可以由运动方程式求得。在空载并不计阻尼转矩时,电磁转矩与加速转矩相平衡,即

$$T = -T_{max}\sin(\theta-\theta_{se}) = J\frac{\mathrm{d}\Omega}{\mathrm{d}t}$$

为简化起见,先不考虑电路时间常数的影响,即认为在改变通电状态时,原先通电相的电流立即降为零,新通电相的电流立即达到稳态值,也就是认为电路的时间常数为零。这样电磁转矩值与静态的矩角特性完全一致,如图 3-16 中曲线所示,当步距角 θ_{se} 不太大时,转角变动的范围就较小,初步近似地认为

$$\sin(\theta-\theta_{se}) \approx \theta-\theta_{se} = Z_r(\beta-\theta_s)$$

则有

$$-T_{max}Z_r(\beta-\theta_s) = J\frac{\mathrm{d}\Omega}{\mathrm{d}t}$$

由初始条件 $t=0$ 时，$\beta=0$，$\Omega=0$，求解微分方程的得：

$$\Omega_0=\sqrt{\frac{Z_r T_{max}}{J}} \qquad (3\text{-}20)$$

由此可得出自由振荡的角频率为

$$f_0=\frac{1}{2\pi}\sqrt{\frac{Z_r T_{max}}{J}} \qquad (3\text{-}21)$$

式中，J 为转动部分的转动惯量。它应包括转子本身的转动惯量，和负载的转动惯量。

由上式可知，转子的自由振荡频率与转子的齿数、最大转矩以及转子的转动惯量有关。实际步进电动机的自由振荡过程，因存在摩擦等阻尼力矩的影响，总是衰减的。电动机的转子经过几次振荡以后就停止在新的稳定平衡位置，如图 3-18 所示。衰减的速度取决于电动机的电磁阻尼和机械阻尼的大小。

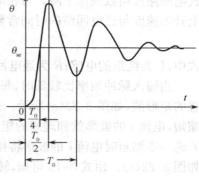

图 3-18　单脉冲运行转子振荡过程

3.2.3　连续脉冲运行

1. 连续运行的矩频特性

在实际运行中步进电动机一般处于连续转动状态。在运行过程中具有良好的动态性能是保证控制系统可靠工作的前提。例如，在控制系统的控制下，步进电动机经常做启动、制动、正转、反转等动作，并在各种频率下（对应于各种转速）运行，这就要求电动机的步数与脉冲数严格相等，即不失步也不越步，而且转子的运动应是平稳的。但这些要求常常并不都能满足，例如由于步进电动机的动态性能不好或使用不当，会造成运行中的失步，这样，由步进电动机的"步进"所保证的系统精度就失去了意义。此外，当提高使用频率时，步进电动机的快速性也是动态性能的重要内容之一。所以，有必要对步进电动机的动态特性作一定的分析。

假设步进电动机作单步运行时的最大允许负载转矩为 T_1，但当控制脉冲频率逐步增加，电动机转速逐步升高时，步进电动机所能带动的最大负载转矩值将逐步下降。这就是说，电动机连续转动时所产生的最大输出转矩 T 是随着脉冲频率 f 的升高而减少的。T 与 f 两者间的关系曲线称为步进电动机运行的矩频特性，它是一条如图 3-19 所示的下降曲线。

为了正确选用步进电动机，必须考虑到负载转动惯量的大小对电动机启动过程的影响。图 3-20 所示为步进电动机连续运行时的惯频特性。

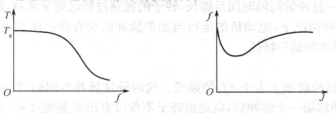

图 3-19　矩频特性　　　　　图 3-20　连续运行时的惯频特性

当频率增高以后步进电动机的负载能力就要下降，主要原因就是定子绕组电感的影响。因为步进电动机每相绕组是一个电感线圈，它具有一定的电感 L，而电感有延缓电流变化的特性。以图 3-29 的电源为例，当控制脉冲要求某一相绕组通电时，虽然三极管 VT_1 已经导通，绕组已加上电压，但绕组中的电流不会立即上升到规定的数值，而是按指数规律上升。同样，当控制脉冲使 VT_1 截止，即要求这相绕组断电时，绕组中的电流不会立即下降到 0，而是通过放电回路按指数规律下降。每相电压控制信号和绕组中的电流的波形如图 3-21 所示。电流上升的速度与通电回路的时间常数 τ 有关。

$$\tau = \frac{L}{R}$$

式中，L 为绕组的电感；R 为通电回路的总电阻。

当输入脉冲频率比较低时，每相绕组通电和断电的周期 T 比较长，电流 i 的波形接近于理想的矩形波，如图 3-22(a)所示。这时，通电时间内电流的平均值较大；当频率升高后，周期 T 缩短，电流 i 的波形就和理想的矩形波有较大的差别，如图 3-22(b)；当频率进一步升高，周期 T 进一步缩短时电流 i 的波形将接近于三角形波，幅值也降低，因而电流的平均值大大减小，如图 3-22(c)。由式 3-13 可知，转矩近似地与电流平方成正比。这样频率越高绕组中的平均电流越小电动机产生的平均转矩大大下降，负载能力也就大大下降了。

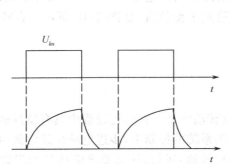
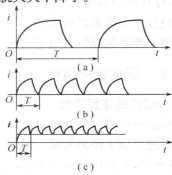

图 3-21　绕组换接时电压和电流的变化　　图 3-22　不同频率时的电流波

此外，随着频率上升，转子转速升高，在定子绕组中产生的附加旋转电动势使电动机受到更大的阻尼转矩，电动机铁芯中的涡流损耗也将很快增加。这些都是使步进电动机输出功率和输出转矩下降的因素。所以，输入脉冲频率增高后，步进电动机的负载能力逐渐下降，到某一频率以后，步进电动机已带不动任何负载，只要受到很小的扰动，就会振荡、失步以至停转。

2. 脉冲频率对电动机工作的影响

外加脉冲频率的不同对步进电动机运行的影响也不相同，在步进电动机的运行频率中，人们一般习惯将频率分为三个区段，即极低频段、低频段和高频段。

（1）极低频段

极低频段是指每一脉冲的间隔时间足够长，转子的振荡过程已完全衰减，转子可以处于新的稳定平衡位置。这种情况下，电动机的运行与加单脉冲时没有什么区别，它总是能稳定运行。如图 3-23 极低频率的运行特征。

（2）高频段

高频段是指外加脉冲频率 f 大于 $4f_0$ 的频段。这时外加脉冲的间隔时间($1/f$)小于自由振荡周期 T_0 的 $1/4$，即加第一个脉冲后，电动机转子不仅没有出现振荡过程，而且还没有来得及达到新的稳定平衡点，第二个脉冲就紧接着加上去。此时电动机的运行已有步进变成了连续的平滑转动，转速也比较稳定。如图 3-24 所示为高频率段的运行特征。

但频率过高也会出现高频振荡，严重时会使电动机失步甚至无法工作，其主要原因为：当达到某一频段时，控制绕组内电流产生振荡，相应地使转子转动呈现不均匀性，以致失步。但脉冲频率如快速越过这一频段达到更高值时，电动机仍能继续稳定运行。这一现象称为高频振荡。详细原因请参阅有关文献。

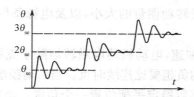
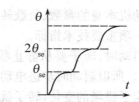

图 3-23　极低频率的运行特征　　图 3-24　高频率段的运行特征

（3）低频段

低频段是指极低频与高频之间的频段。在低频范围内，脉冲间隔时间 t_f 较长。电动机一般来说可正常运行。但是，也可能出现下列情况，在其中一相加一个脉冲后，电动机转子的运动是一个振荡过程，转子的角位移由零增大到接近于两倍步距角后，又向减小的方向运动，直至减小到接近零的位置，然后再往复振荡。而加第二个脉冲的瞬间若不是在转子角位移相当大的时候，而是在转子的角位移往回振荡到相当小的时候。在特殊情况下，如果脉冲频率等于电动机的自然频率 f_0，则在第一个脉冲间隔时间内，转子恰好振荡一个周期，即转子角位移又回到接近零的位置。在这一瞬间加入第二个脉冲，由于转子位置在第一个脉冲时间内没有改变，因而离开新的稳定平衡位置为二倍步距角。相应在第二个脉冲时间内，转子振荡过程的最大振幅就不是一个步距角，而是二倍步距角了，但振荡频率不变。这样在加入第三个脉冲的瞬间，转子的位置仍处于接近角位移为零的位置。同样继续下去，转子振荡的振幅越来越大，电动机启动不起来，这就是低频共振现象。f_0 称为电动机的自由振荡频率，即自然频率，也称为主共振频率。如图 3-25 低频率段共振的运行特征，如果电动机没有阻尼，当脉冲频率等于自然频率时，电动机就完全失控，转子则处于来回振荡状态而不能起动。若电动机有较强阻尼时，即使在主共振频率时，也能保持不失步，仍可以启动起来，只是有比较明显的振荡。

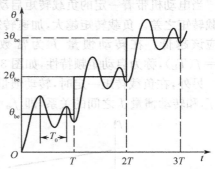

图 3-25　低频共振时的转子运动规律

自然频率由步进电动机系统的电磁参数和机械参数所决定，是客观存在的。因此，当外加脉冲频率与自然频率相一致时，共振现象是不可避免的。设计良好的步进电动机不是不存在低频共振现象，而是要使它不明显，振荡尽可能小，至少应保持电动机不失步。当然在实际运行时应避开电动机的低频共振区。

需要说明的是出现低频共振现象不只是一个特定的脉冲频率值，而是在它附近的一个频率区间。只是在 $f = f_0$ 时，共振现象最为明显。步进电动机加入一个脉冲时，它产生振荡的最大振幅是一个步距角。步距角小时，振荡也要少一些。所以相数多的，并运行在拍数多的通电方式时，步进电动机低频共振的危险性要少一些。可见三相反应式步进电动机在三拍通电方式运行时，低频共振问题最为严重。增大步进电动机的阻尼，可以对电动机的振荡起抑制作用。反应式步进电动机的内部电磁阻尼作用往往不大，为改善电动机在高频和低频振荡区的运行，有时需要外加机械阻尼器。

3. 启动频率及启动特性

（1）启动频率

步进电动机的启动频率 f_{st}，是指它在一定负载转矩下能够不失步地启动的最高脉冲频率。它的大小与电动机本身的参数、负载转矩及转动惯量的大小，以及电源条件等因素有关。它是步进电动机的一项重要技术指标。

步进电动机在启动时，转子要从静止状态加速，电动机的电磁转矩除了克服负载转矩之外，还要使转子加速。所以启动时步进电动机的负担要比连续时重。当启动频率过高时，转子的运动速度跟不上定子磁场的变化，转子就要落后稳定平衡位置一个角度。当落后的角度使转子的位置在动稳定区之外时步进电动机就要失步或振荡，电动机就不能运动。为此，对启动频率就要有一定的限制。当电动机一旦启动后，如果再逐渐升高脉冲频率，由于这时转子的角加速度 $\dfrac{\mathrm{d}\Omega}{\mathrm{d}t}$ 较小，惯性转矩不大，因此电动机仍能升速。显然，连续运行频率要比启动频率高。

要提高启动频率，可从以下几方面考虑：
① 增加电动机的相数，运行的拍数和转子的齿数；
② 增大最大静转矩；
③ 减小电动机的负载和转动惯量；
④ 减小电路的时间常数；
⑤ 减小电动机内部或外部的阻尼转矩等。

（2）启动特性

当电动机带着一定的负载转矩启动时，作用在电动机转子上的加速度转矩为电磁转矩与负载转矩之差。负载转矩越大，加速转矩就越小，电动机就越不容易启动，其启动的脉冲频率就应该越低。在转动惯量 J 为常数时，启动频率 f_{st} 和负载转矩 T_L 之间的关系，即 $f_{st}=f(T_L)$，称为启动矩频特性，如图 3-26 所示。

另外，在负载转矩一定时，转动惯量越大，转子速度的增加越慢，启动频率也越低。启动频率 f_{st} 和转动惯量 J 之间的关系，即 $f_{st}=f(J)$ 为启动惯频特性，如图 3-27 所示。

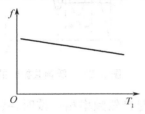   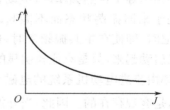

图 3-26　步进电动机的启动矩频特性　　　图 3-27　步进电动机的启动惯频特性

3.3　步进电动机主要性能指标

1. 步距角 θ_s

每输入一个电脉冲信号时（一拍）转子转过的角度称为步距角。它是一个实际的机械角度，步距角的大小会直接影响步进电动机的启动和运行频率。外形尺寸相同的电动机，步距角小的往往启动及运行频率比较高，但转速和输出功率不一定高。

步进电动机驱动对象多是直线运动，需加装如滚珠丝杠等机械装置将旋转变为直线运动。此时，步距角 θ_s 可根据系统要求的脉冲当量（每一脉冲步进电动机带动负载移动的直线位移量）和丝杠螺距由下式确定：

$$\theta_b=\frac{360^\circ\delta_p}{Ti}$$

式中,δ_p 为脉冲当量(mm);T 为丝杠螺距(mm);i 为传动比。

2. 静态步距角误差 $\Delta\theta_s$

静态步距角误差即实际的步距角与理论的步距角之间的差值,通常用理论步距角的百分数或绝对值来衡量。静态步距角误差小,表示步进电动机精度高。$\Delta\theta_s$ 通常是在空载情况下测量的。

3. 最大静转矩 T_{max}

最大静转矩是指步进电动机在规定的通电相数下矩角特性上的转矩最大值。即

$$T_{max} = KZ_sZ_r lF_\delta^2\lambda_1$$

绕组电流越大,最大静转矩也越大,通常技术数据中所规定的最大静转矩是指每相绕组通上额定电流时所得的值。一般说来,最大静转矩较大的电动机,可以带动较大的负载。

按最大静转矩的值可以把步进电动机分为伺服步进电动机和功率步进电动机。前者输出力矩较小,有时需要经过液压力矩放大器或伺服功率放大系统放大后再去带动负载。而功率步进电动机的最大静转矩一般大于 5N·m。它不需要力矩放大装置就能直接带动负载运动。这不仅大大简化了系统,而且提高了传动的精度。所以提高输出转矩,制造功率步进电动机是当前步进电动机的发展方向之一。

4. 启动频率 f 和启动矩频特性

启动频率又称突跳频率,是指步进电动机能够不失步启动的最高脉冲频率,它是步进电动机的一项重要指标。产品目录上一般都有空载启动频率的数据。但在实际使用时,步进电动机大都要在带负载的情况下启动。这时,负载启动频率是一个重要指标。负载启动频率与负载转矩及惯量的大小有关。负载惯量一定,负载转矩增加,或负载转矩一定,负载惯量增加都会使启动频率下降。在一定的负载惯量下,启动频率随负载转矩变化的特性称为启动矩频特性,在产品资料中通常以表格或曲线形式给出。

5. 运行频率 f 和运行矩频特性

步进电动机启动后,在控制脉冲频率连续上升时,能维持不失步运行的最高频率称为运行频率。通常给出的也是空载情况下的运行频率。当电动机带着一定负载运行时,运行频率与负载转矩大小有关,两者的关系称为运行矩频特性,在技术数据中通常也是以表格或曲线形式给出。提高步进电动机的运行频率对于提高生产效率和系统的快速性具有很大的实际意义。由于运行频率比启动频率要高得多,所以在使用时通常通过自动升、降频控制线路,先在低频(不大于启动频率)下使步进电动机启动,然后逐渐升频到工作频率使电动机处于连续运行(利用单片机对步进电动机的升、降速控制将在随后的内容中分析)。升频时间视具体情况而定,但一般不大于 1s。

另外在使用的时候必须注意,步进电动机的启动频率、运行频率及其矩频特性都与电源形式有密切关系。使用时首先必须了解给出的性能指标是在什么样形式的电源下测定的。一般使用高低压切换型电源,其性能指标较高;如使用时改为单一电压形电源,则性能指标要作相应降低。

6. 额定电流

额定电流是指电动机静止时每相绕组允许通过的最大电流。当电动机运转时,每相绕组通的是脉冲电流,电流表指示的读数为脉冲电流平均值,并非额定电流(此值比额定电流低)。绕组电流太大,电动机温升会超过允许值,严重时会烧毁步进电动机。

7. 额定电压

额定电压是指驱动电源提供的直流电压。一般它不等于加在绕组两端的电压。国家标准规定步进电动机的额定电压应如下。

单一电压型电源:6V、12V、27V、48V、60V、80V

高低压切换型电源:60/12V、80/12V

3.4 驱动电源

与普通电动机相比,步进电动机需由专门的驱动电源供电,驱动电源和步进电动机是一个有机整体,步进电动机的运行性能是步进电动机及其驱动电源两者配合的综合表现。

3.4.1 驱动电源组成及作用

驱动电源的基本部分包括变频信号源、脉冲分配器和脉冲功率放大器,如图 3-28 所示。

图 3-28　步进电动机驱动电源的方框图

1. 变频信号源

变频信号源是一个脉冲频率由几赫兹到几万赫兹可连续变化的信号发生器。变频信号源可以采用多种线路,最常见的有多谐振荡器和单结晶体管构成的弛张振荡器两种。它们都是通过调节电阻 R 和电容 C 值的大小来改变电容充放电的时间常数,以达到选取脉冲信号频率的目的。随着微机在步进电动机中的应用,利用微机产生脉冲代替传统的变频信号源已得到广泛的应用。

2. 脉冲分配器

传统的脉冲分配器是由门电路和双稳态触发器组成的逻辑电路,其作用是将单路脉冲转换成多相循环变化的脉冲信号。它有一路输入,多路输出。随着连续脉冲信号的输入,各路输出电压轮流变高和变低。例如,三相脉冲分配器有 A、B、C 三路输出,采用单三拍运行方式时,当变频信号将连续脉冲信号送入脉冲分配器后,三路输出电压将按 A→B→C→A…的次序轮流变高和变低。三路电压分别经功率放大器向步进电动机的三相绕组供电,步进电动机就一步一步地旋转起来。脉冲分配器一般还有一个旋转方向控制端,根据方向控制端的电平是低还是高,决定三路输出电压的轮流顺序是 A→B→C→A…还是 A→C→B→A…,完成对步进电动机的正反转控制。利用微处理器进行并行控制时可不用脉冲分配器,具体内容将在下节介绍。

3. 脉冲放大器

从环形分配器或微处理器输出的电流只有几毫安,不能直接驱动步进电动机。因为一般步进电动机需要几个到几十个安培的电流,因此在环形分配器后面应装有功率放大电路,用放大后的信号去驱动步进电动机。功率放大电路种类很多,它们对电动机性能的影响也各不相同。

3.4.2 驱动电源的分类

步进电动机的驱动电源有多种形式,相应地分类方法也很多。若按配套的步进电动机容量大小来分,有功率步进电动机驱动电源和伺服步进电动机驱动电源两类。按电源输出脉冲的极性来分,有单向脉冲电源和正、负双极性脉冲电源两种,后者是作为永磁步进电动机或永磁感应子式步进电动机的驱动电源。按功率元件来分,有晶体管驱动电源;高频晶闸管驱动电源和可关断晶闸管驱动电源三种。按脉冲的供电方式来分,有单一电压型电源;高、低压切换型电源;电流控制高、低压切换型电源;细分电路电源等。

1. 单极性驱动电路

(1) 单一电压型电源

单一电压型电源如图 3-29 所示,为一相控制驱动电路。当信号脉冲输入时,晶体管 VT_1 导通,电容 C 在起始充电瞬间相当于将电阻 R 短接,使控制绕组电流迅速上升。当电流达到稳定状态后,利用串联电阻 R 来限流。当晶体管 VT_1 关断时,R_2 与 VD_2 组成续流回路,防止过电压击穿功率管。在整个工作过程中只有一种电源供电。步进电动机的每一相控制绕组只需要由一只功率元件提供电脉冲。这种线路的特点是:结构简单,电阻 R 和控制绕组串联后可减小回路的时间常数。但由于电阻 R 上要消耗功率,所以电源的效率降低,用这种电源供电的步进电动机启动和运行频率都比较低。

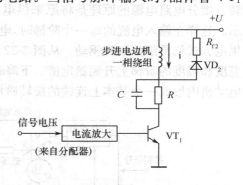

图 3-29　单一电压型驱动电源原理图

(2) 高、低压切换型电源

高、低压切换型电源的原理如图 3-30 所示。步进电动机的每一相控制绕组需要有两只功率元件串联,它们分别由高压和低压两种不同的电源供电。在通电起始阶段 VT_1、VT_2 同时导通,高压控制回路使高压供电,此时 VD_1 截止阻断低压电源,加速电流的上升速率,改善电流波形的前沿,提高转矩。高压供电停止 VT_1 截止,VD_1 导通低压电源供电。低压电源中串联一个数值较小的电阻 R_1,其目的是为了调节控制绕组的电流值,使各相电流平衡。VD_2 和 R_2 组成续流回路。这种电源效率较高,启动和运行频率也比单一电压型电源要高,但需高、低压两种电源。

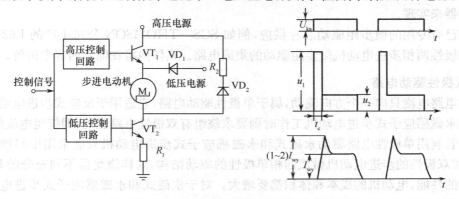

图 3-30　高、低切换型驱动电源的原理图

(3) 电流控制高、低压切换型电源

以上这两种电源均属于开环类型,控制精度相对较低。电流控制的高、低压切换型电源。其原理如图 3-31 所示,与开环高、低压切换型电源电路类似,只是在线路中增加了电流反馈环节。它是在高、低压切换型电源的基础上使高压部分的电流断续加入,以补偿因步进电动机控

制绕组中旋转电势所引起的电流波形顶部下凹造成的转矩下降。它是根据主回路电流的变化情况,反复地接通和关断高压电源,使电流波形顶部维持在要求的范围内,步进电动机的运行性能得到了显著的提高,相应使启动和运行频率升高。但因在线路中增加了电流反馈环节,使其结构较为复杂,成本提高。它属于闭环类型。

（4）细分电路电源

为提高加工精度往往要求步进电动机具有很小的步距角,单从电动机本身来解决是有限度的,特别是小机座号的电动机。而细分电路电源可使步进电动机的步距角减小,从而使步进运动变成近似的匀速运动的一种驱动电源。这样,步进电动机就能像伺服电动机一样平滑运转。细分电路电源的原理是将原来供电的矩形脉冲电流波改为阶梯波形电流,如图 3-32 所示。这样在输入电流的每一个阶梯时,电动机的步距角减小,从而提高其运行的平滑性。这种供电方式就是细分电路驱动。从图 3-32 中可以看到,供给电动机的电流是由零经过 5 个均匀宽度和幅度的阶梯上升到稳定值。下降时,又是经过同样的阶梯从稳定值降至零。这可以使电动机内形成一个基本上连续的旋转磁场,使电动机能基本上接近于平滑运转。

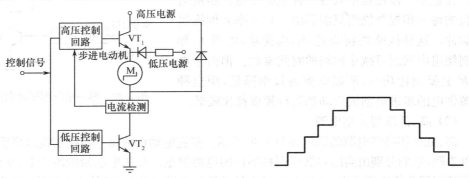

图 3-31　电流控制的高、低压切换型驱动电源的原理图　　图 3-32　阶梯波形电流图

细分电路电源,是先通过顺序脉冲形成器将各顺序脉冲依次放大,将这些脉冲电流在电动机的控制绕组中进行叠加而形成阶梯波形电流、顺序脉冲形成器通常可以用移位形式的环形脉冲分配器来实现。

目前已有专用的微步距驱动芯片供应,例如 SGS—THOMSON 公司生产的 L6217A,它适合于双极性两相步进电动机微步距驱动的集成电路。具体内将在随后内容中讲解。

2. 双极性驱动电路

上述电路电流只向一个方向流动,属于单极性驱动电路,它适用于反应式步进电动机。而永磁式和永磁感应子式步进电动机工作时则要求绕组有双极性电路驱动,即绕组电流能正、反向流动。若利用单极性电路驱动永磁式和永磁感应子式步进电动机只能采用中间抽头的方法,将两相双极性的步进电动机做成四相单极性的驱动结构,这样绕组得不到充分的利用,要达到同样的性能,电动机的成本和体积都要增大。对于永磁式和永磁感应子式步进电动机宜采用双极性电路驱动,双极性驱动的原理如图 3-33 所示。大多数没有双极电源,这时一般采用 H 桥式驱动,如图 3-34 所示。

3. 专用集成芯片简介

随着集成电路迅速发展,已有众多用于步进电动机的集成芯片出现,使得步进电动机驱动电源的设计变得简单而高效,下面就几种常用芯片的应用进行简单的介绍。

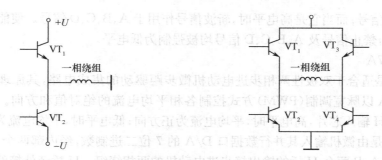

图 3-33　利用正、负电源的双极性驱动电路　　图 3-34　利用 H 桥式的双极性驱动电路

（1）CH250

CH250 是三相步进电动机专用芯片，引脚如图 3-35 所示。可以通过设置引脚 1、2 和引脚 14、15 电平的高低，完成对三相步进电动机双三拍、单三拍、单双六拍，以及正、反转的控制。图 3-35 为实现三相六拍运行状态的控制接线图。

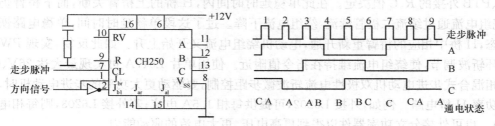

图 3-35　CH250 三相六拍脉冲分配器的接线图

（2）L297

L297 是两相或四相步进电动机专用芯片。图 3-36 是 L297 的原理框图。它主要包含下列三部分。

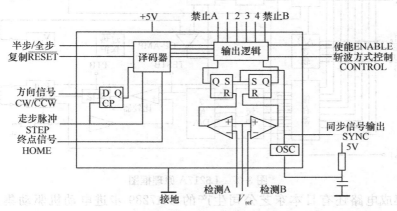

图 3-36　L297 的原理框图

① 译码器（脉冲分配器）：它将输入的走步时钟脉冲（CP）、正/反转方向信号（CW/CCW）、半步/全步信号（半步相应于单双拍）综合以后，产生合乎要求的各相通断信号。

② 斩波器：由比较器、触发器和振荡器组成。用于检测电流采样值和参考电压值，并进行比较。由比较器输出信号来开通触发器，再通过振荡器按一定频率形成斩波信号。

③ 输出逻辑：它综合了译码器信号与斩波信号，产生 A、B、C、D(1,3,2,4)四相信号以及禁止信号。控制（CONTROL）信号用来选择斩波信号的控制方式。当它是低电平时，斩波信

号作用于禁止信号；而当它是高电平时，斩波信号作用于 A、B、C、D 信号。使能(ENABLE)信号为低电平时，禁止信号及 A、B、C、D 信号均被强制为低电平。

（3）L6217A

L6217A 是适合于双极性两相步进电动机微步距驱动的集成电路，其原理框图如图 3-37所示。L6217A 以脉宽调制(PWM)方式控制各相平均电流的绝对值和方向。电流的方向指令通过引脚 PH 输入芯片，高电平时，平均电流为正方向；低电平时，平均电流为反方向。电流绝对值指令则是由微机输入其并行数据口 D/A 的 7 位二进制数，经内部两个 D/A 转换电路得到。芯片内 A、B 两个 H 桥的输出接步进电动机的两相绕组。H 桥经外接的电流采样电阻接地，从而得到相电流反馈信号。引脚 STROBE 上的信号用以将输入数据送入 A 或 B 锁存器，低电平有效。运行时，该芯片让 H 桥按电流方向指令开通相应的桥臂，电动机绕组电流上升。同时，芯片内的比较器将指令电流信号和反馈电流信号进行比较，当电动机绕组电流到达预定数值时，比较器翻转，触发芯片内的单稳电路，使单稳电路翻转一段时间，时间由引脚 PTA、PTB 外接的 R、C 值决定。在此单稳延时时间内，H 桥的上桥臂关断，而下桥臂仍然导通，绕组电流通过续流二极管续流，绕组电流下降。过了这段单稳延时时间，单稳电路恢复到原状态，H 桥中相应的桥臂重新开通，电动机绕组电流又开始上升。如此反复，实现 PWM 电流闭环斩波调节，使绕组电流维持在指令值附近。使用单片 L617A 可实现最大达 26V、0.4A的两相混合式步进电动机双极性电流斩波微步距控制，要驱动更大功率的步进电动机时，可外接大功率 H 桥电路。例如，外接 L6202，可提供每相 1.5A 电流；若外接 L6203，则每相电流可达 3A。也可外接分立功率器件以得到更高电压、更大电流的驱动能力。

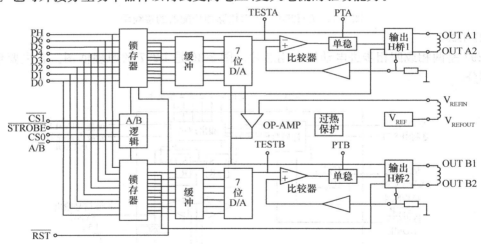

图 3-37　L6217A 原理框图

相近的集成电路还有日本东芝公司生产的 TA7289 步进电动机驱动集成电路、美国IXYSIXMS150步进电动机微步距控制器、NSC 公司生产的 LMD18245H 桥驱动集成电路等。

3.5　步进电动机的微处理器控制

随着电子技术的发展，利用微处理器对步进电动机进行控制在实际中已得到广泛的应用。对步进电动机进行定位控制，有开环控制和闭环控制两类。

开环控制因没有位置反馈，不需要光电编码器之类的位置传感器，因此控制系统的价格低。在开环控制时为了保证定位不出错，步进电动机的驱动脉冲频率不能设计得太高，电动机的机械负载不能太重，所以系统设计时要留出足够的裕度，否则会因为负载短时超重而导致步进电动机失步，致使定位出错。

闭环控制时因为采用了光电编码器之类的位置传感器将电动机的实际位置反馈给微处理器，微处理器发现电动机的实际位置没有达到给定值，即出现了步进电动机的失步现象，微处理器就会补发脉冲，直到电动机的实际位置和给定值一致或相当接近为止。

从理论上讲，闭环控制比开环控制可靠，但是步进电动机闭环控制系统的价格比较贵，还容易引起持续的机械振荡。如果要保证动态性能优良，不如选用直流或交流位置伺服系统。因此，步进电动机主要用于开环控制系统中。

但是不论是开环控制还是闭环控制，使用微处理器对步进电动机进行控制时，控制方法可分为串行控制和并行控制两类。目前用于步进电动机控制的微处理器种类很多，例如 MS—51 系列、MSP430 系列、DSP 系列和驱动卡系列等，但其控制原理基本相同，本节主要以 89C51 单片机为例进行分析。

3.5.1 并行控制

在并行控制中，不需要专用的脉冲分配器，其功能可以由 89C51 单片机用纯软件的方法实现或用软件和硬件结合的方法实现，如图 3-38，单片机通过并行口，直接发出多相脉冲波信号，再通过功率放大后，送入步进电动机的各相绕组。这样就不再需要脉冲分配器了，但这种并行控制方式占用单片机硬件资源较多。

1. 纯软件方法

在这种方法中，脉冲分配器的功能全部由软件来完成。以图 3-38 为例，其中单片机

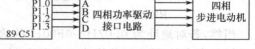

图 3-38 用纯软件代替脉冲分配器原理框图

89C51 的 P1.0～P1.3 4 个引脚作为并行口输出，依次循环输出驱动四相反应式步进电动机所需的 8 个状态为：A→AB→B→BC→C→CD→D→DA→A…即单、双八拍通电运行方式。

采用这种纯软件方法，需要在单片机的程序存储器中开辟一个存储空间以存放这 8 种状态，形成一张状态表。控制系统的应用程序按照电动机正、反转的要求，顺序将状态表的内容取出来送至 89C51 的 P1 口。现假定从程序存储器的地址 0F00H 处开始，用 8 个字节存储四相八拍正转工作状态表；从程序存储器的地址 0FFAH 处开始，用 8 个字节存储四相八拍反转工作状态表。再假定功率驱动接口设计成反相放大，P1 口线为低电平时绕组通电，高电平时绕组断电，存放状态表的 ROM 区有关单元的内容如表 3-1 所示。

表 3-1　四相单、双八拍运行状态表

地址	存储内容		通电状态	方向	地址	存储内容		通电状态	方向
	二进制	十六进制				二进制	十六进制		
0F00H	11111110	0FEH	A	正转	0FFAH	11110110	0F6H	DA	反转
0F01H	11111100	0FCH	AB		0FFBH	11110111	0F7H	D	
0F02H	11111101	0FDH	B		0FFCH	11110011	0F3H	CD	
0F03H	11111001	0F9H	BC		0FFDH	11111011	0FBH	C	
0F04H	11111011	0FBH	C		0FFEH	11111001	0F9H	BC	
0F05H	11110011	0F3H	CD		0FFFH	11111101	0FDH	B	
0F06H	11110111	0F7H	D		1000H	11111100	0FCH	AB	
0F07H	11110110	0F6H	DA		1001H	11111110	0FEH	A	

于是对电动机的控制可变成顺序查表以及写 P1 口的软件处理过程。若设定 R0 作为状态计数器,按每拍加一进行操作;对于八拍运行,从 0 开始,最大计数值为 7。电动机正转子程序如下:

```
CW:   INC   R0 ;正转加一
      CJNE  R0,#08H,CW1 ;计数值不是 8,正常计数
      MOV   R0,#00H ;计数值超过 7,则清零,回到表首
CW1:  MOV   A,R0 ;计数值送 A
      MOV   DPTR,#0F00H ;正转状态表首地址为 0F00H
      MOVC  A,@A＋DPTR ;取出表中状态
      MOV   P1,A ;送输出口
      RET
```

反转程序与正转程序的差别,仅仅在于指针应指向反转状态表的表首地址 0FFAH。反转子程序如下:

```
CCW:  INC   R0 ;反转加一
      CJNE  R0,#08H,CCW1 ;计数值不是 8,正常计数
      MOV   R0,#00H ;计数值超过 7,则清零,回到表首
CCW1: MOV   A,R0 ;计数值送 A
      MOV   DPTR,#0FFAH ;反转状态表首地址为 0FFAH
      MOVC  A,@A＋DPTR ;取出表中状态
      MOV   P1,A ;送输出口
      RET
```

当然,若对地址为 0F07H~0F00H 的状态表,每次逆向查表,同样可以实现反转,这只要把正转程序中的 CW 部分修改成 CCWN 如下:

```
CCWN: DEC   R0 ;反转减一
      CJNE  R0,#FFH,CW1 ;在正常范围,正常计数
      MOV   R0,#07H ;计数值退出正常范围,修改指针
```

采用上述程序实现反转,可省去状态表中地址为 0FFAH~1001H 的部分,而且可以采用同一个计数器指针 R0,在正转任意步后接着反转时,用不着为了避免乱步而调整指针的位置。

用纯软件方法代替脉冲分配器是比较灵活的。例如要求用 89C51 的 P1 口输出 A、B、C、D 四相脉冲,以控制四相混合式步进电动机,则可采用更简单的方法如下:假定 P1 口线为低电平时绕组通电,并用 P1 口的 P1.1、P1.3、P1.5、P1.7 分别驱动 A、B、C、D 四相功率接口,则四相单、双八拍的工作状态可安排如表 3-2 所示。

表 3-2　四相单、双八拍运行状态表

D		C		B		A		通电状态	控制字
P1.7	P1.6	P1.5	P1.4	P1.3	P1.2	P1.1	P1.0	P1 口	
1	1	1	1	1	0	0	0	A	F8H
1	1	1	1	0	0	0	1	AB	F1H
1	1	1	0	0	0	1	1	B	E3H
1	1	0	0	0	1	1	1	BC	C7H
1	0	0	0	1	1	1	1	C	8FH
0	0	0	1	1	1	1	1	CD	1FH
0	0	1	1	1	1	1	0	D	3EH
0	1	1	1	1	1	0	0	DA	7CH

观察表 3-2 后不难发现,要使步进电动机走步,只要对 P1 口的字节内容进行循环移位就可以了。设数据左移时电动机正转,则数据右移时电动机反转。只要在程序初始化时,对 P1 口装载表 3-2 中的任一数据,再通过调用下列 CW 或 CCW 子程序就可让电动机正转或反转一步。程序如下:

```
           …
           MOV   P1,♯0F8H;初始化 P1 口,A 相通电;
           …
    CW:    MOV   A,P1;状态送 A
           RL    A;左循环位移
           MOV   P1,A;送输出口,正转一步
           RET
    CCW:   MOV   A,P1;状态送 A
           RR    A;右循环位移
           MOV   P1,A;送输出口,反转一步
           RET
```

2. 软、硬件结合的方法

软、硬件结合的方法比纯软件方法减少计算机工作时间的占用。图 3-39 是一台四相步进电动机控制系统的示意图。

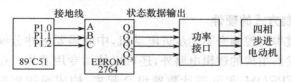

图 3-39 软、硬件结合法控制原理框图

以 89C51 的 P1 口作为信号的输出口,P1.3~P1.7 空置不用,其值可为任意,仅以 P1.0~P1.2 三条线接到一个 EPROM 的低 3 位地址线上,可选通 EPROM 的 8 个地址单元,相应于 8 种状态。EPROM 的低 4 位数据输出线作为步进电动机 ABCD 各相的控制线,硬件设计成低电平时绕组通电。在本系统中 EPROM 作为一种解码器使用,通过其输入/输出关系可以使系统设计得更便于单片机控制。因为只有 P1.0~P1.2 上的数据对步进电动机的通电状态有影响,于是 EPROM 的输入地址和输出数据可采用如下的对应关系(输出线低电平时,绕组通电):

输入:XXXXX000   XXXXX001   XXXXX010 … XXXXX111

输出:XXXX1110   XXXX1100   XXXX1101 … XXXX0110

通电绕组:A   AB   B   …   DA

此处,X 表示既可为 0,也可为 1。

这样,只要把 89C51 中的某一寄存器认定为可逆计数器,每次对它进行加一或减一操作,然后送 P1 口即可。脉冲分配器的功能由软、硬件分担,减少 CPU 的负担。

初始化程序及正转或反转一步的子程序可编写如下:

```
           …          ;主程序开始
           MOV   R0,♯00H        ;初始化
           MOV   P1,R0          ;P1 口初始化,电动机初始定位;
           …                   ;主程序中其他操作
```

```
CW:   INC   R0                    ;正转子程序;计数器加一
      MOV   P1,R0                 ;计数值送输出口,运行一拍
      RET
CCW:  DEC   R0                    ;反转子程序;计数器减一
      MOV   P1,R0                 ;计数值送输出口,运行一拍
      RET
```

3.5.2 串行控制

利用89C51单片机对步进电动机进行串行控制的系统组成如图3-40所示,89C51单片机与步进电动机的功率接口之间只要两条控制线:一条用以发送走步脉冲信号(CP),另一条用以发送控制旋转方向的电平信号。此时的单片机相当于前面所讲的变频信号源。同并行控制方式相比,串行控制占用单片机硬件资源较少,编程也更为简单,但需要外加脉冲分配器。增加了系统成本。

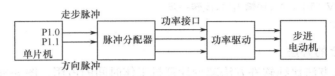

图3-40 单片机串行控制框图

1. 单片机串行控制方式的硬件

89C51单片机通过串行控制来驱动步进电动机,中间需要脉冲分配器。脉冲分配器除可由门电路和双稳态触发器组成的逻辑电路外,还可以使用专用芯片。在单片机或其他微处理器的控制中,还可把EPROM和可逆计数器组合起来,构成通用型脉冲分配器,如图3-41所示。

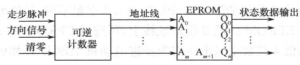

图3-41 通用的脉冲分配器

其工作原理是:设计一个二进制可逆计数器,使其计数长度(循环计数值)等于步进电动机运行的拍数(或拍数的整数倍)。计数器的输出端接到EPROM的几条低位地址线上,并使EPROM总处于读出状态。这样,计数器每一个输出状态都对应EPROM的一个地址。该EPROM地址单元中的内容就将确定EPROM数据输出端各条线上的电平状态。只要根据要求设计好计数器的计数长度,并按要求固化在EPROM中,就能完成所要求的脉冲分配器的输入/输出逻辑关系。还可考虑改变EPROM的高位地址线的电平以区分出几个不同的地址区域(页面),并在不同的页面中设定不同的逻辑关系,从而实现诸如单拍,双拍和单、双拍等各种运行方式的脉冲分配功能。

2. 单片机串行控制的软件

在图3-40所示的串行控制电路中,利用89C51单片机的P1.1输出方向电平控制电动机的正反转,P1.0输出走步脉冲。走步脉冲的产生方法很简单,即使单片机从P1.0产生一个脉宽合适的方波信号即可。

设 P1.1 低电平时为正转驱动,脉冲分配器在走步触发脉冲发生正跳变时改变输出状态,则正转一步的驱动子程序如下:

```
CW: CLR    P1.1        ;发出正转电平信号
    CLR    P1.0        ;输出低电平,为脉冲的正跳变准备条件
    LCALL  delay       ;调用延时子程序
    SETB   P1.0        ;输出高电平,产生脉冲正跳变
    RET                ;返回
```

调用该子程序一次,产生一个脉冲,电动机将正转一步。只要按一定的时间间隔 T 调用这个子程序,就可以使电动机按一定的转速连续转动。若要电动机反方向旋转,只需将 P1.1 置为 1 即可,其余程序与正转程序相同,具体子程序如下:

```
CCW: SETB  P1.1        ;发出反转电平信号
     CLR   P1.0        ;输出低电平,为脉冲的正跳变准备条件
     LCALL delay       ;调用延时子程序
     SETB  P1.0        ;输出高电平,产生脉冲正跳变
     RET               ;返回
delay: NOP             ;延时子程序
       …
       RET
```

3.5.3　步进电动机转速控制

控制步进电动机的转速,实际上就是控制各通电状态持续时间的长短。这可以采取两种方法:一种是软件延时法,另一种是定时器中断法。

1. 软件延时法

这种方法是在每次转换通电状态后,调用一个延时子程序,待延时结束后,再次执行该换相子程序。如此反复,就可使步进电动机按某一确定的转速运转。例如,执行下列程序,将控制步进电动机正向连续旋转。要想改变转速,只需改变 data1、data2 的值即可。

```
CON:   LCALL CW        ;调用正转一步子程序
       LCALL delay     ;调用延时子程序
       SJMP  CON       ;继续循环执行
       …
Delay:  MOV  R7, #data1
Delay1: MOV  R6, #data2
Delay2: DJNZ R6, delay2
        DJNZ R7, delay1
        RET
```

Delay 程序的延时时间为:

$$t = [1+(1+2\times data2+2)\times data1]+2\times T$$

式中,T 为机器周期,89C51 单片机采用 6MHz 的晶振时,$T=2\mu s$。若采用 12MHz 的晶振时 $T=1\mu s$。

软件延时法的特点是:改变 data1、data2 的值,或调用不同的延时子程序就可实现不同的速度控制,编程简单,且占用硬件资源较少。但它的缺点是占用 CPU 时间太多,因此通常只在简单的控制过程中采用。

2. 定时器中断法

由于软件延时法占用 CPU 的时间太多,所以在复杂的控制系统中一般采用定时器延时法。即给定时器加载适当的定时初值。经过一定的时间,定时器溢出,产生中断信号,暂停主程序的执行,转而执行定时器中断服务程序,产生硬件延时。若将步进电动机换相子程序放在定时器中断服务程序之中,则定时器每中断一次,电动机就换相一次,通过改变定时器的初值可实现对电动机的速度控制。因为电动机的换相是在中断服务程序中完成的,所以对 CPU 时间的占用较少,可使 CPU 有时间从事其他工作。

下面以使用 89C51 中的 T0 定时器为例,介绍速度控制子程序。设定时器以方式 1 工作,电动机的运转速度定为每秒 1000 脉冲,则换相周期为 1ms。设 89C51 使用 12MHz 的晶振,则机器周期为 $1\mu s$。故 T0 定时器应该每 1000 (03E8H)个机器周期中断一次。由于 T0 是执行加计数,到 0FFFFH 后,再加一就产生溢出中断,所以 T0 的加载初值应为 10000H −03E8H,也就是 0FC18H。在此初值下,执行加计数 1000 次,就会产生溢出。中断服务程序如下:

```
TIM:LCALL   CW          ;调用正转一步子程序
     CLR     TR0         ;停定时器
     MOV     TL0,#18H    ;装载低位字节
     MOV     TH0,#0FCH   ;装载高位字节
     SETB    TR0         ;开定时器
     RETI                ;中断返回
```

调试上述程序时会发现,电动机的转速低于设定值,不够精确。若要精确定时,还应考虑加载定时器,开、停定时器以及中断响应等时间,并进行修正。

下面是一个能准确定时的子程序 TIM1。其中为了提供实时改变加载值的可能性,将加载值存放在中间单元 R6、R7 中。为了考虑中断响应时间,将加载值和定时器溢出后继续加计数而形成的原始计数值相加。此外,还要考虑程序中从 CLR TR0 到 SETB TF0 之间的指令周期延时的 7 个机器周期 T。因此,换相周期为 1ms 时,R7、R6 中的加载值应为 0FC18H+07H,即 0FC1FH。具体程序如下:

```
TIM1:LCALL   CW          ;调用正转一步子程序
     CLR     TR0         ;停定时器
     MOV     A,TL0       ;原始计数值低位字节送 A
     AAD     A,R6        ;与加载值相加
     MOV     TL0,A       ;回送低位字节
     MOV     A,TH0       ;原始计数值高位字节送 A
     ADDC    A,R7        ;与加载值相加
     MOV     TH0,A       ;回送高位字节
     SETB    TR0         ;开定时器
     RETI                ;中断返回
```

反复执行这个中断程序时,步进电动机将按给定频率准确运行。改变 R6 和 R7 中的数值,可以改变电动机的运行速度。

3.5.4 加减速定位控制

1. 加减速定位控制原理

从 3.3.2 节内容可知步进电动机在启动时,转子要从静止状态加速,电动机的电磁转矩除

了克服负载转矩之外,还要使转子加速。步进电动机的最高启动频率(突跳频率)一般为几百赫兹到三四千赫兹,而最高运行频率则可以达到几万赫兹。以超过最高启动频率的频率直接启动,将出现"失步"现象,有时根本就转不起来。如果使步进电动机处于低速运动状态又影响生产效率。所以一般情况下先以低于最高启动频率的某一频率启动,再逐步提高频率,使电动机逐步加速,则可以到达最高运行频率。另外,对于正在高速旋转的步进电动机,若在到达终点时,立即停发脉冲,由于惯性,电动机往往会冲过头,也会出现失步,很难实现其立即准确锁定。这就是通常对步进电动机要进行加减速控制的原因。

对步进电动机的运行控制还可根据距离的长短分如下三种情况处理。

① 短距离:由于距离较短,来不及升到最高转速,因此在这种情况下步进电动机以接近起动频率运行,运行过程没有加减速。

② 中短距离:在这种距离情况下,步进电动机只有加减速过程,而没有恒速过程。

③ 中、长距离:在中、长距离,不仅要有加减速,还有恒速阶段。这种距离的加减速定位控制定位过程如图 3-42 所示,通过加速—恒定高速—减速—恒定低速—锁定,就可以既快又稳地准确定位。

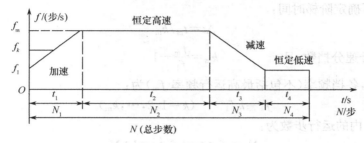

图 3-42 加减速定位控制

纵坐标是频率,它的单位是步/秒,实质上也反映了转速的高低。横坐标是时间,各段时间内走过的步数用 N_1、N_2 等表示。步数实质上也反映了距离。加速时的起始频率用 f_1 表示,由于最高启动频率和电动机的驱动方法及机械负载的性质、大小有关,所以 f_1 通常由实验来确定。

步进电动机的加减速定位控制,就是控制步进电动机拖动给定的负载,通过加速、恒定高速及减速过程,从一个位置快速运行到另一个给定位置。对步进电动机而言,就是从一个锁定位置,运行若干步,尽快到达另一个指定位置,并加以锁定。这样就有两个基本要求:第一是总步数要符合给定值,第二是总的走步时间应尽量短。为了达到上述要求,在软件上要做很多工作。首先,为了保证总步数不出错,要建立一种随时校核总步数是否达到给定值的机制。电动机每一次换相,都要校核一次。例如,在步进电动机运动前,可在 RAM 区的某些单元中存放给定的总步数。电动机转动后,软件按换相次数递减这些单元中的数值,同时校核单元中的数值是否为零。为零时,说明电动机已走完给定的正转或反转总步数,应停止转动,进入锁定状态。至于正、反转,则可以由方向标志位的情况来确定。

在利用微处理器对步进电动机进行加减速控制时,实际上就是控制每次换相的时间间隔。升速时使脉冲串逐渐加密,减速时则相反。若微处理器使用定时器中断方式来控制电动机的速度,实际上就是不断改变定时器装载的初值。为了便于编制程序,不一定每步都计算装载值,而可以用阶梯曲线来逼近图 3-42 中的升降曲线,如图 3-43 所示。对于每一挡频率,软件系统可以通过查表的方法,查出所需要的装载值。

例如,假定系统的最低频率 f_1 为 100 脉冲/s,最高运行频率 f_m 为 10000 脉冲/s,相邻两挡

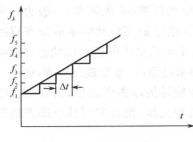

图 3-43　阶梯升降曲线

速度差 100 脉冲/s，用速度字 k 表示速度挡次，则各挡频率（包括最高频率）为：

$$f_k = k \times 100 \text{ 脉冲/s} \qquad (k=1,2,\cdots,100)$$

对于直线升速，图 3-43 中的阶梯时间 Δt 为常数，对于指数升速，Δt 为变量。Δt 越升速越快。Δt 的大小可以通过计算来确定，举例如下。

若折算到电动机转轴上的总转动惯量为 J，升速过程中的平均电磁转矩为 T_m，则近似有下式来确定加速时间 t_m：

$$T_m = J\frac{f_m - f_1}{t_m}\frac{\pi}{180}\theta_s + T_L \qquad (3-22)$$

式中，θ_s 为步距角（度）；f_1 为启动频率；f_m 为连续运行频率；T_L 为转子受到的总阻力矩。

实际工作中，因为往往不了解 J、T_m、T_L 等电动机系统的参数，所以常用实验方法来确定，即以升速最快而又不失步为选择原则。

t_m 确定后，可确定阶梯时间：

$$\Delta t = t_m / k_m$$

式中，k_m 为阶梯升速分挡数，且

$$k_m = \frac{f_m}{f_1} - 1 \qquad (3-23)$$

阶梯升速过程中，各挡频率（不包括最高运行频率 f_m）为：

$$f_k = k f_1 \qquad (k=1,2,\cdots,k_m)$$

各挡频率 f_k 内的运行步数为：

$$N_k = f_k \Delta t = k f_1 \Delta t = k \Delta N \qquad (3-24)$$

升速过程内的总步数为：

$$N_m = \sum_{k=1}^{k_m} N_k \qquad (3-25)$$

程序执行过程中，对每一挡速度，都要计算在这个台阶应走的步数，然后以递减方式检查。当减至零时，表示该挡速度应走的步数已走完，于是速度字 k 加 1，进入下一挡速度。与此同时，还要递减升速过程总步数，直到升速过程总步数走完为止。减速过程的处理方法和升速过程相似。通常，取减速时间和升速时间相同。

2. 加减速定位控制的软件设计

软件设计离不开硬件环境。现在假定采用图 3-41 所示的硬件环境。于是，对步进电动机的正向走步控制，就是对通电状态计数器进行加一运算。而速度控制，则是通过不断改变定时器装载的初值来实现。整个应用软件由主程序和定时器中断服务程序构成。

主程序的功能：对系统资源进行全面管理；处理键盘与显示；计算运行参数；加载定时中断服务程序所需的全部参数和初始值；开中断，等待走步过程的结束。主程序框图如图 3-44 所示。

定时器中断服务程序的功能：使步进电动机走一步；累计转过的步数；向定时器送下一个延时参数。

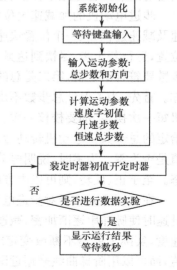

图 3-44　加减速软件主程序框图

· 116 ·

需要注意的问题:整个定时器中断服务程序的运行时间必须比走步脉冲间隔短。在电动机低速旋转的情况下,由单片机实时地计算走步脉冲间隔并向定时器送下一个延时参数是可以办到的。但当电动机高速旋转时,例如,脉冲频率在100步/s以上,运算时间就会来不及。因此需要采用查表等方法查出每一挡频率所需要的装载值。

3.5.5 步进电动机的其他控制

随着计算机技术的发展,集成的驱动卡得到了广泛的应用,现以研华公司 PCL—839 为例进行介绍。PCL—839 卡是一种三轴高速步进电动机驱动卡,该卡具有的主要特点是:

① 可对三个步进电动机进行独立或同时控制,每轴既可分步运动,又可连续运动;

② 可直接访问卡上控制器的寄存器;

③ 线性和圆弧插值;

④ 提供两种操作模式:双脉冲(正负脉冲)和单脉冲(脉冲加方向)模式;

⑤ 光隔离输出。电动机控制信号输出与开关信号输入全部采用光耦隔离,抗干扰性强,保证输出正确的控制脉冲,不会因干扰引起多步和失步使定位精度下降;

⑥ 具有 37 针 D 型接口,可以为每个轴提供步进脉冲和转向信号,驱动步进电动机运动,还提供每轴五个隔离的数字量输入用于限位开关,即左、右位置限位,原点,左、右减速开关;

⑦ 高达 16kp/s(千脉冲每秒)的步进速率;

⑧ 16 路 DI 和 16 路 DO。标准 TTL 输入/输出接口,根据需要与对应的开关量执行装置(如电磁阀、继电器等)相连接,只要通过读取 I/O 的信号,就可对机械手爪闭合等开关量进行控制;

⑨ 具有可编程的初始速度、终止速度、延迟时间及自动执行梯形加减速度。

PCL—839 卡还提供了丰富的软件功能,库函数以动态链接库形式,即 ADS839. dll 文件。库函数可供高级语言 VB、VC 开发的应用程序直接调用,只要预先设定相应的运行参数,就可用于精密的直线或旋转运动控制。其中主要的函数有:

  int set_base(int base)

设置 PCL—839 卡的基地址。参数 base 为实际安装板卡的基地址,数据类型为 int 型。函数返回值为 0 表示设置成功,返回值为 −1 表示设置失败。

  int set_mode(int ch,int mode)

设置运行模式。参数 ch 为选择的通道,设置为 1 表示选择 1 通道,即第 1 轴;设置为 7 表示同时选择 1、2、3 通道;设置为 1~7 分别表示选择通道 1,2,3,1 和 2,1 和 3,2 和 3,1 和 2 和 3;参数 mode 为通道工作模式,设置为 0 表示单脉冲方式,设置为 1 表示双脉冲方式。

  int set_speed(int ch, int fl, int fh, int ad)

设置运行速率。参数 ch 为选择的通道;参数 fl 为低速工作频率,设置值为 1~16382;参数 fh 为高速工作频率;参数 ad 为加速或减速速率,设置值为 2~1023。

  int stop(int ch)

停止电动机转动。参数 ch 为选择的通道。

  int c_move(int ch, int dir1, int speed1, int dir2, int speed2, int dir3, int speed3)

设置连续运动时各轴的方向与运行速度。参数 ch 为选择的通道;参数 dir1 为第 1 轴运动方向,可设置值为 0、1;参数 speed1 为第 1 轴运行速度,该值必须在 set_speed 函数所设定的 fl 和 fh 之间;其他参数类似。

```
int pmove(ch，dir1，speed1，step1，dir2，speed2，step2，dir3，speed3，step3)
```

设置固定步数连续运动时各轴的方向、运行速度、运行步数。参数 dir1、speed1、step1 为第 1 轴的运动方向、运行速度、运行步数,其他参数类似。各轴的步进电动机将按设定方向和设定速度运行,到达设定步数时停止运行。

下面以土工材料力学性能测试仪为例,介绍 PCL—839 驱动卡的应用。

1. 设计系统的要求

根据国标 GB/T17633 及用户的要求该系统应满足如下功能:

测量范围:0~6000kN;精度:±0.5%;

测试项目:条样拉伸测试;握持拉伸测试;撕裂测试;CBR 顶破测试等[1]。

显示功能:力的动态在线显示;报表显示及打印;历史数据浏览;数据处理后的图形显示。

2. 系统的构成简介

根据测试性能的要求,主要以计算机、打印机、数据采集、电动机驱动装置和力学实验台 4 大部分来构成本系统(如图 3-45 所示)。以计算机为核心,通过计算机 PCL—839 驱动卡发送脉冲和方向信号给步进电动机的电源驱动器来驱动步进电动机,步进电动机通过同步传送带驱动丝杠使夹持土工布的上夹持器下、上运动。夹持器夹口为三角形齿保证试样不脱落。传感器为 JLSB—S 拉、压型传感器,输出为 0~+5V 标准信号,通过 PCL—711B 高速数据采集卡 A/D 转换后送入计算机,更换不同的夹具完成拉伸、撕裂、刺破等实验。其间,经过压力传感器和位移传感器采集信号,再把模拟电信号送入计算机进行处理、打印。

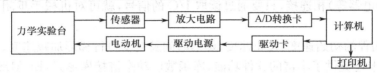

图 3-45　力学性能测试仪原理图

3. 分析测试系统硬件的选取

(1)驱动系统的选取

目前动力驱动方式有很多,如电动机式驱动方式、液压式驱动方式和气压式驱动方式。由于步进电动机驱动方式可控性好,速度调节精度高,所以本测试仪采用步进电动机驱动方式。根据系统测试性能的要求与经验,步进电动机参数为:两相步进电动机,供电电源 60~80V,步长 0.4mm/r、额定电流 6A、保持转矩为 1.8N·m、步进角 1.8°、步距精度为 ±5%。通过控制脉冲频率来控制电动机转动的速度和加速度,从而达到调速的目的;只需将电动机与驱动器接线的 A＋和 A－(或者 B＋和 B－)对调即可实现转向的调整。选用 PCL—839 作为步进电动机的驱动卡来完成步进电动机的运行。PCL—839 驱动卡三个步进电动机的独立,同步控制,光隔离输出,可直接访问卡上控制器的寄存器,每轴 5 路用于行程开关的隔离数字量输入、线性和圆弧插补。它主要是从计算机中接收计算机软件所给的数据(方向与速度数据),然后经过电平信号转换成实验所需的脉冲频率和方向信号,再发送给步进电动机的驱动电源。驱动电源根据这些信号驱动步进电动机的运转。步进电动机运行带动力学实验台的运行,从而来完成实验。

(2)数据采集卡的选择

考虑到系统要求(条样拉伸测试、握持拉伸测试、撕裂测试、CBR 顶破测试等变化相对较慢、可维护性、扩充性和性价比)，选用 PCL—711B，它是一款 ISA 总线的半长卡，能够为 PC/AT 及其兼容系统提供四项基本 I/O 功能：A/D 转换，D/A 转换，数字量输入和数字量输出。它的软件应用比较简单，对于驱动卡，只需调用它自身配置的驱动函数即可；对于采集卡，可以自编一个简单的接口函数，也可直接采用 VB 中的接口函数。系统需采集两路信号：压力和厚度，而且采样周期较小（为 ms 级），因此对于通常的串口通信来说不可能做到。PCL—711B 采集卡就完全能做到，它是一个 12 位 8 通道的 A/D 转换器；采样频率可达 100kHz；精度为 0.015%。同样驱动卡所发的脉冲频率为 50kHz，选用 PCL—839 较为合适。将模拟信号转换成计算机能识别的数字信号，经过数据处理，可得到土工布力学测试所需的各类数据，从而检测土工布的力学性能。

(3) 传感器的选择

传感器的主要任务是检测出测量对象的压力信号，并转换成相对应的模拟电信号输出给元件或装置，这里输出给采集卡。本测试采用应变式电阻传感器。其原理为在外力作用下，应变片产生微小变化，同时应变电阻也随之发生相应的变化。当测得电阻值的变化 ΔR 时可得应变值为 ε。根据应力和应变关系为：

$$\delta = E\varepsilon$$

式中，E 为试件的弹性模量，从而可计算出应力 δ 的大小。

压力传感器的标定：通过加标准应力到传感器上，测出实际采集到的值。按此法从 0kN 开始到 6000kN，中间 500～5000kN 每间隔 500kN，两端每间隔为 100kN 测量一次，可得一标准力与实际力的关系曲线。由此曲线可以看出它的线性度的优劣，并且由此可知以后每次测得的力值对应标准力是多少，这就完成了压力的标定。

(4) 其他设备的选择

根据 PCL—839 驱动卡和 PCL—711B 数据采集卡以及软件的要求，计算机主板要带有两个 ISA 插槽，其他要求能运行 Windows 98 即可。接近开关实现上下限位，保护实验装置。系统电路如图 3-46 所示。

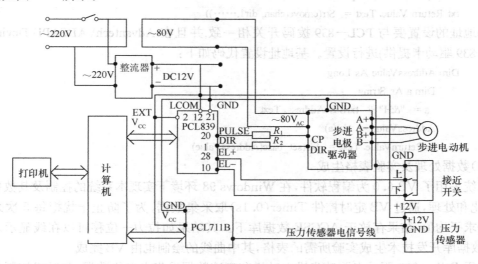

图 3-46　系统电路

4. 分析测试系统软件的设计

根据系统的要求与硬件的选取,软件设计的框图如图 3-47 所示。

(1)数据采集软件的设计

采集卡主要有放大电路与 A/D 转换卡组成,它把传感器输出的模拟电信号进行 A/D 转换,转换成计算机可以识别的数字信号,计算机对该信号进行处理,得出所需数据。采集卡的接口动态链接库中的主程序如下:

```
unsigned short inportb(unsigned short port)
{    i＝inputb(port);
    return i;  }
unsigned short outportb (unsigned short port, unsigned
short str)
{    outputb(port, str);  }
```

(2)驱动装置软件的设计

PCL—839 驱动卡的驱动程序选用产品自带的动态连接库,其中主要用到的函数有:

```
int set_base(int base);'设置基地址
int set_mode(int ch, int mode);'设置运行模式
int set_speed(int ch, int fl, int fh, int ad);'设置运行速率
int stop(int ch);'停止
int c_move(int 1, int dir1, int speed1,
int dir2, int speed2, int dir3, int speed3);'设置方向与运行速率
```

方向与运行速率的设置代码事例如下:

```
chan% =  cmb Channel Basic. ListIndex +  1
dir1% =  cmbDir1. ListIndex
speed1% = cmbSpeed1. ListIndex
txt Return Value. Text =  Str(cmove(chan, dir1,……))
```

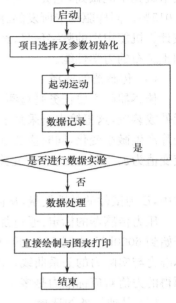

图 3-47 软件设计的框图

基地址的设置要与 PCL—839 拨码开关相一致,并且在 Advantech\ ADSAPI\ Devinst. exe (PCL—839 驱动卡提供)进行设置。基地址设置代码如下:

```
Dim AddressValue As Long
Dim a As String
 a =  "&H" +  txtBaseAddress. Text
AddressValue =  Val(a)
txtReturnValue. Text =  Str(set_base(AddressValue)
```

(3)数据处理及实验表格生成

系统采用了 VB 6.0 为编程软件,在 Windows 98 环境下实现本系统的控制及其数据的采集、转化和处理,通过 VB 定时控件 Timer(0.1s)取采集数据,为了防止干扰把每 5 次采集到的数据求平均值,结果存放于 ACCSE 数据库下。其结果如拉力—位移可以在线显示。利用 DAO 数据库开发技术生成实验所需的表格,其中曲线的绘制也由 VB 完成。

采用 PCL—839 驱动卡驱动步进电动机和高速数据采集卡采集数据,和微机控制相比其集成度较高,上位机可利用驱动卡提供的库函数等,利用高级语言编程,完成测试报告的显示与打印。因此仪器具有精度高,稳定性好,误差小,但成本造价较高。

思考与练习三

3-1　简述步进电动机运行的原理与特点。

3-2　反应式步进电动机与永磁式及永磁感应子式步进电动机在工用原理方面有什么共同点和差异？步进电动机与同步电动机有什么共同点和差异？

3-3　步进电动机有哪些技术指标？它们的具体含义是什么？

3-4　步进电动机技术数据中标的步距角有时为两个数，如步距 $1.5°/3°$，试问这是什么含义？

3-5　负载转动惯性的大小对步进电动机运行性能有哪些影响？

3-6　步进电动机的连续运行频率和它的负载转矩有怎样的关系？为什么？

3-7　为什么步进电动机的连续运行频率比启动频率要高得多？

3-8　一台五相十拍运行的步进电动机，转子齿数 $Z_r=48$，在 A 相绕组中测得电流频率为 $600Hz$，求：

（1）电动机的步距角；

（2）转速；

（3）设单相通电时矩角特性为正弦形，其幅值为 $3N \cdot m$，求三相同时通电时的最大静转矩 T_{max}。

3-9　一台三相反应式步进电动机，步距角 $\theta_s=3°/1.5°$，已知它的最大静转矩 $T_{max}=0.685N \cdot m$，转动部分的转动惯量 $J=1.725 \times 10^{-5} kg \cdot m^2$。试求该步进电动机的自由振荡频率和周期。

3-10　步进电动机的驱动电源一般有哪几部分组成，各部分的功能是什么？

3-11　为什么步进电动机一般只用于开环控制？

3-12　简述步进电动机加减速定位控制的原理及编程方法？

3-13　设计一个完整的两相混合式步进电动机驱动控制系统电路。

第4章 旋转变压器

本章主要介绍各种典型的旋转变压器的结构、工作原理和使用方法。

主要内容

- 旋转变压器的结构和工作原理
- 线性旋转变压器
- 数字式旋转变压器
- 旋转变压器的应用

知识重点

本章重点为旋转变压器的结构和工作原理；线性旋转变压器工作原理；一次侧补偿、二次侧补偿；数字式旋转变压器的常用控制芯片。

旋转变压器是测量机械转角的控制电动机。旋转变压器的输出电压与转子转角具有一定的函数关系，根据具体的设计方法，可以获得正弦关系、余弦关系或线性关系等函数关系。在控制系统中可以用做检测元件、坐标变换、三角运算等。

这种控制电动机在工作状态中，实质是一台变压器。旋转变压器的定子通常作为原边，或者一次侧，输入单相交流电压。旋转变压器的转子通常作为副边，或者二次侧，输出单相交流电压。原边和副边的电磁耦合程度，由转子相对于定子的旋转角度决定。改变转子的转角，也就改变了原边和副边的电磁耦合程度，最终导致输出单相交流电压的幅值发生变化。通过观察输出的单相交流电压的幅值的变化，就可以得知转角的变化。因此把这种控制电动机称为旋转变压器。

旋转变压器的转子绕组一般有两套：一套绕组的输出电压与转子转角成正弦函数关系；另一套绕组的输出电压与转子转角成余弦函数关系；这种旋转变压器称为正余弦旋转变压器，是旋转变压器的最基本的形式，旋转变压器默认是指正余弦旋转变压器。

通过对正余弦旋转变压器进行改造，例如，对于定子绕组和转子绕组采用不同的连接方式，选择不同的参数，就可以使输出电压与转子转角具有线性函数关系。具有这种特性的变压器称为线性旋转变压器。线性旋转变压器只能做到在一定的工作转角范围内成线性关系，典型工作转角范围在±60°之内。

通过对正余弦旋转变压器进行另一种形式的改造，即增加一个调整和锁紧转子位置的装置，可以得到比例式旋转变压器，输出电压仅是输入电压的若干倍。

旋转变压器还有其他分类的方法。若按有无电刷和滑环之间的滑动接触来分，可分为接触式和无接触式两种，默认情况是接触式旋转变压器。在无接触式中又可再细分为有限转角和无限转角两种。若按电动机的极对数多少来分，又可分为单极对和多极对两种。默认情况是指单极对旋转变压器。

4.1 旋转变压器的结构和工作原理

旋转变压器的结构可以分为定子和转子两大部分。旋转变压器的原理可以按空载和负载两种情况分析。

4.1.1 旋转变压器的结构

旋转变压器的典型结构,如图 4-1 所示。

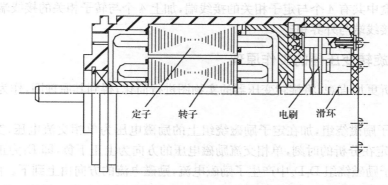

图 4-1 旋转变压器的典型结构

旋转变压器可以分为定子和转子两大部分。每一大部分又有自己的电磁部分和机械部分。电刷固定在后端盖上和滑环摩擦接触。这样转子绕组引出线就经过滑环和电刷而接到固定的接线柱上。对于比例式旋转变压器,由于转子已经被锁紧到一定角度,所以一般是用软导线直接将转子绕组接到固定的接线柱上。这样可以省去滑环(又叫集电环)和电刷装置,使结构简单。对于普通旋转变压器,即正余弦旋转变压器,则需要滑环和电刷装置,电刷及滑环材料采用金属合金,以提高接触的可靠性及寿命。

转子的电磁部分由绕组和铁芯组成。转子绕组有两个,分别为正弦输出绕组(其引线端常标示为 Z_1、Z_2,字母 Z 表示转子)和余弦输出绕组(其引线端常标示为 Z_3、Z_4)。它们均布置在转子槽中,正弦输出绕组和余弦输出绕组轴线在空间相隔 90°,如图 4-2 所示。转子铁芯由硅钢片叠压而成,外圆处冲有均匀分布的槽,以便嵌放转子正、余弦绕组。转轴采用不锈钢材料,转轴两端的轴承档和端盖的轴承室之间装有轴承,以达到转子能自由旋转的目的。转子绕组引出线和滑环相接,滑环应有 4 个,均固定在转轴的一端,分别与转子绕组的 Z_1、Z_2、Z_3、Z_4 端通过电刷滑动接触。滑环本身引出导线,导线末端与接线盒的固定端子相连。可见,接线盒中应有 4 个与转子相关的接线端。

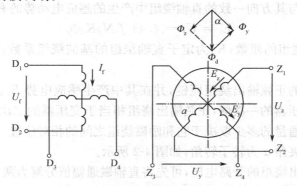

图 4-2 旋转变压器原理图

定子的电磁部分由绕组和铁芯组成。定子绕组有两个,分别称为定子励磁绕组(其引线端常标示为 D_1、D_2,字母 D 表示定子)和定子交轴绕组(其引线端常标示为 D_3、D_4)。两个绕组均匀布置在定子槽中,结构上完全相同,而且两绕组的轴线在空间互成 90°。定子铁芯由导磁性能良好的硅钢片叠压而成,定子硅钢片内圆处冲有一定数量的槽,用以嵌放定子绕组。定子铁芯外圆要和机壳内圆配合,机壳、端盖等部件起支撑作用,是旋转电动机的机械部分,采用经阳极氧化处理的铝合金材料。定子绕组的 D_1、D_2、D_3、D_4 端使用导线直接连接到接线盒的固定端子上。接线盒中共有 4 个与定子相关的接线端,加上 4 个与转子相关的接线端,因此在接线盒中共有 8 个接线端与外界相连。

4.1.2 旋转变压器的工作原理

为了使分析更加直观,将旋转变压器的实物图进行简化,得到其原理图,作为分析的依据,如图 4-2 所示。

D_1D_2 为定子励磁绕组,加在定子励磁绕组上的励磁电压为单相交流电压,交流电压有效值设为 U_f。假定在分析的时刻,单相交流励磁电压的方向为上正下负,即 D_1 为正,而 D_2 为负,所以这时在定子励磁绕组 D_1D_2 中产生了励磁电流,励磁电流的方向由上到下。由于励磁电压为单相交流电压,所以励磁电流为单相交流电流,或者称为脉振电流。根据电磁感应理论,单相交流电流会产生一个单相交流励磁磁场,或者称为脉振磁场。假设定子励磁绕组 D_1D_2 的绕线方向,从上往下为顺时针螺旋方向,根据右手螺旋定则判断,在分析的时刻,脉振磁场的方向沿励磁绕组的轴线方向垂直向下。

励磁绕组或者直轴绕组 D_1D_2 的轴线方向称为直轴,即 d 轴(direct)。直轴励磁磁场或者脉振磁场的大小用磁通量的幅值表示,标为 Φ_d,又称为直轴脉振磁通幅值。直轴脉振磁通的方向与励磁绕组轴线方向一致。另外一套定子绕组称为定子交轴绕组 D_3D_4。两绕组的轴线在空间互成 90°。交轴绕组 D_3D_4 的轴线方向称为交轴,即 q 轴(quadrature)。

根据电磁感应理论,变化的磁场会感应出电动势。直轴脉振磁场是一个变化的磁场,会在所有与其匝链的绕组中产生感应电动势。在旋转变压器的 4 个绕组中,交轴绕组 D_3D_4 的轴线与直轴脉振磁场垂直,没有磁力线穿过绕组,因而没有感应电动势。而直轴绕组 D_1D_2,正弦输出绕组 Z_1Z_2,余弦输出绕组 Z_3Z_4 均会产生感应电动势。直轴绕组 D_1D_2 的感应电动势 E_f 与励磁电压 U_f 平衡,即 $E_f = U_f$。正弦输出绕组 Z_1Z_2 和余弦输出绕组 Z_3Z_4 的感应电动势在开路情况下直接向外输出电压。输出电压的有效值为 U_z 和 U_y,分别等于正弦输出绕组 Z_1Z_2 和余弦输出绕组 Z_3Z_4 的感应电动势的有效值 E_z 和 E_y,即 $U_z = E_z$,$U_y = E_y$。

直轴脉振磁场在与其方向一致的直轴绕组中产生的感应电动势的有效值为

$$E_f = U_f = 4.44 f N_d K_d \Phi_d \tag{4-1}$$

式中,N_d 为定子直轴绕组的匝数;K_d 为定子直轴绕组的基波绕组系数;Φ_d 为定子直轴绕组的脉振磁通幅值。

直轴磁通与转子的正弦输出绕组匝链,并在其中产生感应电势 E_z。与普通变压器比较,其励磁绕组相当于变压器的一次侧,正弦输出绕组相当于变压器的二次侧。而区别仅在于正弦输出绕组所匝链磁通量的多少取决于它和励磁绕组之间的相对位置。设转子正弦输出绕组的轴线和交轴之间的夹角 a 为转子转角,如图 4-2 所示。

为了求得正弦输出绕组的开路电压,可先将直轴磁通幅值分解为两个分量:第一个分量为磁通 Φ_z,它和正弦输出绕组的轴线方向一致,并在该绕组中产生感应电势 E_z;感应电势 E_z 为:

$$E_z = 4.44 f N_z K_z \Phi_z$$

式中,N_z 为转子正弦输出绕组的匝数;K_z 为转子正弦输出绕组的基波绕组系数;Φ_z 为转子正弦输出绕组的脉振磁通幅值。

直轴磁通幅值的第二个分量为磁通 Φ_y，它和余弦输出绕组的轴线方向垂直，并在该绕组中产生感应电势 E_y。感应电势 E_y 为：

$$E_y = 4.44 f N_y K_y \Phi_y$$

式中，N_y 为转子余弦输出绕组的匝数，与转子正弦输出绕组相同；K_y 为转子余弦输出绕组的基波绕组系数，与转子正弦输出绕组相同；Φ_y 为转子余弦输出绕组的脉振磁通幅值。

根据三角关系，有：

$$\Phi_z = \Phi_d \sin\alpha, \quad \Phi_y = \Phi_d \cos\alpha$$

因此，正弦输出绕组的开路电压为

$$U_z = E_z = 4.44 f N_z K_z \Phi_z = 4.44 f N_z K_z \Phi_d \sin\alpha$$

余弦输出绕组的开路电压为

$$U_y = E_y = 4.44 f N_y K_y \Phi_y = 4.44 f N_y K_y \Phi_d \cos\alpha$$

将 Φ_d 用式(4-1)替换掉，可以得到正弦输出绕组和余弦输出绕组的开路电压 U_z 和 U_y 的常用表达形式，即

$$U_z = K_u U_f \sin\alpha, \quad U_y = K_u U_f \cos\alpha \qquad (4\text{-}2)$$

式中，K_u 为变比系数，$K_u = \dfrac{N_z K_z}{N_d K_d} = \dfrac{N_y K_y}{N_d K_d}$，是旋转变压器制造时所确定的常数。变比系数的测定可以取 α 为 90°，则变比系数为 $K_u = U_z / U_f$。

可以看出，在正、余弦旋转变压器中，当转子正弦输出绕组空载，又励磁电压恒定时，其正弦输出绕组输出电压将与转子转角呈正弦函数关系，同样的，转子余弦输出绕组的空载输出电压将与转子转角呈余弦函数关系。

4.1.3　旋转变压器的负载运行

当旋转变压器转子的正弦输出绕组中接入负载阻抗后，便有电流流过正弦输出绕组，这种运行状态称为旋转变压器的负载运行，如图 4-3 所示。

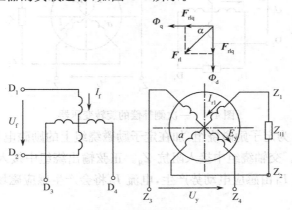

图 4-3　旋转变压器的负载运行

在图 4-3 中，正弦输出绕组中接入负载阻抗 Z_{l1}，正弦输出绕组构成回路，感应电流 I_{r1} 由感应电动势产生，该电流 I_{r1} 将会产生新的感应磁场。假定在分析的时刻，电流的方向从右上角流向左下角，假定正弦输出绕组 $Z_1 Z_2$ 的绕线方向可以使正弦输出绕组产生从右上角沿轴线指向左下角的磁场。磁场的大小可以用磁势 F_{r1} 表示。磁势和磁通的关系为：

$$\Phi_{r1} = F_{r1} \Lambda_{r1}$$

正弦输出绕组产生的感应磁场对于原磁场是一种干扰,即电枢反应。它会影响正弦输出绕组的输出电压。为了便于分析,可以将这个磁场按直轴方向和交轴方向进行分解,得到其直轴分量 F_{rld} 和交轴分量 F_{rlq}。

直轴分量 F_{rld} 附加在原直轴磁场 Φ_d 上,在瞬时将会使总的直轴磁场增大,但是在最终稳定状态时将会受到直轴绕组 D_1D_2 电势平衡关系式的制约:

$$U_f = E_f = 4.44 \, f \, N_d K_d (\Phi_d + \Phi_{rld}) \tag{4-3}$$

由于存在式(4-3),可以推出,当励磁电压 U_f 不变时,在稳定状态时总的直轴磁场 $\Phi_d + \Phi_{rld}$ 也不会改变。这样直轴分量 F_{rld} 附加在原直轴磁场 Φ_d 上并不会改变总的直轴磁场的大小,也就不会对输出电压造成影响。

交轴分量 F_{rlq} 附加在原交轴分量 Φ_q 上,也会使总的交轴磁场增大,由于只有直轴绕组 D_1D_2 通电励磁,因此原交轴分量 Φ_q 为零。这样总的交轴磁场为 F_{rlq},交轴磁场发生了从零到 F_{rlq} 的改变。总的交轴磁场与正弦输出绕组和余弦输出绕组均以一定角度匝链,将会在正弦输出绕组和余弦输出绕组产生附加的感应电动势,破坏了正弦输出绕组和余弦输出绕组的输出电压与转角所成的正弦和余弦关系,称为输出电压发生畸变。

从上述分析可知,正余弦旋转变压器在负载时输出电压发生畸变,根本原因在于负载电流产生的交轴磁场。为了消除输出电压的畸变,就必须在负载时对电动机中的交轴磁场予以补偿。通常可以采用一次侧补偿和二次侧补偿两种方法。

4.1.4　一次侧补偿的旋转变压器

在旋转变压器中,由于负载电流产生的交轴磁场,将使输出电压发生畸变。可以在定子的交轴绕组中接入合适的负载阻抗,以达到消除交轴磁场影响的目的。旋转变压器的定子通常被看做是原边,或称为一次侧,所以这种方法称为一次侧补偿,其接线如图 4-4 所示。

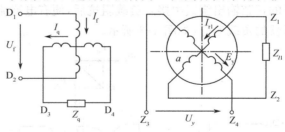

图 4-4　一次侧补偿的旋转变压器

在图 4-4 中,D_1D_2 为定子励磁绕组,加在定子励磁绕组上的励磁电压为单相交流电压,交流电压有效值设为 U_f。交轴绕组中接入阻抗 Z_q。正弦输出绕组中接入负载阻抗 Z_{l1},正弦输出绕组构成回路,电流 I_{r1} 由感应电动势产生,电流 I_{r1} 将会产生感应磁场。另一个余弦输出绕组为开路。

同样分析,正弦输出绕组中负载电流 I_{r1} 所产生的磁势可以分解为直轴分量 F_{rld} 和交轴分量 F_{rlq}。直轴分量 F_{rld} 附加在原直轴磁场 Φ_d 上并不会改变总的直轴磁场的大小,也就不会对输出电压造成影响。交轴分量 F_{rlq} 和定子交轴绕组的轴线方向一致,它将在交轴绕组中感应电势。

不同的是,此时交轴绕组形成了闭合回路,交轴绕组感应电势将会产生交轴绕组感应电流,进而产生交轴绕组感应磁场。根据电磁感应法则,感应磁场总是抵触产生它的原磁场的。也就是说,感应磁场总是原磁场方向相反,起抵消作用。交轴绕组阻抗的大小将影响到交轴绕组感应磁场的大小。通常交轴绕组阻抗选择为很小的值，它使交轴绕组接近于短路状态，这样交轴绕组感应电势将会产生较大的交轴绕组感应电流，进而产生较大的交轴绕组感应磁场。较大的交轴绕组感应磁场产生较大的抵消作用，因此有很强的去磁作用，致使总的交轴磁场趋于零，从而消除了输出电压的畸变。

4.1.5　二次侧补偿的旋转变压器

在转子余弦输出绕组中接入合适的负载阻抗，也可以达到消除交轴磁场影响的目的。旋转变压器的转子通常被看做是副边，或者称为二次侧，所以这种方法称为二次侧补偿，其接线如图 4-5 所示。

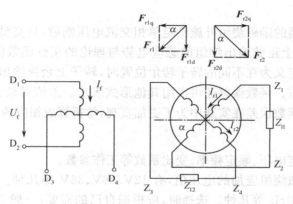

图 4-5　二次侧补偿的旋转变压器

在图 4-5 中，D_1D_2 为定子励磁绕组，加在定子励磁绕组上的励磁电压为单相交流电压，交流电压有效值设为 U_f。交轴绕组保持开路。正弦输出绕组中接入负载阻抗 Z_{l1}，正弦输出绕组构成回路，电流 I_{r1} 由感应电动势产生，电流 I_{r1} 将会产生感应磁场。余弦输出绕组中接入负载阻抗 Z_{l2}，余弦输出绕组也构成回路，电流 I_{r2} 由感应电动势产生，电流 I_{r2} 将会产生感应磁场。

同理，正弦输出绕组中负载电流 I_{r1} 所产生的磁势可以分解为直轴分量 F_{r1d} 和交轴分量 F_{r1q}。直轴分量 F_{r1d} 附加在原直轴磁场 Φ_d 上并不会改变总的直轴磁场的大小，也就不会对输出电压造成影响。余弦输出绕组中负载电流 I_{r2} 所产生的磁势也可以分解为直轴分量 F_{r2d} 和交轴分量 F_{r2q}。直轴分量 F_{r2d} 也不会对输出电压造成影响。

由于正弦输出绕组和余弦输出绕组的位置关系，正弦输出绕组的交轴分量 F_{r1q} 和余弦输出绕组的交轴分量 F_{r2q} 方向相反，具有抵消的作用。若选取合适的负载阻抗，就可以做到交轴分量完全抵消，从而消除了输出电压的畸变。经理论推导可知，所谓合适的负载阻抗，就是要满足以下关系式：

$$Z_{l1} = Z_{l2} \tag{4-4}$$

4.1.6　旋转变压器的技术指标

1. 零位电压 U_0

正、余弦旋转变压器的转子处于电气零位时的输出电压的大小，称为零位电压。电气零位包括转子转角为 $0°$ 的情况，还包括转子转角为 $90°、180°、270°$ 的情况。转子转角处于这些位置时，或者正弦输出绕组，或者余弦输出绕组，总有一个的输出电压为最小值。理想的零位电压值 $U_0 = 0$。实际中由于制造和装配的原因，在转子转角为零时，输出电压都存在一个小的非零值。旋转变压器的最大零位电压应不超过规定值。零位电压过高将引起外接的运算放大器饱和失真。

2. 零位误差 θ_0

正、余弦旋转变压器的励磁绕组外施额定的单相交流电压励磁，且交轴绕组短接，交轴绕组短接是为了进行一次侧补偿。转动转子使两个输出绕组中任意一个的输出电压为最小值，这时转子位置称为电气零位。在理论电气零位位置，转子转角为 0°、90°、180°、270°。零位误差是实际的电气零位与理论电气零位之差，以角分表示，符号为′。零位误差的大小将直接影响到解算装置和角度传输系统的精度。

3. 函数误差 f_e

正余弦旋转变压器的励磁绕组外施额定单相交流电压励磁，且交轴绕组短接。在不同的转子转角位置时，转子上正弦输出绕组的感应电势与理论的正弦函数值之差值，称为函数误差。函数误差也可以定义为在不同的转子转角位置时，转子上余弦输出绕组的感应电势与理论的余弦函数值之差值。函数误差还可以用其他形式表示。差值对最大理论输出电压之比，称为相对函数误差。函数误差在实践中为了更加直观，常折算成相应的角度误差来表示。

4. 额定参数

额定参数包括额定电压、额定频率、变比系数等工作参数。

额定电压是指励磁绕组应加的电压值，有 12V、26V、36V 等几种。额定频率指励磁电压的频率，有 50Hz 和 400Hz 等几种。选择时，应根据自己的需要，一般 50Hz 工频的使用起来比较方便，但性能会差一些；而 400Hz 的性能较好，但成本较高。变比系数指在励磁绕组上加上额定频率的额定电压时，与励磁绕组轴线一致的正弦输出绕组的开路输出电压与励磁电压的比值，有 0.15、0.56、0.65、0.78 和 1 等几种典型值。

4.2 线性旋转变压器

线性旋转变压器是指其输出电压的大小与转子转角 α 成正比关系的旋转变压器。正、余弦旋转变压器就可作为线性旋转变压器来使用，因为当转子转角 α 用弧度作单位，且 α 在很小的范围内，有 $\sin\alpha \approx \alpha$。线性的范围取决于所要求的精度。若要求输出电压和理想直线关系的误差不超过 ±0.1%，可以计算出线性的转角范围仅为 ±4.5°，显然，这样小的线性转角范围不能满足实际使用的要求。为了扩大线性转角的范围，必须采用其他措施。在旋转变压器结构保持不变的情况下，可以通过改变接线的方式达到这个目的。因为实际的旋转变压器总是需要补偿的，因此就一次侧补偿和二次侧补偿两种情况展开讨论。

4.2.1 一次侧补偿的线性旋转变压器

为了使旋转变压器的输出电压和转子转角能满足线性函数关系，可将正、余弦旋转变压器按图 4-6 所示的方式连接。将定子励磁绕组 D_1D_2 和转子余弦绕组 Z_3Z_4 串联使用，串联以后再接到单相交流电源 U_f 上，且交轴绕组两端直接短接作为一次侧补偿。正弦输出绕组中可以外接负载阻抗 Z_{11}，也可以空载。

首先分析空载时的情况。定子励磁绕组 D_1D_2 和转子余弦绕组 Z_3Z_4 串联后接到单相交流电源 U_f 上，形成闭合回路，产生电流通过这两个绕组。定子励磁绕组 D_1D_2 的电流会产生磁通

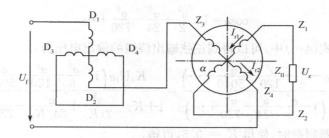

图 4-6 一次侧补偿的线性旋转变压器

Φ_d，转子余弦绕组 Z_3Z_4 的电流会产生磁通 Φ_y。

采用同样的分析手段，对转子余弦绕组 Z_3Z_4 的电流产生的磁通 Φ_y 分为两个分量：直轴分量 Φ_{yd} 和交轴分量 Φ_{yq}。因交轴绕组短接作为一次侧补偿，又忽略定、转子绕组的漏阻抗压降，即可认为交轴分量 Φ_{yq} 被完全抵消，电动机中不再存在交轴磁场。这样，在旋转变压器中只存在直轴磁场。余弦输出绕组的直轴分量 Φ_{yd} 附加在原直轴磁场 Φ_d 上并不会改变总的直轴磁场的大小，总的直轴磁场大小仍为 Φ_d。

直轴磁场 Φ_d，或者称为直轴脉振磁通 Φ_d，分别与励磁绕组，正弦输出绕组、余弦输出绕组相匝链，并在其中分别产生感应电势 E_f、E_z、E_y。这些感应电势是由同一个脉振磁通 Φ_d 感应产生，因此它们在时间上为同相位。

根据 4.1 节的推导，感应电势 E_f、E_z、E_y 的大小由以下公式决定：

$$E_f = 4.44\,f\,N_d K_d \Phi_d$$
$$E_z = 4.44\,f\,N_z K_z \Phi_d \sin\alpha$$
$$E_y = 4.44\,f\,N_y K_y \Phi_d \cos\alpha$$

再根据 $D_1D_2Z_3Z_4$ 闭合回路的电势平衡关系，可以得到

$$U_f = E_f + E_y$$

将 E_f 和 E_y 代入，得到

$$
\begin{aligned}
U_f &= 4.44\,f\,N_d K_d \Phi_d + 4.44\,f\,N_y K_y \Phi_d \cos\alpha \\
&= 4.44\,f\,N_d K_d \Phi_d \left(1 + \frac{4.44fN_yK_y}{4.44fN_dK_d}\cos\alpha\right) \\
&= 4.44\,f\,N_d K_d \Phi_d (1 + K_u \cos\alpha)
\end{aligned}
$$

因此，可以得到直轴磁通 Φ_d 的表达式：

$$\Phi_d = \frac{U_f}{4.44fN_dK_d(1+K_u\cos\alpha)} \tag{4-5}$$

当转子正弦输出绕组空载时，转子正弦输出绕组的感应电压 E_z 就是输出电压 U_z，将 Φ_d 用式(4-5)替代，可以得到转子正弦输出绕组的输出电压：

$$
\begin{aligned}
U_z = E_z &= 4.44\,f\,N_z K_z \Phi_d \sin\alpha \\
&= 4.44\,f\,N_z K_z \frac{U_f}{4.44fN_dK_d(1+K_u\cos\alpha)}\sin\alpha = \frac{K_u U_f \sin\alpha}{1+K_u\cos\alpha}
\end{aligned}
\tag{4-6}
$$

这是转子正弦输出绕组输出电压的初步表达式，为了凸现其线性关系，可以进一步做数学处理。

将 $\sin\alpha$ 和 $\cos\alpha$ 按泰勒级数展开，可以得到：

$$\sin\alpha = \alpha - \frac{\alpha^3}{6} + \frac{\alpha^5}{120} - \frac{\alpha^7}{5040} + \cdots$$

$$\cos\alpha = 1 - \frac{\alpha^2}{2} + \frac{\alpha^4}{24} - \frac{\alpha^6}{720} + \cdots$$

将级数展开式代入式(4-6)中,可以得到正弦输出绕组的输出电压为:

$$U_z = \frac{K_u U_f \left(\alpha - \frac{\alpha^3}{6} + \frac{\alpha^5}{120} - \frac{\alpha^7}{5040} + \cdots\right)}{1 + K_u \left(1 - \frac{\alpha^2}{2} + \frac{\alpha^4}{24} - \frac{\alpha^6}{720} + \cdots\right)} = \frac{K_u U_f \alpha \left(1 - \frac{\alpha^2}{6} + \frac{\alpha^4}{120} - \frac{\alpha^6}{5040} + \cdots\right)}{1 + K_u - \frac{\alpha^2}{2/K_u} + \frac{\alpha^4}{24/K_u} - \frac{\alpha^6}{720/K_u} + \cdots}$$

假设旋转变压器制造时,使得 $K_u = 0.5$,可得:

$$U_z = \frac{0.5 U_f \alpha \left(1 - \frac{\alpha^2}{6} + \frac{\alpha^4}{120} - \frac{\alpha^6}{5040} + \cdots\right)}{1 + 0.5 - \frac{\alpha^2}{2/0.5} + \frac{\alpha^4}{24/0.5} - \frac{\alpha^6}{720/0.5} + \cdots}$$

$$= \frac{0.5 U_f \alpha \left(1 - \frac{\alpha^2}{6} + \frac{\alpha^4}{120} - \frac{\alpha^6}{5040} + \cdots\right)}{1.5 \left(1 - \frac{\alpha^2}{6} + \frac{\alpha^4}{72} - \frac{\alpha^6}{2160} + \cdots\right)} = \frac{1}{3} U_f \alpha \left(1 - \frac{\alpha^4}{180} - \frac{\alpha^6}{1512} + \cdots\right)$$

如果忽略括号中各项,则

$$U_z = \frac{1}{3} U_f \alpha \tag{4-7}$$

式(4-7)明显表明,正弦输出绕组的输出电压 U_z 和转子转角 a 为线性关系。线性关系的误差由括号中各项决定,输出电压和转子转角的关系偏离理想直线的误差,主要是由 4 次方项所决定。随着 a 的增大,误差值也越大。

在计算装置中一般要求线性误差不超过 $\pm 0.1\%$,略去 a 的更高次项的影响,令括号中 $\frac{\alpha^4}{180}$ ≤ 0.001,可以解出,为了满足线性精度 0.1% 的要求,转子转角的范围必须限定在 $\pm 37.4°$ 以内。

为了进一步增大转子转角的范围,而又保持较高的精度,可以从旋转变压器的制造入手,改变 K_u 的值。理论推导可知,若能使变比 K_u 取 0.54,在满足线性误差不超过 $\pm 0.1\%$ 的前提下,转子转角 a 的工作范围可以拓宽到 $\pm 60°$ 以内。采取适当的偏置措施后,可以得到 0 ～ 120° 的线性工作区域。

当正弦输出绕组接入负载阻抗后,这时虽有负载电流通过该绕组,但因采用了一次侧补偿,其负载电流所产生的磁场的交轴分量可以被交轴绕组完全抵消。正弦输出绕组中的感应电势并不会发生变化,所以在一定的转角范围内,输出电压与转子转角仍能满足线性函数关系。

4.2.2 二次侧补偿的线性旋转变压器

二次侧补偿的线性旋转变压器的接线方式如图 4-7 所示。

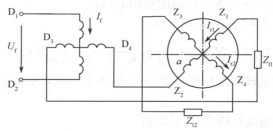

图 4-7 二次侧补偿的线性旋转变压器

在这种方式中,定子励磁绕组 D_1D_2 外施电压 U_f。定子交轴绕组 D_3D_4 和正弦输出绕组 Z_1Z_2 串联后,接入负载阻抗 Z_{l1}。转子余弦绕组 Z_3Z_4 接入一个合适的负载阻抗 Z_{l2},它是按二次侧补偿的条件来选取,使正、余弦输出绕组所产生的交轴分量磁势在任何转子转角 α 时都相互补偿。负载阻抗要满足 $Z_{l1} = Z_{l2}$。

二次侧补偿的线性旋转变压器,当余弦输出绕组接入某一阻抗 Z_{l2} 后,正弦输出绕组中的负载阻抗 Z_{l1} 也就不能任意改变,这个要求在实际应用中不易实现。这就限制了二次侧补偿的线性旋转变压器的应用范围。

4.2.3　比例式旋转变压器

比例式旋转变压器是在正、余弦旋转变压器的基础上,增加一个调整和锁紧转子位置的装置而得到的,输出电压仅是输入电压的若干倍。

比例式旋转变压器的运行方式如图 4-8 所示。

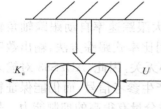

图 4-8　比例式旋转变压器

图 4-8 中,方框内部有两个大圆,左侧圆表示旋转变压器的定子,右侧圆表示旋转变压器的转子。方框的上部表示锁紧装置。

调整旋转变压器的转子,使正弦输出绕组轴线与励磁绕组轴线在空间位置相一致,此时转子转角为 90°,锁紧定子和转子。旋转变压器的转子正弦输出绕组输出电压为:

$$U_z = K_u U_f \sin\alpha$$

因为,在任何时刻,α 角恒为 90°,所以转子正弦输出绕组输出电压:

$$U_z = K_u U_f$$

即转子正弦输出绕组输出电压与定子励磁绕组电压只相差一个比例常数,或者写为:

$$U_o = K U \tag{4-8}$$

比例式旋转变压器常用在电气运算装置中完成乘法和除法运算。

4.3　数字式旋转变压器

旋转变压器用于计算机控制的数字伺服系统中,需要一定的接口电路,通常把应用数字芯片接口的旋转变压器称为数字式旋转变压器。

4.3.1　数字式旋转变压器简介

随着微电子技术的进步和现代工业技术的发展,现代伺服系统已经迅速地从模拟控制转向数字控制,对转角传感器提出了数字化、高分辨率的要求。

常用的转角传感器有光电编码器和旋转变压器。光电编码器分增量式和绝对式两种。增量式光电编码器结构简单,但无法输出绝对位置信息,易产生积累误差;绝对式光电编码器虽能得到绝对转角,但结构复杂、成本高。光电编码器内含有电子线路和光栅,对使用环境有一定的要求。旋转变压器是利用电磁感应原理的一种模拟式测角器件,其特点坚固、耐热、耐冲击、抗干扰、成本低,本身不含电子线路,使用环境不受限制,因而广泛应用于许多自动控制系统中。

旋转变压器的接口电路,或者称为分解器数字变换器,实现了模拟量信号到控制系统数字量的转换。分解器是旋转变压器的另外一种叫法,因为旋转变压器输出正弦信号和余弦信号,其实就是一种信号的正交分解形式。分解器数字变换器,英文名称 Resolver-to-Digital Converter,简称 RDC。随着电子技术的飞速发展,RDC 发展成为一系列的单片集成电路,从而弥补了过去由分立元件搭成的 RDC 体积大、可靠性低的不足,给工程应用带来了极大的方便。由旋转变压器和 RDC 单片集成电路就可以构成高精度的转角位置检测系统,可以直接输出数字化形式的转角位置信息,配合主控芯片使用十分合适。

RDC 单片集成电路系列有 AD2S1200、AD2S1205、AD2S44、AD2S80A、AD2S83、AD2S90、AD2S90、RDC174 等芯片。其中 AD2S83、AD2S90 两种芯片的应用范围比较广。下面重点介绍 AD2S83 芯片。

4.3.2 AD2S83 芯片简介

AD2S83 功耗低(300mW),其数字输出分辨率可被用户设置成 10 位,12 位,14 位或 16位,并具有与速度成正比的直流速度输出信号可供用户使用,以取代测速发电动机等测速元件,从而缩小了系统的体积。

AD2S83 可以构成跟踪式 RDC,其数字输出能以选取的最大跟踪速率自动跟踪轴角输入,没有静态误差。它把旋转变压器信号转换为二进制数时,采用比率式跟踪方法,输出数字角仅与正弦和余弦输入信号的比值有关,而与它们的绝对值大小无关,因此,AD2S83 对输入信号的幅值和频率变化不敏感,不必使用稳定、精确的振荡器来产生参考信号,而仍能保证精确度。转换环路中相敏检测器的存在保证了对参考信号中的杂波分量有很高的抑制能力。另外,它抑制噪声、谐波的能力强。AD2S83 可由用户选择相应的参数来优化整个系统的性能。

AD2S83 采用 44 引脚封装形式,其引脚分布如图 4-9 所示。

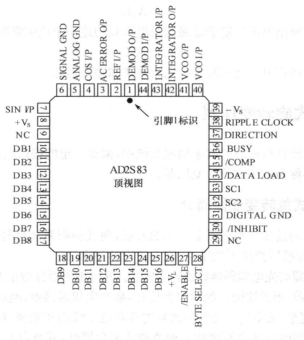

图 4-9 AD2S83 引脚分布

经常用到的引脚如下:

2 引脚——REF I/P 参考信号输入,输入范围+12~−12V;

4 引脚——COS I/P 余弦信号输入,输入范围+12～-12V;

5 引脚——ANALOG GND 电源地;

6 引脚——SIGNAL GND 分解器信号地;

7 引脚——SIN I/P 正弦信号输入,输入范围+12～-12V;

8 引脚——+V_S正电源,+12V;

10～25 引脚——DB1～DB16 并口数据输出,DB1 为最高位;

26 引脚——+V_L正逻辑电源,+5V;

31 引脚——DIGITAL GND 数字地;

32,33 引脚——SC2,SC1 分辨率选择;

39 引脚——-V_S负电源,-12V。

4.3.3 AD2S83 芯片外围电路

AD2S83 芯片外围电路如图 4-10 所示。速度输出与位置检测电路设计的关键,就是要正确地选择 AD2S83 的外围元件。AD2S83 外围元件的选用原则是选择最接近理想值的元件,并工作于允许的温度范围内。元件最大误差等级不能超过 5%。

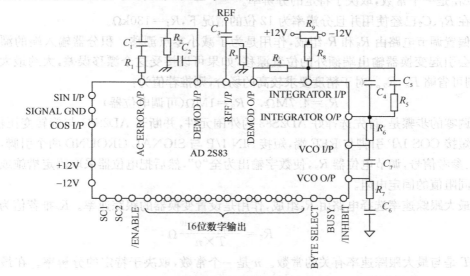

图 4-10 AD2S83 芯片外围电路

AD2S83 芯片外围电路主要有高频滤波电路、参考信号电路、增益比例电路、偏置调节电路、带宽选择电路、跟踪速率选择电路、VCO 相位补偿电路。下面逐一介绍 AD2S83 外围元件参数的确定方法。

高频滤波电路由 C_1、C_2、R_1、R_2 组成,作用是减少进入到 AD2S83 信号中的噪声,因为它们影响芯片内部相敏检测器的输出。噪声来源很有可能来自开关电源,对于此类电源应注意比较同种规格的产品,选择纹波幅度较低和毛刺较少的一种。并且在开关电源输出口处并联使用两个滤波电容,一个滤波电容容量应在 $47\mu F$ 之上,滤除低频噪声;另一个滤波电容容量应在 $0.1\mu F$ 之下,用于滤除高频噪声,也就是所谓的毛刺。同时在芯片电源入口处并联使用两个滤波退耦电容,推荐值为 $10\mu F$ 和 $100\mu F$。

参考信号电路由 R_3、C_3 组成,作用是保证参考频率没有明显的相位移,参考频率就是旋转变压器励磁信号的频率。

当取 $R_2 = R_3$, $C_1 = C_3$ 时，R_1、C_2 可以省略。除了这种情况之外，R_1, R_2, C_1, C_2 的推荐值为：

$$15\text{k}\Omega \leqslant R_1 = R_2 \leqslant 56\text{k}\Omega, \quad C_1 = C_2 = \frac{1}{2\pi R_1 f_{\text{REF}}}$$

f_{REF} 指的是参考信号的频率。一种典型的情况是 $f_{\text{REF}} = 5\text{kHz}$，在这种情况下，元件具体值为 $R_1 = R_2 = 15\text{k}\Omega$, $C_1 = C_2 = 2.2\text{nF}$。

R_3, C_3 的推荐值为：

$$R_3 = 100\text{k}\Omega, \quad C_3 = \frac{1}{R_3 f_{\text{REF}}} F$$

R_3 是以欧姆（Ω）为单位代入相应的数值，C_3 的计算结果以标准单位法（F）为单位。在 $f_{\text{REF}} = 5\text{kHz}$ 情况下，$C_3 = 100\text{nF}$。

增益比例电路由 R_4 组成。R_4 的参数值有两种情况：

① R_1、C_2 已经使用：$R_4 = \frac{E_{\text{DC}}}{100 \times 10^{-9}} \times \frac{1}{3} \Omega$

② R_1、C_2 没有使用：$R_4 = \frac{E_{\text{DC}}}{100 \times 10^{-9}} \Omega$

E_{DC} 是一个常数，取决于特定的分辨率。

在 R_1、C_2 已经使用并且分辨率为 12 位的情况下，$R_4 = 130\text{k}\Omega$。

偏置调节电路由 R_8 和 R_9 组成，作用是为了减小零点漂移。积分器输入端的漂移与偏置电流会引起变换器输出端额外的位置漂移，如果可以接受这个漂移误差，大约最大为 5.3 角分，则可省略 R_8, R_9。对于精度要求较高的场合，则推荐值为：

$$R_8 = 4.7\text{M}\Omega, \quad R_9 = 1\text{M}\Omega（可调电位器）$$

调零的步骤是，首先选择好 AD2S83 的外围元件，并断开 AD2S83 与旋转变压器的连接，然后短接 COS I/P 引脚与 REF 端，短接 SIN I/P 与 SIGNAL GROUND 两个引脚，加上芯片电源、参考信号，调节电位器 R_9，使数字输出为全"0"，然后把电位器采取固定措施或者换上一个相同阻值的固定电阻。

最大跟踪速率选择电路由 R_6 组成，作用是设置变换器的跟踪速率。R_6 推荐值为：

$$R_6 = \frac{6.81 \times 10^{10}}{T \times n} \Omega$$

T 是与最大跟踪速率有关的常数。n 是一个常数，取决于特定的分辨率。在最大跟踪速率为 260rps，并且分辨率为 12 位的情况下，$R_6 = 130\text{k}\Omega$。

带宽选择电路由 C_4、C_5 和 R_5 组成，作用是设置工作带宽。C_4 的推荐值为：

$$C_4 = \frac{21}{R_6 \times f_{\text{BW}}^2} F$$

f_{BW} 即芯片工作带宽，以赫兹为单位代入数值。R_6 以欧姆为单位代入数值。C_4 的计算结果以标准单位法（F）为单位。

C_5 的推荐值为：$C_5 = 5 \times C_4$

R_5 的推荐值为：$R_5 = \frac{4}{2 \times \pi \times f_{\text{BW}} \times C_5} \Omega$

在工作带宽 f_{BW} 为 520Hz 的情况下，$C_4 = 1.2\text{nF}$, $C_5 = 6.2\text{nF}$, $R_5 = 200\text{k}\Omega$。

VCO 相位补偿电路由 C_6、R_7、C_7 组成，作用是进行 VCO 相位补偿。VCO 即 Voltage Controlled Oscillator，意为压控振荡器，作用是产生所需的跟踪速率。C_6、R_7 应尽量靠近 VCO

O/P,即引脚 41,C_6、R_7、C_7 的推荐值为:

$$C_6=390\text{pF}, \quad R_7=3.3\text{k}\Omega, \quad C_7=150\text{pF}$$

4.3.4 AD2S83 工作过程

旋转变压器的正弦输出绕组电压信号接入 SIN I/P 引脚 7,余弦输出绕组电压信号接入 COS I/P 引脚 4,励磁绕组电压信号接入 REF 端。旋转变压器的两个信号接地端应连到 SIGNAL GROUND 引脚 6,以减少正、余弦信号间的耦合。另外,旋转变化的正、余弦信号以及参考信号最好分别使用双绞屏蔽线。变换器的数据输出 DB1~DB16 通过外部锁存器接单片机的数据总线或者预留的 IO 口,输出数字信号为 5V 电平。

下面介绍计算机对 AD2S83 RDC 的操作,在此之前先对 AD2S83 变换器的控制信号加以简单的说明:

/INHIBIT 输入:/INHIBIT 信号禁止芯片内部计数器向输出锁存器传送数据,即输出锁存器保持当前值不变,释放该信号将自动产生一个 BUSY 信号,表示忙于刷新输出锁存器,此时不可读取数据。待 BUSY 信号变低表示刷新完毕,可以读取数据。

/ENABLE 输入:/ENABLE 信号决定了输出数据的状态,高电平时,输出数据引脚保持在高阻状态,对外截止。低电平时,允许输出锁存器中的数据传送到输出的引脚上。对/ENABLE的操作不会影响变换器的工作。当/ENABLE 为低电平时,低 8 位字节出现在数据输出线 DB9~DB16 上。

BYTE SELECT 输入:当 BYTE SELECT 为高电平时,高 8 位字节将出现在数据输出线 DB1~DB8 上;当 BYTE SELECT 为低电平时,低 8 位字节将出现在数据输出线 DB1~DB8 上。此控制线用于对 8 位单片机的数据总线进行高低字节的切换。

SC1~SC2 输入:分辨率选择。当 SC1~SC2 取值 00~11 时,分别表示选择 10 位,12 位,14 位,16 位分辨率。

单片机对 AD2S83 读取数据的过程:

首先对 AD2S83 施加/INHIBIT 低电平信号,阻止内部的输出数据锁存器的刷新,当/INHIBIT 被置为低电平并延迟 600ns 后才可读取有效数据。若/ENABLE 信号已置为低电平,即可读取数据至引脚。读完数据后,应立即释放/INHIBIT 信号,把它置为高电平,以使输出数据锁存器能被刷新。

若需要快速读取数据,可以将/INHIBIT 信号始终置为高电平,不再阻止内部的输出数据锁存器的刷新,允许即时刷新。/ENABLE 信号始终置为低电平,始终允许读出数据。

AD2S83 在接入旋转变压器后即自动开始转换,转换结束后会将 BUSY 引脚置为低电平。单片机需要读取转角位置数据时,可以不断地查询 BUSY 引脚信号,当 BUSY 信号变为低电平时,触发外部锁存器锁存转角位置数据,所以,单片机检测到 BUSY 信号变为低电平时,从外部锁存器中直接读取数据即为最新的转角位置数据。这种读取方法,单片机只需等待 BUSY 信号的改变,大大提高了读取速度。理论上推算,这种情况下,查询 BUSY 信号的最大等待时间只有 200ns。

4.4 旋转变压器的应用

在控制系统中,旋转变压器常用做高精度的角度检测元件,其误差可为 $3'\sim 5'$。同样作为角度检测元件的光电编码器更为精密,可以做到 $1'\sim 2'$,但对户外及恶劣环境下使用提出较高的保护要求。旋转变压器则没有这种限制，因而广泛地使用在飞机、火炮等恶劣环境中。旋转变压器还用做解算装置作为解算元件，可以执行电气运算，如矢量分解运算、反正弦函数运算、乘法运算、除法运算等。

4.4.1 矢量分解运算

矢量可以用正、余弦旋转变压器的励磁绕组的励磁电压 U_f 表示，可令励磁电压 U_f 正比于矢量模值。令转子转角正比于矢量幅角。矢量分解就是求矢量在两个坐标轴上的分量，根据矢量分解知识，这两个分量的模值分别是原矢量的正弦和余弦函数。

矢量分解运算的接线图如图 4-11 所示。

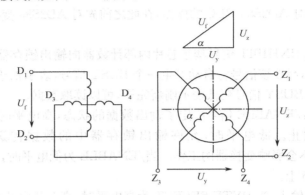

图 4-11 矢量分解运算的接线图

转子从电气零位转过一个等于矢量幅角 a 的转角，若此旋转变压器的变比 K_u 设计为 1，这时转子两绕组的输出电压即正比于该矢量的两个正交分量。

$$U_z = K_u U_f \sin a = U_f \sin a, \quad U_y = K_u U_f \cos a = U_f \cos a$$

矢量分解的典型应用是用于火炮瞄准系统中，由两台旋转变压器就可以将飞机位置的极坐标变换成直角坐标，进行准确的定位。

整个过程是采用两台旋转变压器，第一台正、余弦旋转变压器将正比于雷达直线射程的电压矢量分解成正比于水平射程和高度的电压分量，得到火炮距飞机的水平射程和高度。

第二台正、余弦旋转变压器再将正比于水平射程的电压矢量分解成与南北距和东西距成正比的两个电压分量，得到一个水平面的定位，即按东西南北定位法则得出火炮距飞机的南北距和东西距，如图 4-12 所示。

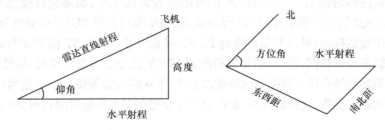

图 4-12 飞机方位表示

4.4.2 反正弦函数运算

反正弦函数运算是已知角度的对边和斜边，通过求反正弦函数得到角度的运算。反正弦函数运算的接线图如图 4-13 所示。

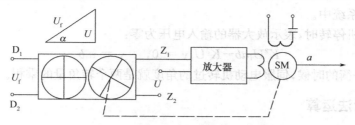

图 4-13 反正弦函数运算的接线图

正、余弦旋转变压器的交轴绕组短接,励磁绕组外施正比于直角三角形斜边大小的励磁电压 U_f,若正、余弦旋转变压器的变比 K_u 设计为 1,这时转子两绕组的输出电压分别为

$$U_z = U_f \sin a, \quad U_y = U_f \cos a$$

将正比于直角三角形一直角边大小的电压 U 串入转子的正弦输出绕组 $Z_1 Z_2$ 中,得到放大器的输入信号为 $U_z - U$,只要这个差值不为零,放大器便有输出电压信号,驱动交流伺服电动机转动,图中 SM 表示 Servo Motor,意为伺服电动机。伺服电动机的转动通过齿轮箱反馈到正、余弦旋转变压器的转子转轴上。

当放大器输出电压信号为零时,伺服电动机停转。伺服电动机转过的角度反映出一定的关系。伺服电动机停转时,放大器的输入信号为 0,即

$$U_z = U$$

伺服电动机转过的角度由关系式

$$U_z = U_f \sin a$$

得到 $$a = \arcsin U_z / U_f = \arcsin U / U_f \qquad (4-9)$$

这表明伺服电动机转过的角度就是两个电压量的反正弦函数。

4.4.3 乘法运算

使用旋转变压器可以完成两个物理量 a、b 的乘积运算。两个量 a、b 均用转角形式表示。图 4-14 为此系统的符号图。

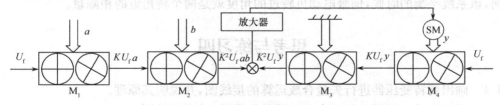

图 4-14 乘法运算

图 4-14 中,M_1,M_2,M_4 为线性旋转变压器,M_3 为比例式旋转变压器。SM 为伺服电动机。设 M_1,M_2,M_4 的线性系数为 K,M_3 的变比系数也为 K。

线性旋转变压器 M_1 外施励磁电压 U_f,转子转角为 a,其输出电压为 $KU_f a$,将此电压作为线性旋转变压器 M_2 的励磁电压,而它的转子转角为 b,其输出电压为 $K^2 U_f ab$。线性旋转变压器 M_4 也加同样的励磁电压 U_f,若它的转子转角为 y,其输出电压大小为 $KU_f y$。并将此电压作为比例式旋转变压器 M_3 的励磁电压。

这台比例式旋转变压器的转子正弦输出绕组轴线与励磁绕组轴线在空间位置相一致,再通过锁紧装置将其固定。这时,比例式旋转变压器的输出电压为 $K^2 U_f y$。将线性旋转变压器

M_2 的输出电压和比例式旋转变压器 M_3 的输出电压合成后,加到由放大器和两相伺服电动机组成的自动平衡系统中。

当伺服电动机停转时,表示放大器的输入电压为零:

$$K^2 U_f ab - K^2 U_f y = 0, \qquad y = ab \qquad (4\text{-}10)$$

这说明,该系统平衡的时候,伺服电动机转过的角度就是两个转角量的乘积。

4.4.4 除法运算

使用旋转变压器可以完成两个量 a、b 的除法运算。两个量 a、b 仍使用转角形式表示。图 4-15 为此系统的符号图。

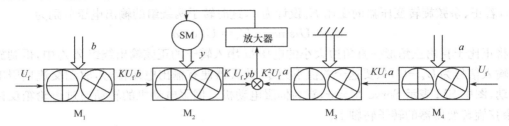

图 4-15 除法运算

在图 4-15 中,M_1,M_2,M_3,M_4 含义与乘法运算时相同。线性旋转变压器 M_1 外施励磁电压 U_f,转子转角为 b,其输出电压为 $KU_f b$,将此电压作为线性旋转变压器 M_2 的励磁电压,它的转子转角为 y,其输出电压为 $K^2 U_f yb$。线性旋转变压器 M_4 也加同样的励磁电压 U_f,若它的转子转角为 a,则 M_4 的输出电压大小为 $KU_f a$。并将此电压作为比例式旋转变压器 M_3 的励磁电压。M_3 的输出电压为 $K^2 U_f a$。

将线性旋转变压器 M_2 的输出电压和比例式旋转变压器 M_3 的输出电压合成后,加到由放大器和两相伺服电动机组成的自动平衡系统中。同理,当这个合成电压为零时,伺服电动机停转,整个系统达到稳定状态。在稳定状态下,有

$$K^2 U_f yb - K^2 U_f a = 0, \qquad y = \frac{a}{b} \qquad (4\text{-}11)$$

这说明,该系统平衡的时候,伺服电动机转过的角度就是两个转角量的相除量。

思考与练习四

4-1 画出旋转变压器进行矢量合成运算的接线图,并说明其原理。

4-2 画出旋转变压器进行反余弦运算的接线图,并说明其原理。

4-3 正、余弦旋转变压器在负载时输出电压为什么会发生畸变?如何解决?

4-4 简要说明一次侧补偿的线性旋转变压器的工作原理。

4-5 试比较正、余弦旋转变压器中,采用二次侧补偿和一次侧补偿各有哪些特点?

4-6 简述 AD2S83 芯片的工作过程。

第 5 章　自整角机

本章主要介绍各种典型的自整角机的结构、工作原理和使用方法。

主要内容

- 力矩式自整角机
- 控制式自整角机
- 数字式自整角机
- 自整角机的应用

知识重点

本章重点为自整角机的磁势分析和转矩分析；控制式自整角机工作原理；数字式自整角机的常用控制芯片。

　　自整角机是测量机械转角的控制电动机。与旋转变压器不同的是，非数字式自整角机必须至少两台才能正常工作。当两台自整角机的定子绕组，即整步绕组按一定方式连接在一起时，只要两台自整角机的转角存在差值，就会有相应的输出。

　　根据两台自整角机的转子绕组，即励磁绕组的连接与否，输出的形式也有所不同。

　　如果两台自整角机的励磁绕组连接在一起，加上同样的励磁电压，那么当两台自整角机的转角存在差值时，输出是力矩的形式。该力矩会使两台自整角机转动，直到两台自整角机转角的差值为 0 时，该力矩也降为 0，自整角机转动停止。可以看到，这种连接方式下自整角机的工作特点是转角存在差值时，能自动对齐转角。这也是自整角机名称的由来。

　　在这种连接方式中，把主动引起转角差值的一台自整角机称为力矩式发送机，引起转角差值的因素是外界力量，也就是被测的转角量。把被动对齐转角的一台自整角机称为力矩式接收机。力矩式接收机上如果接一个指针，就可以实时得知被测的转角的大小。由于控制电动机本身的体积和功率都较小，因而输出的力矩也较小，在需要带动大负载的时候就必须采取改进措施。

　　如果两台自整角机的励磁绕组没有连接在一起，一台自整角机的励磁绕组加上励磁电压，另一台自整角机的励磁绕组悬空。那么当两台自整角机的转角存在差值时，输出是电压信号的形式，电压信号从另一台自整角机的励磁绕组输出。该电压信号与转角的差值存在一定的函数关系。可以看到，这种连接方式下自整角机的工作特点是转角存在差值时，能输出与转角差值对应的电压信号。

　　在这种连接方式中，把主动引起转角差值的一台自整角机称为控制式发送机，引起转角差值的因素仍然是外界力量。把被动对齐转角的一台自整角机称为控制式接收机，也称为控制式自整角变压器，简称自整角变压器。自整角变压器的工作方式是整步绕组输入电压，励磁绕组输出电压，实质是一台变压器。因为电压信号可以放大并驱动大功率伺服电动机，有效地克服了力矩式自整角机的局限，使用更加灵活，是自整角机应用的主要形式。

5.1　力矩式自整角机的结构和工作原理

　　力矩式自整角机的结构包括定子和转子。力矩式自整角机的工作原理是自整角机内部存在两种磁场相互作用，从而产生力矩。

5.1.1 力矩式自整角机的结构

力矩式自整角机的典型结构，如图 5-1 所示。

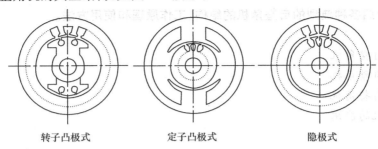

| 转子凸极式 | 定子凸极式 | 隐极式 |

图 5-1 力矩式自整角机的典型结构

力矩式自整角机的定子铁芯和转子铁芯是由高磁导率、低损耗的薄硅钢片冲制后，经涂漆、涂胶叠装而成。图 5-1 中所示的为电动机截面图。

为保证在薄壁情况下有足够的强度，机壳采用不锈钢筒制成或者采用铝合金制成。机壳通常加工成杯形，即电动机的一端有端盖，可以拆卸，另一端是封闭的。轴承孔分别位于端盖和机壳上。电动机在制造时应保证定、转子有较高的同心度。自整角机的滑环是由银铜合金制成，电刷采用焊银触点，以保证接触可靠。

力矩式自整角发送机和接收机大都是采用两极的凸极式结构。选用两极电动机是为了保证在整个圆周范围内有唯一的转子对应位置，从而达到准确指示。只有在频率较高而尺寸又较大的力矩式自整角机中才采用隐极式结构。

凸极式结构又可分为转子凸极式结构和定子凸极式结构两种。定子凸极式结构要求将单相励磁绕组放置在定子凸极铁芯上，三相整步绕组放置在转子隐极铁芯上，并由三组滑环和电刷引出，滑环和电刷数目太多，易出故障，较少采用。

转子凸极式结构力矩式自整角机可以在定子铁芯上放置三相整步绕组，转子凸极式铁芯上放置单相励磁绕组，并由两组滑环和电刷引出，滑环和电刷数目较少，因此故障率较低，在实际中得到了广泛的采用。工作时，励磁绕组接入单相交流电源励磁。

5.1.2 力矩式自整角机的工作原理

力矩式自整角机的原理图如图 5-2 所示。假定各相整步绕组参数相同，两台自整角机参数相同。

在自整角机中，以 a 相整步绕组轴线和励磁绕组轴线之间的夹角，作为转子的转角。如图 5-2 所示，发送机转子的转角为 θ_1，接收机转子的转角为 θ_2，发送机和接收机转角的差值，称为失调角 θ，定义为

$$\theta = \theta_1 - \theta_2 \tag{5-1}$$

自整角机的整步绕组为星形连接，图 5-2 中特意画出中线，是为了分析方便，实际应用中并没有接这条线，这是有原因的，后面的分析将会说明这一点。由于中线的存在，在两台自整角机之间就构成了三个回路。它们分别是 a 相整步绕组回路，b 相整步绕组回路，c 相整步绕组回路。

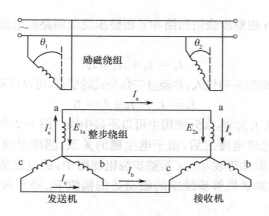

图 5-2　力矩式自整角机的原理图

由于各相整步绕组回路参数相同,先以 a 相整步绕组回路进行分析。

在 a 相整步绕组回路中,电流的有效值 I_a 应为两台自整角机的感应电势的有效值的差值与 a 相整步绕组回路阻抗 $2Z_a$ 的比值,按图 5-2 所示的参考方向,有

$$I_a = \frac{R_{2a} - E_{1a}}{2Z_a} \tag{5-2}$$

式中,E_{2a} 为接收机感应电动势的有效值;E_{1a} 为发送机感应电动势的有效值;Z_a 为 a 相整步绕组的阻抗。

根据和旋转变压器类似的分析,E_{2a} 这个感应电动势来源于接收机励磁绕组磁场的变化。具体大小取决于接收机 a 相整步绕组和接收机励磁绕组轴线的角度。假设该角度为 θ_2 角,接收机励磁绕组磁场的幅值为 Φ_d,在接收机 a 相整步绕组中,感应电动势的有效值为

$$E_{2a} = 4.44fNK\Phi_d\cos\theta_2 = E\cos\theta_2$$

同理,在发送机 a 相整步绕组中,感应电动势的有效值为

$$E_{1a} = 4.44fNK\Phi_d\cos\theta_1 = E\cos\theta_1 \tag{5-3}$$

式中,Φ_d 为直轴绕组(励磁绕组)磁通的幅值;K 为整步绕组的基波绕组系数;E 为接收机 a 相整步绕组和接收机励磁绕组轴线重合时所能产生最大感应电动势的有效值。

由式(5-2)得到 a 相整步绕组回路感应电流的有效值为

$$I_a = \frac{E(\cos\theta_2 - \cos\theta_1)}{2Z_a} = \frac{E2\sin\frac{\theta_1+\theta_2}{2}\sin\frac{\theta_1-\theta_2}{2}}{2Z_a} = I\sin\frac{\theta_1+\theta_2}{2}\sin\frac{\theta}{2} \tag{5-4}$$

式中,I 为最大感应电流的有效值。$I = \frac{2E}{2Z_a}$,最大感应电流的产生条件是 a 相整步绕组回路出现最大感应电动势 $2E$,数学推算可以得出,在 $\theta_1 = 180°$ 并且在 $\theta_2 = 0°$ 时就会引起最大感应电流。

对于 $\cos\theta_2 - \cos\theta_1$ 的形式,利用了三角公式中的和差化积的变换公式,有

$$\cos\theta_2 - \cos\theta_1 = 2\sin\frac{\theta_1+\theta_2}{2}\sin\frac{\theta_1-\theta_2}{2}$$

同理,在 b 相整步绕组回路和 c 相整步绕组回路分别进行分析,可以得到各自回路的感应电流的有效值为:

$$I_b = I\sin\left(\frac{\theta_1+\theta_2}{2} - 120°\right)\sin\frac{\theta}{2} \tag{5-5}$$

$$I_c = I\sin\left(\frac{\theta_1+\theta_2}{2} + 120°\right)\sin\frac{\theta}{2} \tag{5-6}$$

a 相整步绕组回路、b 相整步绕组回路和 c 相整步绕组回路的电流都流经中线，因此，中线上的总电流为：

$$I_n = I_a + I_b + I_c$$

将式(5-4)、式(5-5)和式(5-6)代入，并经过三角公式的展开，可以得到中线上的总电流为：

$$I_n = I_a + I_b + I_c = 0$$

因此中线上的总电流 I_n 为零，实际使用中可以不接中线。图 5-2 中所示中线可以省去不接。

各相整步绕组产生感应电流之后，由于电生磁的关系，感应电流必然在各相产生感应磁场，这些磁场大小可以用磁动势表示。a 相整步绕组回路中，通过发送机整步绕组和接收机整步绕组的电流相等，因此发送机整步绕组的磁动势的幅值 F_{1a} 等于接收机整步绕组的磁动势的幅值 F_{2a}

$$F_{1a} = F_{2a} = \frac{4}{\pi}\sqrt{2}I_a NK \tag{5-7}$$

式中，$\sqrt{2}$ 为常数因子，是将电流有效值 I_a 变为电流幅值而带来的；$4/\pi$ 为常数因子，是将方波磁动势近似看做正弦波磁动势所带来的，在方波磁动势的傅里叶级数展开式中，只取基波（$\omega = 1$）所占的一项，忽略其余各项：

$$F(t) = \frac{4}{\pi}\sin t + \frac{4}{3\pi}\sin 3t + \cdots$$

同理，对于 b 相整步绕组回路和 c 相整步绕组回路的感应电流所产生的感应磁场，也可以用磁动势表示如下：

$$F_{1b} = F_{2b} = \frac{4}{\pi}\sqrt{2}I_b NK \tag{5-8}$$

$$F_{1c} = F_{2c} = \frac{4}{\pi}\sqrt{2}I_c NK \tag{5-9}$$

下面将对发送机和接收机的合成磁动势情况分别进行分析。

对于发送机，分析方法是将各相整步绕组产生的感应磁动势进行合成。将各相整步绕组产生的磁动势都在直轴（d 轴）方向和交轴（q 轴）方向进行投影，每相整步绕组的感应磁动势都得到两个分量。直轴（d 轴）方向即沿励磁绕组轴线方向向上，交轴（q 轴）方向，即直轴（d 轴）方向逆时针旋转 90°所得到的参考方向。最后将每相的磁动势的直轴分量相加，将每相的磁动势的交轴分量相加，得到直轴磁动势分量 F_{1d} 和交轴磁动势分量 F_{1q}，再利用正交合成得到一个合成磁动势 F_1。

对于接收机，也采用同样的方法将各相整步绕组产生的感应磁动势进行合成。得到直轴磁动势分量 F_{2d}、交轴磁动势分量 F_{2q} 以及合成磁动势 F_2。

发送机和接收机的各个磁动势分量的关系如图 5-3 所示。

下面求解各个磁动势分量的具体大小。

对于发送机，直轴磁势分量为：

$$F_{1d} = F_{1a}\cos\theta_1 + F_{1b}\cos(\theta_1 - 120°) + F_{1c}\cos(\theta_1 + 120°)$$

代入式(5-7)、式(5-8)和式(5-9)，得到：

$$F_{1d} = \frac{4}{\pi}\sqrt{2}I_a NK\cos\theta_1 + \frac{4}{\pi}\sqrt{2}I_b NK\cos(\theta_1 - 120°) + \frac{4}{\pi}\sqrt{2}I_c NK\cos(\theta_1 + 120°)$$

再代入式(5-4)、式(5-5)和式(5-6)，可以得出：

$$F_{1d} = \frac{4}{\pi}\sqrt{2}I\sin\frac{\theta_1 + \theta_2}{2}\sin\frac{\theta}{2}NK\cos\theta_1 +$$

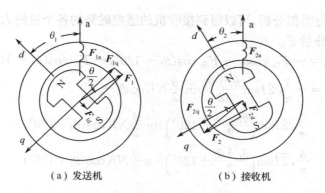

（a）发送机　　　　　　　（b）接收机

图 5-3　发送机和接收机的各个磁动势分量

$$\frac{4}{\pi}\sqrt{2}I\sin\left(\frac{\theta_1+\theta_2}{2}-120°\right)\sin\frac{\theta}{2}NK\cos(\theta_1-120°)+$$

$$\frac{4}{\pi}\sqrt{2}I\sin\left(\frac{\theta_1+\theta_2}{2}+120°\right)\sin\frac{\theta}{2}NK\cos(\theta_1+120°)$$

提取同类项，并利用三角公式，可以得出：

$$F_{1d}=-\frac{3}{4}\frac{4}{\pi}\sqrt{2}INK(1-\cos\theta)$$

简写为：
$$F_{1d}=-\frac{3}{4}F_m(1-\cos\theta) \tag{5-10}$$

式中，F_m 为各相整步绕组产生的最大基波磁势的幅值，当两台自整角机的 a 相整步绕组轴线与各自的励磁绕组轴线重合时，产生最大基波磁势。

发送机交轴磁势分量 F_{1q} 为：
$$F_{1q}=-F_{1a}\sin\theta_1+F_{1b}\sin(\theta_1-120°)-F_{1c}\sin(\theta_1+120°)$$

代入式（5-7）、式（5-8）和式（5-9），得到

$$F_{1q}=-\frac{4}{\pi}\sqrt{2}I\sin\frac{\theta_1+\theta_2}{2}\sin\frac{\theta}{2}NK\sin\theta_1-$$

$$\frac{4}{\pi}\sqrt{2}I\sin\left(\frac{\theta_1+\theta_2}{2}-120°\right)\sin\frac{\theta}{2}NK\sin(\theta_1-120°)-$$

$$\frac{4}{\pi}\sqrt{2}I\sin\left(\frac{\theta_1+\theta_2}{2}+120°\right)\sin\frac{\theta}{2}NK\sin(\theta_1+120°)$$

利用三角公式，可以得出：

$$F_{1q}=-\frac{3}{4}\frac{4}{\pi}\sqrt{2}INK\sin\theta$$

简写为：
$$F_{1q}=-\frac{3}{4}F_m\sin\theta \tag{5-11}$$

发送机的直轴磁势分量 F_{1d} 及交轴磁势分量 F_{1q} 已经得出，利用正交合成得到一个发送机的合成磁势 F_1

$$F_1=\sqrt{F_{1d}^2+F_{1q}^2}=\frac{3}{2}F_m\sin\frac{\theta}{2} \tag{5-12}$$

发送机的合成磁势与交轴的夹角 α_1

$$\alpha_1=\arctan\frac{|F_{1d}|}{|F_{1q}|}=\frac{\theta}{2} \tag{5-13}$$

对于接收机进行类似分析，可以得到接收机的感应磁势的各个量的大小。

求出直轴磁势分量 F_{2d}

$$F_{2d}= -F_{2a}\cos\theta_2 - F_{2b}\cos(\theta_2-120°)-F_{2c}\cos(\theta_2+120°)$$

$$=-\frac{4}{\pi}\sqrt{2}I\sin\frac{\theta_1+\theta_2}{2}\sin\frac{\theta}{2}NK\cos\theta_2-$$

$$\frac{4}{\pi}\sqrt{2}I\sin\left(\frac{\theta_1+\theta_2}{2}-120°\right)\sin\frac{\theta}{2}NK\cos(\theta_2-120°)-$$

$$\frac{4}{\pi}\sqrt{2}I\sin\left(\frac{\theta_1+\theta_2}{2}+120°\right)\sin\frac{\theta}{2}NK\cos(\theta_2+120°)$$

运算结果是：

$$F_{2d}=-\frac{3}{4}\frac{4}{\pi}\sqrt{2}INK(1-\cos\theta)$$

简写为：

$$F_{2d}=-\frac{3}{4}F_m(1-\cos\theta)$$

接收机交轴磁势分量 F_{2q} 为：

$$F_{2q}=F_{2a}\sin\theta_2+F_{2b}\sin(\theta_2-120°)+F_{2c}\sin(\theta_2+120°)$$

$$=\frac{4}{\pi}\sqrt{2}I\sin\frac{\theta_1+\theta_2}{2}\sin\frac{\theta}{2}NK\sin\theta_2+$$

$$\frac{4}{\pi}\sqrt{2}I\sin\left(\frac{\theta_1+\theta_2}{2}-120°\right)\sin\frac{\theta}{2}NK\sin(\theta_2-120°)+$$

$$\frac{4}{\pi}\sqrt{2}I\sin\left(\frac{\theta_1+\theta_2}{2}+120°\right)\sin\frac{\theta}{2}NK\sin(\theta_2+120°)$$

可以得到：

$$F_{2q}=\frac{3}{4}F_m\sin\theta$$

故接收机的合成磁势 F_2

$$F_2=\sqrt{F_{2d}^2+F_{2q}^2}=\frac{3}{2}F_m\sin\frac{\theta}{2} \tag{5-14}$$

接收机的合成磁势与交轴的夹角 α_2

$$\alpha_2=\arctan\frac{|F_{2d}|}{|F_{2q}|}=\frac{\theta}{2} \tag{5-15}$$

发送机和接收机的直轴磁场、直轴磁势分量、交轴磁势分量、合成磁势均已标在图 5-3 中。分析的逻辑顺序是先有直轴磁场，后有感应磁场。后产生的感应磁场用了直轴磁势分量、交轴磁势分量、合成磁势三个量来描述。发送机和接收机各自的感应磁场将与原来的直轴磁场相互作用，产生自动整步的动作。

5.1.3 力矩式自整角机的磁势特点

1. 发送机的直轴磁势分量为负值

由表达式

$$F_{1d}=-\frac{3}{4}F_m(1-\cos\theta)$$

可知直轴磁势分量为负值，这说明直轴电枢反应为去磁作用。为了维持直轴磁通的不变，励磁绕组将会自动增大电流，从电源多吸收能量，这是能量守恒原理的体现，因为多吸收的能量要用于发送机电动机转动所需要的能量。

2. 接收机的直轴磁势分量为负值

由表达式

$$F_{2d} = -\frac{3}{4}F_m(1-\cos\theta)$$

可知接收机的直轴磁势分量也为负值,这说明接收机直轴电枢反应也为去磁作用。产生这个直轴感应磁势分量必然引起接收机电动机的转动,从而消耗了能量,根据能量守恒原理,励磁绕组将会增大电流,从电源多吸收这部分能量。

3. 各磁势分量与位置角无关

发送机和接收机中的直轴磁势分量、交轴磁势分量和合成磁势的大小,与发送机和接收机的位置角无关,仅为失调角 θ 的函数。

4. 发送机和接收机磁势分量绝对值相等

发送机和接收机整步绕组感应磁势的直轴分量大小相等,方向相同;交轴分量大小相等,方向相反。

5. 直轴磁势分量可以忽略

在实际运行中,发送机和接收机的失调角很小,大约几度的数量级。根据直轴磁势分量和交轴磁势分量的表达式可以得出,直轴磁势分量和交轴磁势分量相比很小,在某些情况下可以忽略。

6. 各磁势分量同时为零

失调角 θ 为零时,各相整步绕组的感应电流为零,因此发送机和接收机的直轴磁势分量、交轴磁势分量、合成磁势三个量均同时为零。

5.1.4　力矩式自整角机的转矩分析

发送机和接收机各自的感应磁场将与原来的直轴磁场相互作用,产生某种动作。当力矩式自整角机失调角为 θ 时,作用在电动机轴上的电磁转矩称为整步转矩,从本质上说,它是由三个整步绕组中的感应电流和直轴磁场相互作用而产生的。如果简化分析,可以直接理解为感应磁场将与原来的直轴磁场的相互作用。

在前面分析中,已经确定了直轴(d 轴)和交轴(q 轴)的正方向。若磁势(或电流)所产生的磁通是沿 d 轴或 q 轴的正方向时,则此磁势(或电流)也为正。并取逆时针方向为转子转角和转矩的正方向。

先从磁场相互作用的角度来分析发送机和接收机各自的转矩:

当两个磁场方向不一致时,磁场会有对齐的趋势,并产生对齐的转矩。例如,在桌子上放置一块磁铁,再拿另外一块磁铁接近桌子上的磁铁,如果接近的方向一致,两块磁铁直接吸在一起,没有相互转动;如果接近的方向不一致,那么桌子上的磁铁将会转动直到与手中拿的一块对齐,也就是说产生了转矩,在磁铁转动的过程中,手也会感到阻力,正是手克服该阻力做的功为桌子上的磁铁的转动提供了能量。

在自整角机中,整步绕组中的感应电流产生了与原来的直轴磁场方向不一致的感应磁场,产生的过程即是做功的过程,会直接引起转动,能量来自励磁电源。

参看图 5-3,在发送机中,合成磁势 F_1 与直轴磁场 NS 方向不一致,要达到对齐,发送机转子应该顺时针转动,直到合成磁势 F_1 对齐直轴磁场 NS,转动的结果是发送机转子的转角 θ_1 减小。

在接收机中,合成磁势 F_2 与直轴磁场 NS 方向也不一致,要达到对齐,接收机转子应该逆时针转动,直到合成磁势 F_2 对齐直轴磁场 NS,转动的结果是接收机转子的转角 θ_2 增大。

在图 5-3 所示的情况下,原先 θ_1 较大,θ_2 较小,转动后发送机转子的转角 θ_1 减小,接收机转子的转角 θ_2 增大,最后必然是 $\theta_1=\theta_2$,失调角为零。

再从电流与磁场相互作用的角度来分析发送机和接收机各自的转矩,如图 5-4 所示。

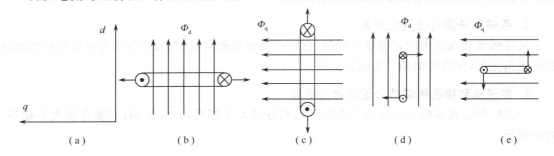

图 5-4 电流与磁场相互作用

这种分析方法是把各个分量磁势都看做是由一个各自的、虚拟的线圈通过电流所产生的。这个线圈只是为了分析需要而想象出来的,并不是实际的线圈。

图 5-4(b)所示的是直轴磁通和产生直轴磁势的线圈。显然,直轴磁通对线圈不会产生转矩;图 5-4(c)所示的交轴磁通和产生交轴磁势的线圈,它们之间相互作用也不会产生转矩。

图 5-4(d)所示的是直轴磁通和产生正向交轴磁势的线圈。它们之间相互作用将使该线圈产生顺时针转矩,可以用左手定则进行判断。图 5-4(e)所示的是交轴磁通和产生正向直轴磁势的线圈。它们之间相互作用将使该线圈产生逆时针转矩。

运用这种分析方法,在发送机中,直轴磁通和产生合成磁势 F_1 的虚拟载流线圈相互作用;在接收机中,直轴磁通和产生合成磁势 F_2 的虚拟载流线圈相互作用,分别在各自电动机内部产生了转矩。

作用在自整角机转子上的整步转矩为:

$$T = K_{\mathrm{T}}\Phi_{\mathrm{d}}F_{\mathrm{q}}$$

式中,K_{T} 为比例常数。

如果发送机和接收机均处于自由旋转的状态,发送机产生的转矩使发送机转子旋转;接收机产生的转矩使接收机转子旋转,旋转的趋势是使 $\theta_1=\theta_2$。当 $\theta_1=\theta_2$ 时,失调角为 0,此时发送机整步绕组合成磁势和接收机整步绕组合成磁势均为零,发送机和接收机的整步转矩为零。

5.1.5 力矩式自整角机的主要技术指标

1. 比整步转矩 T_θ

力矩式自整角接收机的角度指示功能主要取决于失调角 θ 很小时的整步转矩值。通常是用力矩式自整角发送机和接收机在协调位置附近失调角为 1°时,所产生的整步转矩值来衡量。这一指标被称为比整步转矩 T_θ。它是力矩式自整角机的一个重要性能指标。

2. 零位误差

力矩式自整角发送机励磁后,从发送机转子的转角为零处,即基准电气零位开始(基准电气零位处,b相整步绕组和c相整步绕组相互对称,线间电势为零),转子每转过60°,就有一相整步绕组对准励磁绕组,另外两相整步绕组线间电势为零。此位置称做理论电气零位。由于设计及工艺因素的影响,实际电气零位与理论电气零位有差异,此差值即为零位误差,以角分表示。力矩式发送机的精度是由零位误差来确定的。力矩式发送机零位误差一般为$0.2° \sim 1°$。

3. 静态误差

在力矩式自整角机系统中,在静态协调位置时,接收机与发送机转子转角之差,称为静态误差,以角分表示。力矩式接收机的精度是由静态误差来确定的。静态误差大约为$1°$的数量级。

5.2 控制式自整角机的结构和工作原理

控制式自整角机将接收机作为自整角变压器使用,得到与失调角有密切关系的输出电压信号,使用形式更加灵活。

5.2.1 控制式自整角机的结构

力矩式自整角机本身没有力矩的放大作用,在实际运用中存在着许多限制。当一台力矩式自整角发送机带动多台力矩式自整角接收机工作时,每台接收机的得到的比整步转矩将随着接收机台数的增多而降低。这种系统在运行中,如有一台接收机转子因意外原因被卡住,将会消耗大量电流,使系统中所有其他并联工作的接收机都受到影响。另外,力矩式自整角机的静态误差也比较大。

基于力矩式自整角机的上述缺陷,在随动系统中广泛采用了由伺服机构和控制式自整角机组合的系统。由于伺服机构中增设了放大器,系统具有较高的灵敏度。此时,角度传输的精度主要取决于自整角机的电气误差,通常可达到几角分,性能上优于力矩式自整角机。并且,这种系统的输出是电信号,采用的是电气传输的方式,有效地避免了机械连接带来的误差。

控制式自整角机输出电压信号,输出电动机没有机械运动,因而工作时它的温升相当低,一台发送机分别驱动多个伺服机构的系统中,即使其中有一台接收机转子因意外原因发生故障,通常也不至于影响其他接收机正常运行。又因为控制式自整角机不直接驱动机械负载,所以这种电动机的尺寸就可以做得比相应的力矩式自整角机小一些。这种电动机使用比较灵活,是自整角机应用的主要形式。

控制式自整角机从整体上可分为控制式自整角发送机和控制式自整角接收机。控制式自整角发送机和力矩式自整角发送机相似。控制式自整角接收机和力矩式自整角接收机不同,它不直接驱动机械负载,而只是输出电压信号,供放大器使用。

控制式自整角发送机的结构和力矩式自整角发送机很相近,可以采用两种转子机构:凸极式转子结构和隐极式转子结构。转子上通常放置单相励磁绕组。定子上仍然放置三相整步绕组,彼此的排列关系也为120°电角度。

控制式自整角接收机的工作方式是三相整步绕组输入电压,励磁绕组输出电压,实质工作在变压器状态,所以又称为控制式自整角变压器,简称自整角变压器。自整角变压器均采用隐极式转子结构,并在转子上装设单相高精度的直轴绕组作为输出绕组。

采用隐极式转子结构的优点是:电动机的气隙均匀,在运行时,整步绕组的合成磁动势在空间任意位置都有相同的磁导,可以避免由于槽口处磁通波形发生畸变而影响输出绕组的电动势。自整角变压器的定子铁芯上,同样放置三相整步绕组。

控制式自整角机一般在随动系统中使用,配合伺服机构,能带动较大的负载并有较高的角度传输精度。

5.2.2 控制式自整角机的工作原理

为了使分析更加直观,采用原理图进行分析,如图 5-5 所示。假定各相整步绕组参数相同,两台自整角机参数相同。

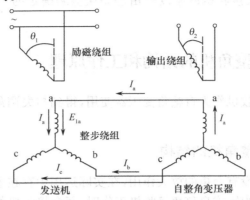

图 5-5 控制式自整角机的工作原理

在图 5-5 中,控制式自整角发送机的励磁绕组由单相交流电源励磁,其三相整步绕组和自整角变压器的整步绕组对应相接。而自整角变压器的输出绕组通常接至放大器的输入端,放大器的输出端再接至伺服电动机的控制绕组,由伺服电动机驱动负载转动,并同时通过减速器带动自整角变压器转子构成机械反馈连接。

当自整角变压器转子偏转后,失调角减小,并使输出绕组的电压信号减小,直至协调位置,输出绕组的电压信号为零,伺服电动机停转。

自整角机系统中发送机和接收机所构成的整步绕组回路的电动势、电流及自整角变压器输出绕组的电动势分析如下。

控制式自整角发送机整步绕组中的感应电势是由同一个励磁绕组的脉振磁场所感应的,因此各相绕组中的感应电动势的相位相同,而大小取决于各相整步绕组和励磁绕组轴线之间的相对位置。

控制式自整角机系统中,自整角变压器的整步绕组虽然流过感应电流,但是因为不存在直轴磁场,因而整步绕组中没有感应电动势,这是与力矩式自整角接收机不同的地方。只有发送机的励磁绕组接上单相交流电源励磁,所以也只在发送机的整步绕组中有感应电动势。

同样,在发送机和接收机中各自以 a 相整步绕组轴线和励磁绕组轴线一致时作为转子的起始位置,对于接收机而言,励磁绕组只是沿用以往的名称,其实并没有施加单相交流电源励磁,现在只是空接,作为电压输出绕组使用。这个输出的电压,包含了两台自整角机失调角的信息。

下面先对整步绕组回路的情况进行分析。

在发送机 a 相整步绕组中,感应电动势的有效值为:

$$E_{1a} = 4.44 \, f \, NK\Phi_d\cos\theta_1 = E\cos\theta_1$$

a 相整步绕组回路的感应电流的有效值为：

$$I_a = \frac{E_{1a}}{Z_{a1} + Z_{a2}} = \frac{E\cos\theta_1}{Z_{a1} + Z_{a2}} = I\cos\theta_1$$

式中，I 为最大感应电流的有效值，且 $I = \dfrac{E}{Z_{a1} + Z_{a2}}$。当 a 相整步绕组回路产生最大感应电动势 E 时，有最大感应电流。数学推算可得，在 $\theta_1 = 0°$ 时就会引起最大感应电流。

同理，在 b 相整步绕组回路和 c 相整步绕组回路分别进行分析，可以得到各自回路的感应电流的有效值为：

$$I_b = I\cos(\theta_1 - 120°), \quad I_c = I\cos(\theta_1 + 120°)$$

各相整步绕组产生感应电流之后，感应电流必然在各相产生磁场，这些磁场称为感应磁场，磁场的大小用磁动势表示。根据电动机中电流与磁场的规律，a 相整步绕组回路中，通过发送机整步绕组和接收机整步绕组的电流相等，因此，发送机整步绕组的磁动势的幅值 F_{1a} 等于接收机整步绕组的磁动势的幅值 F_{2a}，即

$$F_{1a} = F_{2a} = \frac{4}{\pi}\sqrt{2}I_a NK$$

同理，对于 b 相整步绕组回路和 c 相整步绕组回路的感应电流所产生的感应磁场，也可以用磁势表示如下：

$$F_{1b} = F_{2b} = \frac{4}{\pi}\sqrt{2}I_b NK, \quad F_{1c} = F_{2c} = \frac{4}{\pi}\sqrt{2}I_c NK$$

然后对接收机的各个磁势分量进行分析。

分析的方法仍然是将接收机的各相整步绕组产生的磁势都在直轴 d 轴方向和交轴 q 轴方向进行投影，电动机中三相整步绕组共得到 6 个磁动势分量，最后将三个直轴磁势分量相加，得到总的直轴分量 F_{2d}；三个交轴磁动势分量相加，得到交轴磁动势分量 F_{2q}，最后可以得到一个合成磁动势 F_2。

先求出接收机直轴磁动势分量 F_{2d}：

$$\begin{aligned}
F_{2d} &= F_{2a}\cos\theta_2 + F_{2b}\cos(\theta_2 - 120°) + F_{2c}\cos(\theta_2 + 120°) \\
&= \frac{4}{\pi}\sqrt{2}I_a NK\cos\theta_2 + \frac{4}{\pi}\sqrt{2}I_b NK\cos(\theta_2 - 120°) + \frac{4}{\pi}\sqrt{2}I_c NK\cos(\theta_2 + 120°) \\
&= \frac{4}{\pi}\sqrt{2}I\cos\theta_1 NK\cos\theta_1 + \frac{4}{\pi}\sqrt{2}I\cos(\theta_1 - 120°)NK\cos(\theta_1 - 120°) + \\
&\quad \frac{4}{\pi}\sqrt{2}I\cos(\theta_1 + 120°)NK\cos(\theta_1 + 120°)
\end{aligned}$$

采用三角公式化简，可以得出：

$$F_{2d} = \frac{3}{2}\frac{4}{\pi}\sqrt{2}INK\cos\theta$$

简写为：

$$F_{2d} = \frac{3}{2}F_m\cos\theta$$

同理，求出接收机总的交轴分量感应磁势 F_{2q}：

$$\begin{aligned}
F_{2q} &= -F_{2a}\sin\theta_2 - F_{2b}\sin(\theta_2 - 120°) - F_{2c}\sin(\theta_2 + 120°) \\
&= -\frac{4}{\pi}\sqrt{2}I\cos\theta_1 NK\sin\theta_2 - \frac{4}{\pi}\sqrt{2}\cos(\theta_1 - 120°)NK\sin(\theta_2 - 120°) - \\
&\quad \frac{4}{\pi}\sqrt{2}I\cos(\theta_1 + 120°)NK\sin(\theta_2 + 120°)
\end{aligned}$$

可以得出：
$$F_{2q}=\frac{3}{2}\frac{4}{\pi}\sqrt{2}INK\sin\theta$$

简写为：
$$F_{2q}=\frac{3}{2}F_m\sin\theta$$

接收机的直轴磁势分量 F_{2d} 及交轴磁势分量 F_{2q} 已经得出,利用正交合成得到一个接收机的合成磁势 F_2

$$F_2=\sqrt{F_{2d}^2+F_{2q}^2}=\frac{3}{2}F_m \tag{5-16}$$

接收机的合成磁势与直轴的夹角 β_2

$$\beta_2=\arctan\frac{|F_{2q}|}{|F_{2d}|}=\theta$$

可以看出,自整角接收机三相整步绕组的合成磁势的大小与失调角无关,并等于每相最大磁势幅值的 1.5 倍。而合成磁势的空间位置则由失调角所决定,合成磁势的方向和失调角的方向一致。

接收机的直轴磁势分量 F_{2d} 及交轴磁势分量 F_{2q} 是一个变化的磁场,直轴磁势分量 F_{2d} 与接收机的输出绕组轴线一致,因而直轴磁势分量将在输出绕组产生感应电压。这个过程是：

发送机励磁绕组产生磁场→整步绕组产生感应电势→整步绕组产生感应电流→整步绕组产生感应磁场→输出绕组产生感应电压。

输出绕组产生感应电压的大小为：
$$U_2=E_2=4.44fNK\Phi_{2d}=4.44fNKF_{2d}\Lambda$$
$$=4.44fNK\frac{3}{2}F_m\cos\theta\Lambda=U_{2m}\cos\theta$$

式中, U_{2m} 为最大输出电压的有效值; Λ 为磁导。

输出电压 U_2 为失调角的余弦函数,这将在实际使用时会带来一系列的缺点。因随动系统总是希望当失调角为零(协调位置)时,输出电压为零,即无电压信号输出。只有存在失调角后,才有输出电压,并使伺服电动机运转。

在实际使用自整角变压器时,总是先把转子由协调位置逆时针转动 90°,即取交轴方向为起始位置。这时由交轴磁场在输出绕组中感应电势,输出电压为

$$U_2=E_2=4.44fNK\Phi_{2q}=4.44fNKF_{2q}\Lambda$$
$$=4.44fNK\frac{3}{2}F_m\sin\theta\Lambda=U_{2m}\sin\theta \tag{5-17}$$

这种输出关系比较方便,逻辑清晰,应用较多。

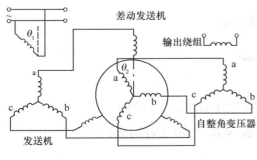

图 5-6　差动式自整角机

5.2.3　差动式自整角机

在控制式发送机和自整角变压器中间再接入一台控制式差动发送机后,自整角变压器的输出电压变为发送机转子和差动发送机转子转角的和、或差的正弦函数。其运行原理如图 5-6 所示。

在图 5-6 中,控制式差动发送机的定子三相绕组和控制式发送机的整步绕组对应相接;控制式差动发送机的转子三相绕组和控制式接收机

的整步绕组对应相接。

开始时控制式差动发送机的定、转子三相绕组各相的轴线对齐,使差动发送机的 a 相整步绕组和直轴的方向重合。当控制式发送机的励磁绕组外施单相交流电源励磁后,这时在差动发送机的定子绕组中产生合成感应磁势 F_c,它的空间位置是与差动发送机的 a 相整步绕组成 θ_1 角。

若差动发送机的转子再转过 θ_2 角,差动发送机转子的合成磁动势相对于差动发送机定子合成磁动势的空间位置角为 $\theta_1 \pm \theta_2$。自整角变压器转子的合成磁动势也与自整角变压器 a 相整步绕组成 $\theta_1 \pm \theta_2$ 角。选用自整角变压器转子的交轴磁动势分量进行感应,自整角变压器输出电压为:

$$U_2 = U_{2m}\sin(\theta_1 \pm \theta_2)$$

这时的输出电压是两台自整角机转角的和差信号,故称为差动式自整角机。

5.2.4 控制式自整角机的主要技术指标

1. 比电压

自整角变压器在协调位置附近,当失调角为 1°时的输出电压值,称为比电压。比电压越大,自整角变压器的灵敏度越高。

2. 零位电压

控制式自整角机处于电气零位时的输出电压。电气零位是指控制式发送机转子位置为零,而自整角变压器转子位置为 90°电角度时的输出电压,理论上为零。实际中受到电动机加工过程中定子铁芯内圆和转子铁芯外圆的椭圆影响、定转子的偏心、铁芯冲片的毛刺所形成的短路等原因存在一定的非零值。

3. 电气误差

自整角变压器的输出电压应符合正弦函数的关系。但由于设计、工艺、材料等因素的影响,在某个电压输出时所对应的实际的转子转角与理论曲线是有差异的,此差值即为电气误差,以角分表示。控制式自整角接收机,即自整角变压器的精度就是由电气误差所决定的。控制式自整角机的精度优于力矩式自整角机,其误差仅为 $5' \sim 10'$。

5.3 数字式自整角机

随着科学技术的发展,对于自整角机的应用也提出了数字式、自动化的要求。自整角机广泛用于航空、航天、雷达、坦克和地炮火控等军事装备,也可用于数控机床和机器人等民用设备中。为了计算机的信息处理和控制,需要将自整角机输出的交流电压信号变换成数字量。

数字式自整角机是把自整角变压器看做将沿着轴向旋转的角度位置和(或)角速度转换成一种电信号的传感器,自整角机数字转换器(又称同步机数字转换器,Synchro Digital Converter,SDC)用于将这些传感器信号转换成对应于旋转角度和(或)角速度的数字输出。SDC 系列产品为这些应用提供了解决方案。

SDC 专用芯片的产生,改变了自整角机的应用形式。SDC 专用芯片产生之前,需要两台自整角机配合使用,然后输出与两台自整角失调角对应的电压。SDC 专用芯片产生之后,只需要一台自整角机。自整角机的励磁绕组的引线、三相整步绕组的引线都直接接入 SDC 专用芯片,该芯片就会输出偏离电气零位的角度的数字信息。

随着单片计算机技术的飞速发展,这种应用日趋成熟和普及。近年来,在新一代智能仪表仪器越来越多地采用这种方法进行轴角的检测、传输、变换和显示,受到使用者的重视和欢迎。在位置伺服系统及其他应用领域,由此而带来的检测与显示轴角或位置的精度的提高,大幅度提高了整个系统的精度。

以自整角机作为轴角传感器,采用自整角机的专用轴角转换模块 SDC 与单片机接口,可以组成对受控对象进行轴角检测与显示的系统。这种检测与显示装置具有集成化程度高、功能多、全数字处理技术、传输误差小、显示精度高、结构简单和使用方便的特点,它不仅能够应用于轴角检测与显示,而且也可以应用于位置伺服系统,实现高精度、全数字控制。SDC 专用芯片可以直接输出数字化形式的转角位置信息,配合单片机或者 DSP 使用十分合适。

SDC 单片集成电路系列有 SDC1740、SDC1741、SDC1742、ZSZ 系列等芯片。其中 SDC1740 芯片的应用范围比较广。

5.3.1　SDC1740 芯片简介

SDC1740 的主要性能如下。

SDC1740 的分辨率为 14 位,最小可以分辨的角度为 0.022°,约合 1.3′;

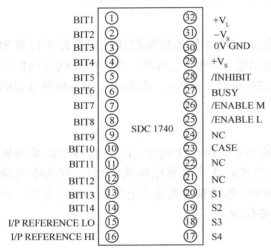

图 5-7　SDC1740 引脚分布

误差:最大值±5.3′;

跟踪速度:大于 27r/min;

信号参考频率:400Hz;

输入信号电平:90V,26V,11.8V;

输入信号阻抗:200kΩ(90V);

参考信号电平:11.8V,26V,115V;

参考信号阻抗:120kΩ(115V);

电源电平:±15V/35mA,逻辑电平 5V/56mA;

功耗:1.4W;

数字输出电平:高电平 1 时最低 2.4V,低电平 0 时最高为 0.4V,可以驱动最多 6 个 TTL 负载;高电平 1 时最大拉电流达 240μA;低电平 0 时最大灌电流高达 9.6mA;

外形尺寸:44.2mm×28.9mm×7.1mm。

SDC1740 采用双列直插式封装形式,其引脚分布如图 5-7 所示。

常用引脚及功能如下。

1~14 引脚——BIT1~BIT14 并口数据输出;

15,16 引脚——参考信号输入,即自整角机励磁绕组信号输入,最大值±350V;

18~20 引脚——自整角机整步绕组信号输入,最大值±350V;

25 引脚——允许低 6 位数据输出,低电平有效;

26 引脚——允许高 8 位数据输出,低电平有效;

27 引脚——忙信号,高电平有效,指出输出锁存器正在进行更新,此时不能将输出锁存器的值输出到引脚;

28 引脚——禁止锁存数字转换器数据,低电平有效,禁止输出锁存器的更新;

29,31 引脚——正电源,负电源,±15V;

30 引脚——电源地；

32 引脚——逻辑电源，+5V。

5.3.2　SDC1740 芯片工作原理

SDC1740 芯片接收自整角机励磁绕组和整步绕组的交流信号输入，在芯片内部转变为正弦信号和余弦信号，输入数字转换器进行转换后送入输出锁存器，进而送到输出引脚。

图 5-8 是 SDC1740 模块与自整角机接线的示意图。SDC 的输入端直接与自整角机的励磁信号和三路整步绕组输出信号相连接，SDC 的输出端为与自整角机轴角相对应的数字量，可以直接与单片机接口。因此，SDC 模块相当于 A/D 转换器，可以作为单片机的一个外设，利用它能够很方便地实现轴角检测的数字化处理。

其他注意事项如下：

芯片电源入口处应对地并联两个退耦电容。电源入口指芯片的正电源，负电源，逻辑电源。退耦电容的推荐值为 $6.8\mu F$ 和 $0.1\mu F$。

S4 引脚在使用自整角机时应该悬空。

BUSY 引脚：模块输出的忙脉冲信号，它为逻辑高电平时，对轴角变化量进行数字跟踪，这时输出数据无效，逻辑低电平时，允许数据输出，这时输出数据有效。

/INHIBIT 输入：/INHIBIT 信号禁止可逆计数器向输出锁存器传送数据，即输出锁存器保持当前值不变，释放该信号将自动产生一个 BUSY 信号，表示忙于刷新输出锁存器，此时不可读取数据。待 BUSY 信号变低表示刷新完毕，可以读取数据。

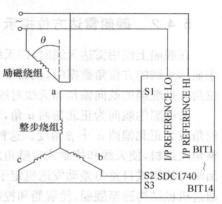

图 5-8　SDC1740 模块与自整角机接线的示意图

/ENABLE L 和/ENABLE M 输入：该信号决定了输出数据的状态，高电平时，输出数据引脚保持在高阻状态，对外截止。低电平时，允许输出锁存器中的数据传送到输出的引脚上。/ENABLE L 允许低 6 位数据输出，/ENABLE M 允许高 8 位数据输出。

SDC 模块的工作原理如下：上电后 SDC 内部模块处于工作状态，模块并行输出的 14 位数码随着自整角机轴的旋转而发生变化。在数字转换完成后，BUSY 端送出低电平，表明此时 SDC 输出的数字码有效，允许单片机将数字码取走。SDC 模块的数字码输出权位有各自的意义。最高位数字 BIT1 的权重为 180°，最低位数字 BIT14 的权重为为 0.022°。

5.4　自整角机的应用

自整角机可以直接使用在角度指示系统，带动指针等轻负载转动；也可以使用差动式自整角机组成更复杂的角度检测系统。

5.4.1　液面位置指示器

图 5-9 表示液面位置指示器的系统组成。

液面的高度发生改变时，带动浮子随着液面的上升或下降，通过滑索带动自整角发送机转轴转动，这是第一步，将液面位置的直线变化转换成发送机转子的角度变化。自整角发送机和

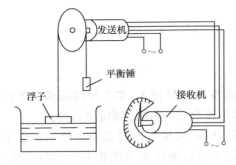

图 5-9 液面位置指示器的系统组成

接收机之间再通过导线远距离连接起来。

因为自整角发送机和自整角接收机的转角位置发生了改变,产生了失调角。根据理论分析,自整角发送机和自整角接收机这时应该产生转矩,使自整角发送机和自整角接收机的转角对齐。自整角发送机产生的力矩和滑索的外力矩平衡,保持静止;自整角接收机产生的力矩带动表盘指针转过一个失调角,这是第二步,正好指示出角度的改变。实现了远距离的位置指示。这种系统还可以用于电梯和矿井提升机位置的指示,以及核反应堆中的控制棒指示器等装置中。

5.4.2 舰船雷达方位指示

在舰船上使用雷达天线时,因天线在旋转,舰船又在航行,当雷达显示管要按正北方位角来显示天线的方位角数据时,就需要自整角机做角度的相关运算。天线与正北方向之间的方位角应是舰船的航向偏角和天线对舰船的方向角之和或差。

若舰船的航向为正北偏西 a 角,天线所指的方向对舰船来说又是偏左 β 角,则天线的真方位角应为正北偏西 $a + \beta$ 角度。这种运算可以如下实现:天线通过机械结构连接到控制式自整角发送机,使天线和控制式自整角发送机转子同步旋转;控制式自整角发送机转子的三个输出端与控制式自整角差动发送机定子的三个输入端相连;控制式自整角差动发送机的转子又通过机械结构连至舰船,使舰船和控制式自整角差动发送机的转子同步旋转。经理论分析可知,控制式自整角接收机的输出电压即为天线真实方位的正弦函数,这个输出电压可以加到雷达显示管的偏转线圈,在屏幕上显示出天线的真实方位角。

思考与练习五

5-1 简要说明力矩式自整角接收机中的整步转矩是怎样产生的?它与哪些因素有关?

5-2 试分析控制式自整角发送机中的磁势关系。

5-3 画出力矩式自整角机系统的工作原理图,简要说明力矩式自整角发送机和接收机整步绕组中合成磁势的性质特点。

5-4 简要说明自整角变压器整步绕组中合成磁势的性质和特点。

5-5 分析差动式自整角机的工作过程。

5-6 简述 SDC1740 芯片的使用方法。

第6章　开关磁阻电动机及其控制

本章主要介绍开关磁阻电动机及 SRD 的结构、工作原理与应用。

主要内容

- 开关磁阻电动机的传动系统
- 开关磁阻电动机的基本电磁关系
- 开关磁阻电动机的运行状态及控制方式
- 开关磁阻电动机传动系统的功率变换器、控制器及位置、电流检测器
- 开关磁阻电动机的 DSP 控制

重点

本章重点为开关磁阻电动机结构工作原理；开关磁阻电动机的运行状态及控制方式；开关磁阻电动机的 DSP 控制；应掌握开关磁阻电动机传动系统的构成；了解 SRD 系统中功率变换器、控制器及位置、电流检测器的工作原理与应用。

开关磁阻电动机是一种新型调速电动机，调速系统兼具直流、交流两类调速系统的优点，是继变频调速系统、无刷直流电动机调速系统的最新一代无级调速系统。它的结构简单坚固，调速范围宽，调速性能优异，且在整个调速范围内都具有较高效率，系统可靠性高。

开关磁阻电动机结构简单，性能优越，可靠性高，覆盖功率范围 10W～5MW 的各种高、低速驱动调速系统。这使得开关磁阻电动机存在许多潜在的应用领域，在各种需要调速和高效率的场合均能得到广泛使用（电动车驱动、通用工业、家用电器、纺织机械、电力传动系统等各个领域）。

6.1　开关磁阻电动机传动系统

6.1.1　开关磁阻电动机传动系统的组成

开关磁阻电动机传动系统（简称 SRD 系统）主要由开关磁阻电动机、功率变换器、控制器与位置检测器四部分组成。控制器内包含控制电路与功率变换器，而转子位置检测器则安装在电动机的一端。它们之间的关系如图 6-1 所示。

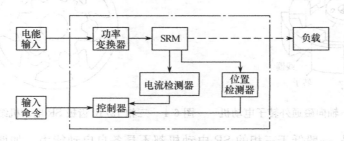

图 6-1　开关磁阻电动机传动系统框图

1. 开关磁阻电动机

开关磁阻电动机(又称变磁阻电动机)是 SRD 系统的执行元件。它不像传统的交直流电动机那样依靠定、转子绕组电流所产生磁场间的相互作用形成转矩和转速,而是与反应式步进电动机相同,遵循磁通总是要沿着磁阻最小(或磁导最大)的路径闭合的原理,产生磁拉力形成磁阻性质的电磁转矩。

开关磁阻电动机通常可分为单边凸极结构和双边凸极结构两种类型,其显著特征为:转子上既无绕组,也不需要永磁体,唯一的磁势来自定子绕组。为产生转矩,设计时必须使得定子绕组的电感随转子位置的变化而变化(转矩是相电感对转子位置角的导数),在其他条件相同的条件下,这一导数越大,电动机产生的转矩越大。在转子结构相同的情况下,双凸极型结构的最大电感与最小电感的比值更大,可以获得更大的电磁转矩,因此在实际应用时均采用这一结构形式,即定、转都是凸极形式,并且定、转子齿极数(简称极数)不相等,如

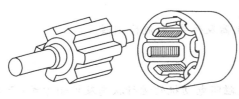

图 6-2　开关磁阻电动机的基本结构

图 6-2 所示。另外,定子上装有简单的集中绕组,直径方向相对的两个绕组串联在一起,构成"一相";转子由叠片构成,不需要任何形式的绕组、换向器、集电环等。

开关磁阻电动机的种类很多,按相数可分为单相、两相、三相、四相和多相;按气隙方向可分为轴向式、径向式结构和径向—轴向混合式结构。图 6-3 所示是单相径向—轴向磁通外转子电动机;按每齿极的小齿数可分为每极单小齿结构和每极多小齿结构。

目前应用较多的是二相 6/4 极结构和四相 8/6 极结构。表 6-1 为常见 SR 电动机定、转子极数组合方案。

表 6-1　常见 SR 电动机定、转子极数组合方案

相数 m	1	2	3	4	5	6
定子极数 N_s	2	4	6	8	10	12
转子极数 N_r	2	2	4	6	8	10

通常小容量家用电器中使用的开关磁阻电动机,常做成单相或两相径向—轴向式结构。工业用电动机多采用三相、四相径向单小齿式结构。图 6-4 表示的是三相 12/10 齿极 SR 电动机结构的铁芯冲片图。

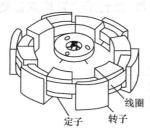

定子　转子

线圈

图 6-3　单相径向—轴向磁通外转子电动机　　图 6-4　三相 12/10 齿极 SR 电动机结构的铁芯冲片图

需要说明的是,一般低于三相的 SR 电动机都不具备自启动能力。如两相电动机在对齐位置(定、转子磁极中心线对齐)和不对齐位置(定子极与转子槽中心线对齐)时,无论采用怎样的相电流组合都无法产生转矩,存在一定的转矩"死区"。为解决这个问题,一种方法是把电

动机设计成不对称结构,这样在上述位置不再是零转矩;另一种方法是把一组两个或者两个以上的 SR 电动机安装在一起串联运行,所有电动机装到同一个公共轴上,定位时将每个 SR 电动机与其他的电动机错开一定的位置,由于各个电动机的零转矩位置不重合,整个电动机系统也就不存在零转矩位置了。相数多时,虽有利于减小转矩波动,但导致结构复杂、主开关器件多、成本增高。

2. 功率变换器

功率变换器是直流电源和 SR 电动机的接口,在控制器的控制下起到开关作用,使绕组与电源接通或断开;同时还为绕组的储能提供回馈路径。SRD 系统的性能和成本很大程度上取决于功率变换器,因此合理设计功率变换器是整个 SRD 系统设计成败的关键。性能优良的功率变换器应同时具备如下条件:

① 具有较少数量的主开关元件。
② 可将电源电压全部加给电动机相绕组。
③ 主开关器件的电压额定值与电动机接近。
④ 具备迅速增加相绕组电流的能力。
⑤ 可以通过主开关器件调制,有效地控制相电流。
⑥ 能将绕组储能回馈给电源。

SRD 系统功率变换器主要有以下 4 种典型形式,如图 6-5 所示。有关详细的设计请参考 6.4 节内容。

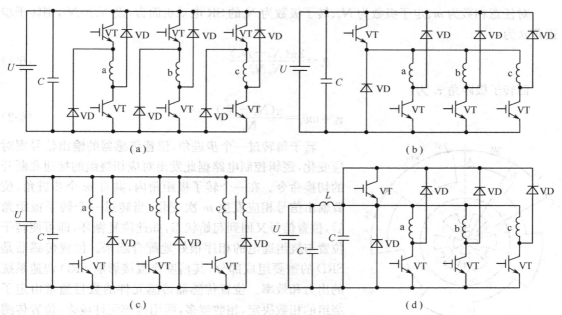

图 6-5　SRD 典型功率变换器

(1) 不对称半桥式功率变换器电路

每相各有两只开关管,同时通断,并有两只续流二极管,该结构适合于高压及大容量场合,其优点是各相绕组电流独立控制,缺点是开关器件数量随电动机相数增多而增多,造价明显提高。

(2) 具有公共开关器件的功率变换器电路

有一只公共开关管在任一相导通时均开通,一只公共续流二极管在任一相续流时均参与。

该电路所需开关器件和二极管数量较图 6-5(a)所示电路大大减少,可适用于相数较多的场合,其造价明显降低,但相数太多,公共开关管的电流定额和功率定额都大大增加,若其损坏,将导致各相同时失控。

（3）双绕组功率变换器电路

每相只有一个开关管,但要求电动机每相绕组中都有一个完全耦合的次级线圈。其优点是开关元件少,缺点是要求功率开关元件耐压高,接线较多,电动机绕组利用率低。

（4）带储能电容的功率变换器电路

与图 6-5(b)所示电路相比,减少了公共开关器件,从而克服了公共器件额定电流和额定功率要求高的缺点。增加了储能电容部分,绕组关断时其储能不是直接回馈到电源,而是转存到电容上,然后再回馈到电源。其优点是可工作于相数较多的场合,且加快了绕组放电,改善了电流波形,提高了系统效率。

3. 位置检测器

SR 电动机位置检测的目的是确定定、转子的相对位置,是决定绕组通电与关断的依据,也是提供速度信息从而保证系统的动、静态性能的依据。目前多采用直接位置检测的方法,即利用诸如光电式、电磁式或磁敏式传感器直接检测转子位置,即要用绝对位置传感器检测定转子相对位置。

SRD 对位置检测的一般要求是,首先在运行的速度范围内要满足检测的精度要求;其次要求电路简单、工作可靠、抗干扰能力强;有时还要求能在恶劣环境下工作。

对任意相数为 m、定子极数为 N_s、转子极数为 N_r 的 SR 电动机而言,设 $N_s > N_r$,则转子步进角 θ_s 为:

$$\theta_s = \frac{2\pi(N_s - N_r)}{N_s N_r} \tag{6-1}$$

而转子极距角 τ_r 为:

$$\tau_r = m\theta_s = \frac{\pi(N_s - N_r)}{N_r} \tag{6-2}$$

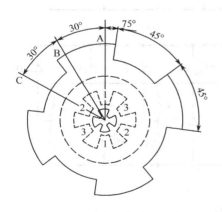

图 6-6　轴位置传感器示意图

转子每转过一个步进角,位置传感器的输出信号则对应变化,逻辑控制电路据此发出对应相绕组的接通和断开的切换命令。在一个转子极距角内,共有 m 个步进角,位置输出信号相应发生 m 次变化,当转过一个转子极距角后,位置信号又回到起始状态,如此往复循环,即可使转子位置与绕组通电的相序很好地配合起来。位置传感器是 SRD 的重要组成部分,其精度将直接影响 SRD 调速系统的出力和效率。位置传感器传感元件的数目通常由定子绕组的相数决定,相数越多,所用传感元件越多,位置传感器也就越复杂。图 6-6 为三相 6/4 极 SR 电动机光电式位置传感器示意图,由与电动机转子同轴的转盘和传感元件组成,转盘有与转子凸极、凹槽数相等的齿、槽,且齿、槽均匀分布。转盘固定在转子轴上,传感元件固定在定子上,也可固定在机壳上。

位置传感器环节增加了 SRD 结构的复杂性,增加了 SR 电动机与控制器之间的连线,也增加了成本及潜在的不稳定性,而且调试很烦琐。

利用位置传感器直接检测既增加了系统结构的复杂性，又给安装、调试带来了不便，这也正是 SR 电动机调速系统诸多性能优于直流电动机调速系统、变频调速系统之外的一点逊色之处。从而促使国内外许多学者开始研究无位置传感器检测方案，目前无位置传感器检测方案有多种，简要介绍如下：

（1）电流波形检测法

电流波形检测法是最早的无位置检测方案。因为 SRD 的相电流变化速率取决于增量电感，而增量电感又是由转子位置决定的，利用这一规律就可解算出转子位置信息。

（2）电感简化计算法

一种由电流波形检测法变形而来的非通电相加瞬时脉冲激励，以得到简化的电感计算法。

（3）状态观测器检测法

状态观测器检测法即模拟 SRD 的电感—转角特性引入了一个状态观测器等。

4. 控制器

控制器是 SRD 系统的大脑，起决策和指挥作用。它综合位置检测器、电流检测器所提供的电动机转子位置、速度和电流等反馈信息及外部输入的命令，然后通过分析处理，决定控制策略，向功率变换器发出一系列执行命令，进而控制 SR 电动机运行。

控制器由具有较强信息处理功能的微机或数字逻辑电路及接口电路等部分构成。微机信息处理功能大部分由软件完成。在 SRD 中，要求控制器具有下述性能：

① 电流斩波控制。

② 角度位置控制。

③ 启动、制动、停车及四象限运行。

④ 速度调节。

6.1.2 开关磁阻电动机的工作原理

如前所述，开关磁阻电动机的转矩是磁阻性质的，其运行原理遵循"磁阻最小原理"——磁通总是要沿着磁阻最小的路径闭合，因磁场扭曲而产生切向磁拉力，下面结合具体实例来说明其工作原理。

图 6-7 所示为 SR 电动机的工作原理。它的定子上有 8 个齿极（$N_s = 8$），每个齿极上绕着一个线圈，直径方向上相对的两个齿极上的线圈串联连接组成一相绕组。转子沿圆周有 6 个均匀分布的齿极（$N_r = 6$），齿极上没有线圈。定、转子间有很小的气隙。VT_1 和 VT_2 是电子开关，VD_1 和 VD_2 是续流二极管，E 是直流电源。

当控制器接收到位置检测器提供的电动机内各相定子齿极与转子齿极相对位置信息，如图 6-7 中定子 U 相齿极轴线 UU' 与转子齿极 1 的轴线 11' 不重合，即进

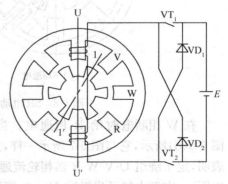

图 6-7　SR 电动机工作原理

行判断处理，向功率变换器发出命令，使 U 相绕组的开关 VT_1 工和 VT_2 导通，U 相绕组通电，而 V、W 和 R 三相绕组都不通电。电动机内建立起以 UU' 为轴线的磁场，磁通经过定子轭、定子极、气隙、转子极、转子轭等处闭合，通过气隙的磁力线是弯曲的。此时，磁路的磁导小于定、

转子齿极轴线 UU′和 11′重合时的磁导,转子受到气隙中弯面磁力线的切向磁拉力所产生转矩的作用,使转子逆时针方向转动,转子齿极 1 的轴线 11′向定子齿极轴线 UU′趋近。当轴线 UU′和 11′重合时,转子达到稳定平衡位置,即 U 向定、转子极对极时,切向拉力消失,转子不再转动。图 6-8(a)表示 U 相定、转子极对极时,电动机内各相定子齿极与转子齿极时的相对位置。可以看到,此时,V 相定子齿极轴线 VV′与转子齿极轴线 22′的相对位置正好与图 6-7 所示 U 相齿极与转子齿极间的相对位置相同,控制器根据位置检测器的位置信息,命令断开 U 相开关 VT₁ 和 VT₂,合上 V 相开关,即在 U 相断电的同时给 V 相通电,建立起以 VV′为轴线的磁场。通电后电动机内的磁场沿顺时针方向转过 π/4 空间角,转子则沿逆时针方向又转过一个角度,至图 6-8(b)所示位置。以此类推,在 V 相断电时给 W 相通电,建立起以 WW′为轴线的磁场,磁场顺时针方向再转过 π/4,转子则沿逆时针方向再转过一个角度,至图 6-8(c)所示位置。

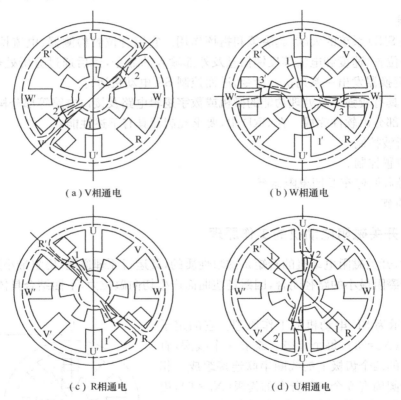

图 6-8　SR 电动机和各项顺序通电开始时的磁场情况

在 W 相断电时给 R 相通电。当 R 相断开时,电动机内定、转子齿极的相对位置如图 6-8(d)所示,它与图 6-7 所示一样,只不过定子 U 相齿极相对的是转子齿极 2,不是 1。这表明,定子绕组 U-V-W-R 四相轮流通电一次,转子逆时针转动了一个转子齿极距(简称转子极距)。本例中转子齿极数 $N_r = 6$,即转子转动了 $\tau_r = 2\pi/N_r = \pi/3$ 空间角,定子齿极所产生磁场的轴线则顺时针方向移动了 $4 \times \pi/4 = \pi$ 空间角。

可见,连续不断地按 U-V-W-R-U 的顺序分别给定子各相绕组通电,电动机内的磁场轴线沿 U-V-V-U 方向不断移动,转子侧沿 U-R′-W′-V′方向即逆磁场轴线移动方向不断转动。每改变通电相一次,定子磁场轴线移动 $2\pi/N_s$ 空间角;转子则每次转过 τ_r/m 极距,m 代表相数。

英国 M. R. Harris 定义磁场转动的角速度 Ω_φ 与转子旋转角速度 Ω_r 之比为磁传动比 G,即

$$G = \Omega_\varphi / \Omega_r \tag{6-3}$$

如果改按 U-R′-W′-V′-U 的顺序轮流通电,则磁场沿 U-R′-W′-V′ 方向转动,转子则沿反方向即 U-V-W-R 方向旋转。这说明改变轮流通电的顺序,就可以改变电动机的转向;而改变通电相电流的方向并不影响转子旋转方向。

由上所述可以得到下面结论:定子齿极数 $N_s = 2m$、转子齿极数为 N_r、相数为 m 的 SR 电动机,转子旋转一周,即 $\theta = 2\pi = N_r \tau_r$,定子 m 相绕组需轮流通电 N_r 次。因此,SR 电动机的转速 $n(\text{r/min})$ 与电源(功率变换器)输出频率(又叫开关频率)f_D 的关系为:

$$f_D = m N_r \frac{n}{60} \tag{6-4}$$

任何一相电压的开关频率 f_φ 为:

$$f_\varphi = \frac{f_D}{m} = \frac{N_r n}{60} \tag{6-5}$$

以图 6-7 为例,当转速 $n = 1500\text{r/min}$ 时,其电源输出频率为 $f_D = m N_r n / 60 = 4 \times 6 \times 150/60 \text{Hz} = 600 \text{Hz}$,一相电压开关频率为 $f_\varphi = f_D / m = 600/4 \text{Hz} = 150 \text{Hz}$,磁传动比为 $G = \Omega_\varphi / \Omega_r = \pi / (2\pi / N_r) = N_r / 2 = 6/2 = 3$。

6.1.3 开关磁阻电动机传动系统的特点

1. 开关磁阻电动机传动系统的优点

开关磁阻电动机传动系统综合了感应电动机传动系统和直流电动机传动系统的优点,是这些传动系统的有力竞争者,其主要优点如下:

① 开关磁阻电动机有较大的电动机利用系数,可以是感应电动机利用系数的 1.2~1.4 倍。

② 电动机的结构简单,转子上没有任何形式的绕组;定子上只有简单的集中绕组,端部较短,没有相间跨接线。因此,具有制造工序少、成本低、工作可靠、维修量小等特点。

③ 开关磁阻电动机的转矩与电流极性无关,只需要单向的电流激励。在理论上功率变换器每相可以只用一个开关元件,而且每个开关元件都与电动机绕组串联,不会出现像 PWM 逆变器那样电源有通过两个元件直通的危险。所以,SRD 系统线路简单,可靠性高,成本低于 PWM 交流调速系统。

④ SR 电动机转子的结构形式对转速限制小,可制成高转速电动机。而且转子转动惯量小,在电流每次换相时又可以随时改变相应转矩的大小和方向,因而系统有良好的动态响应。

⑤ SRD 系统可以通过对电流的导通、断开和幅值的控制,得到满足不同负载要求的机械特性,易于实现系统的软启动和四象限运行等功能,控制灵活。又由于 SRD 系统是自同步系统运行,不会像变频供电的感应电动机那样在低频时出现不稳定和产生振荡问题。

⑥ 由于 SR 电动机采用了独特的结构和设计方法以及相应的控制技巧,其单位出力可以与感应电动机相媲美,甚至还略占优势。SRD 系统的效率和功率密度在宽广的速度和负载范围内都可维持在较高水平。

2. 开关磁阻电动机传动系统的缺点

① 有转矩脉动。从工作原理可知,SR 电动机转子上产生的转矩是由一系列脉冲转矩叠加而成的,且由于双凸极结构和磁路饱和非线性的影响,合成转矩不是一个恒定转矩,而是有一定的谐波分量。这影响了 SR 电动机低速运行性能。

② SR 电动机传动系统的噪声与振动比一般电动机大。

③ SR 电动机的出线头较多。例如,三相 SR 电动机至少有 4 根出线头,四相 SR 电动机至少有 5 根出线头;另外还有位置检测器出线端。

3. 开关磁阻电动机传动系统与步进电动机的区别

将开关磁阻电动机与高速大步距的磁阻式步进电动机相比,两者的运行原理基本相同,又同属双凸极结构,但有两个区别:

一是开关磁阻电动机是借助位置检测器运行于自同步状态,它的励磁电流导通与转子的位置有着严格的对应关系。并且其绕组电流脉冲波形的前后沿可以分别独立控制,也就是说其电流脉冲的宽度可以任意调节。而在步进电动机中,一般只有相电流反馈,没有转子位置反馈。

二是开关磁阻电动机多用于功率传动系统中,对电动机的输出功率、效率等力能指标要求很高。而步进电动机多用于小功率的位置控制系统中,只对电动机的定位精度提出要求。与此相对应,它们的设计出发点也不一样,即技术指标要求不同。因此,步进电动机和 SRD 系统的功率变换器、控制器以及电动机本身的结构、几何形状和尺寸,都有所区别。

4. 开关磁阻电动机与反应式同步磁阻电动机的区别

开关磁阻电动机也可视为一种反应式同步磁阻电动机,但它与常规的反应式同步磁阻电动机有许多个同之处。

① 开关磁阻电动机的定、转子均为凸极结构;反应式同步磁阻电动机的定子非凸极结构,是齿、槽均布的光滑表面。

② 开关磁阻电动机的定子绕组是集中绕组;反应式同步磁阻电动机的定子中嵌有多相绕组,近似正弦分布。

③ 开关磁阻电动机的励磁是按一定顺序施加在绕组上的电流脉冲;反应式同步磁阻电动机的励磁是一组多相平衡的正弦波电流。

④ 开关磁阻电动机的各相励磁随转子位置作三角波或梯形波变化,不随电流改变;反应式同步磁阻电动机各相自感随转子位置作正弦波变化,不随电流改变。

6.2 开关磁阻电动机的基本电磁关系

6.2.1 理想开关磁阻电动机的基本电磁关系

由于 SR 电动机的定转子是双凸极结构,绕组电感既是转子位置的函数,又是绕组电流的函数,SRD 系统的电磁转矩也与电感直接相关。电动机在运行时其定转子极存在着显著的边缘效应,以及高度局部饱和引起的整个磁路的高度非线性,因此难以简单地用传统电动机的分析方法解析计算。多数情况下都是利用构建的理想线性模型、准线性模型及非线性模型,采用数值方法来求解,然而到目前为止还没有建立起准确的非线性模型。为弄清 SR 电动机内部的基本电磁关系和基本特性,首先应进行一定的简化,在分析时做一下假设:

① 定子绕组的电感 L 与绕组电流 i 无关。

② 极尖的磁通边缘效应忽略不计。

③ 忽略所有的功率损耗。

④ 开关动作是瞬时完成的。

⑤ 转子旋转角速度是常数。

上述假设即为理想线性模型电动机的基本条件。下面就以此理想线性模型为基础进行讨论,然后给出实际关系。

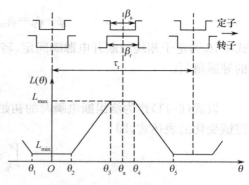

图 6-9　电感与转子位置角关系 $L=f(\theta)$

1. 电感与转子位置角的关系

由于开关磁阻电动机的定、转子都是凸极结构,转子与通电相定子齿极的相对位置(用转子位置角 θ 表示)不同时,电动机内的磁场分布不同,绕组电感 L 也随之变化,图 6-9 表示转子转动一个定子齿距时的变化情况。在理想线性模型中,由于忽略了磁通边缘效应和磁路的非线性,且认为铁芯中的磁位差为零,绕组电感就等于气隙电感。可以看出,在定子极中心线与转子槽中心线对齐位置(坐标原点)气隙大,此时电感为最小值 $L_{\min}$,在定子极中心线与转子极中心线对齐位置气隙小,电感为最大值 $L_{\max}$。τ_r 表示转子极距,即转子相邻两极之间的机械角度,且 $\tau_r=2\pi/N_r$。

理想线性条件下,图 6-9 中电感与转子位置角关系可用下列函数式表示:

$$L(\theta)=\begin{cases} L_{\min} & \theta_1\leqslant\theta\leqslant\theta_2 \\ K(\theta-\theta_2)+L_{\min} & \theta_2\leqslant\theta\leqslant\theta_3 \\ L_{\max} & \theta_3\leqslant\theta\leqslant\theta_4 \\ L_{\max}-K(\theta-\theta_4) & \theta_4\leqslant\theta\leqslant\theta_5 \end{cases} \tag{6-6}$$

式中　$K=(L_{\max}-L_{\min})/(\theta_3-\theta_2)=(L_{\max}-L_{\min})/\beta_s$

β_s 是以角度表示的定子极弧宽度。

利用傅里叶极数分解式(6-6),取平均分量和基波分量,得绕组电感 $L(\theta)$ 的近似表达式为:

$$L(\theta)=L_{\min}+L_1(1-\cos N_r\theta) \tag{6-7}$$

式中,$L_1=(L_{\max}-L_{\min})/2$。

2. 磁通与磁链

当 SR 电动机由恒压直流电源供电时,任一相电路的电压方程可表示为:

$$\pm u=iR+\frac{\mathrm{d}\psi}{\mathrm{d}t} \tag{6-8}$$

式中,u 为绕组端电压;R 为绕组电阻;i 为绕组电流;ψ 为绕组匝链的磁链。

当忽略绕组电阻 R 时,上式可简化为:

$$\pm u=\frac{\mathrm{d}\psi}{\mathrm{d}t}=\frac{\mathrm{d}\psi}{\mathrm{d}\theta}\Omega, \quad \mathrm{d}\psi=\pm\frac{u}{\Omega}\mathrm{d}\theta \tag{6-9}$$

式中,$\Omega=\dfrac{\mathrm{d}\theta}{\mathrm{d}t}$。

式 6-9 中,"$+u$"表示绕组与电源接通阶段,"$-u$"表示与电源断开后续流阶段。

开关 VT_1 和 VT_2 合闸瞬间($t=0$ 时)为电路的初始状态,此时,$\psi_0=0$,$\theta_0=\theta_{on}$,θ_{on} 为定子绕组接通电源瞬间定、转子齿极的相对位置角,称为触发角(又称开通角)。

将式(6-9)取"+"积分并代入初始条件,可得通电阶段的磁链表达式为:

$$\int_0^\psi \mathrm{d}\psi=\int_{\theta_{on}}^\theta \frac{u}{\Omega}\mathrm{d}\theta, \quad \psi=\frac{u}{\Omega}(\theta-\theta_{on}) \tag{6-10}$$

当 $\theta=\theta_p$ 时关断,

$$\psi = \psi_p = \psi_{max} = \frac{u}{\Omega}(\theta_p - \theta_{on}) = \frac{u}{\Omega}\theta_c \qquad (6-11)$$

式中，θ_p 为定子相绕组断开电源瞬间定、转子齿极的相对位置角，称为关断角；θ_c 为相绕组通电的导通角，且

$$\theta_c = \theta_p - \theta_{on} \qquad (6-12)$$

以式(6-11)作为绕组断电瞬时的初始条件，仍然利用式(6-9)，取"一"号可以求出关断后磁链变化的表达式，即

$$\int_{\psi_p}^{\psi} d\psi = \int_{\theta_p}^{\theta} \frac{u}{\Omega} d\theta$$

即

$$\psi - \psi_p = \frac{u}{\Omega}(\theta_p - \theta)$$

整理后得：

$$\psi = \frac{u}{\Omega}(2\theta_p - \theta_{on} - \theta)$$

因此，在一相绕组通电、断电的一个变化周期内，其磁链可表示为：

$$\psi = \begin{cases} \dfrac{u}{\Omega}(\theta - \theta_{on}) & \theta_{on} \leq \theta \leq \theta_p \\[2mm] \dfrac{u}{\Omega}(2\theta_p - \theta_{on} - \theta) & \theta_p \leq \theta \leq 2\theta_p - \theta_{on} \\[2mm] 0 & \begin{pmatrix} 0 \leq \theta \leq \theta_{on} \\ 2\theta_p - \theta_{on} \leq \theta \leq 2\pi/N_r \end{pmatrix} \end{cases} \qquad (6-13)$$

根据式(6-13)，可以做出磁链随时间的变化曲线，如图 6-10 所示，其磁链波形为等腰三角形。

从上面推导可知，在某一给定转速下，通电时磁链以一个恒定比率 u/Ω 随导通角增加而增加；断开时即外加一个负电压时，则按恒定比率 u/Ω 减小。最大磁链 ψ_{max} 总是发生在关断的瞬间，即 $\psi_{max} = \psi_p$。当导通角 θ_c、电压 u 保持恒定时，最大磁链 ψ_{max} 反比于角速度 Ω。如转速为 1500r/min 时的最大磁链等于 750r/min 时的最大磁链的 1/2。

通过以上分析可知，SR 电动机各部分磁路的磁通、磁阻和在不同转子位置角 θ 下的磁化曲线(或磁链曲线)是不同的。但在理想线性模型中，电感 L 仅是转子位置角 θ 的函数而与电流无关，因此，对一定的转子位置角 θ，$\psi = Li$ 是一条直线。不同的 θ 有不同的磁化曲线 $\psi = f(i)$，如图 6-11 所示，每一条线的斜率对应于该位置处绕组的电感值。

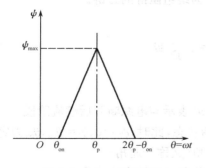

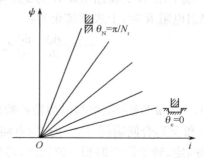

图 6-10 $\psi = f(\theta)$ 曲线　　　图 6-11 理想线性模型的 SR 电动机磁化曲线簇

3. 相绕组电流

通电相绕组中的电流 i，可由下列微分方程求解

$$\pm u=\frac{\mathrm{d}\psi}{\mathrm{d}t}=\frac{\mathrm{d}(Li)}{\mathrm{d}t}=L\frac{\mathrm{d}i}{\mathrm{d}t}+i\frac{\mathrm{d}L}{\mathrm{d}t}$$

或
$$\pm\frac{u}{\Omega}=L\frac{\mathrm{d}i}{\mathrm{d}\theta}+i\frac{\mathrm{d}L}{\mathrm{d}\theta} \tag{6-14}$$

在转速、电压一定的条件下,绕组电流仅与转子位置角和初始条件有关。由于绕组电感 L 是一个分段函数解析式,因此需分段给出初始条件和相应的物理量。设触发角 θ_{on} 在区域 $\theta_1-\theta_2$ 内,θ_p 在区域 $\theta_2-\theta_3$ 内,电流解析式 $i=f(\theta)$ 是一个 4 段的分段函数,它可以用一通式来表示,即

$$i=\frac{u}{\Omega}f(\theta) \qquad \theta_1\leqslant\theta\leqslant\theta_5 \tag{6-15}$$

对应于不同的区域,$f(\theta)$ 不同,它是几何尺寸与转子位置角的函数。

由式(6-15)可知,在电源电压为恒定直流电压、转速 n 等于常数的条件下,电流的波形与 $f(\theta)$ 波形相同,并与每相绕组通电的触发角 θ_{on} 关断角 θ_p(或者说导通角 θ_c)、最大电感 L_{max}、最小电感 L_{min} 和定子极弧宽度等有关。对应于三种不同触发角 θ_{on} 的电流波形如图 6-12 所示。

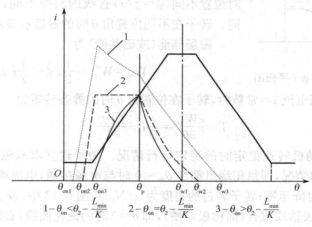

图 6-12 电压、转速恒定时对应不同触发角的电流波形

曲线 1 对应于 $\theta_{on}<\theta_2-L_{min}/K$ 时的情况,在 $\theta_2\sim\theta_3$ 区域内磁链上升慢于电感,所以电流下降。

曲线 2 对应于 $\theta_{on}=\theta_2-L_{min}/K$ 时绕组接通电源开始励磁的情况,由于在 $\theta_2\sim\theta_3$ 区域内,磁链增长率与电感增长率相同,所以在这个区域导通期间,电流为一常值。

曲线 3 对应于 $\theta_{on}>\theta_2-L_{min}/K$ 时的情况,由于磁链上升快于电感,所以电流上升。

下面分析电流对时间的变化率。在 $\theta_1\sim\theta_2$ 区域内,在给定 u 和 Ω 条件下,有

$$\mathrm{d}i/\mathrm{d}\theta=u/(\Omega L_{min})=常数$$

这表明电流在这个区域内是直线上升的,其上升的速度与电源电压成正比,与电动机的角速度成反比。高速运行时,电流上升速度很慢,低速运行时,电流上升速度很快。减小 θ_{on},即 θ_{on} 向 θ_1 方向移动,电流幅值就随之而增加;另一方面,调节 θ_p 又可以改变电流波形宽度,即可以改变电流波形。

4. 转矩与功率

从 SR 电动机的工作原理可知,当定子通电相齿极轴线与转子齿极轴线重合时(转子位置角 $\theta=\pi/N_r$),定、转子齿极之间只有径向的吸力,因此转矩 T 为零。当两个轴线不重合时磁力线弯曲,在切向磁拉力的作用下,产生电磁转矩 T。这种电磁转矩叫静态转矩,它是在不改变绕组通电状态,即转子在某一转子位置角固定不动情况下的电磁转矩,因而它是绕组内的电

流及转子位置角的函数。绕组内的电流值保持时,静态转矩与转子位置角的关系称为矩角特性。当转子处于某一特定位置,静态转矩将达到最大值,称为最大静态转矩 T_{max},其数值的大小取决于通电状态及绕组内的电流值。

按照机电能量转换的基本原理,SR 电动机的静态转矩可以通过磁场储能 W_m 或磁共能 W'_m 对转子位置角 θ 的偏导数求得,即

$$T = \frac{\partial W'_m}{\partial \theta}\bigg|_{i=const} \tag{6-16}$$

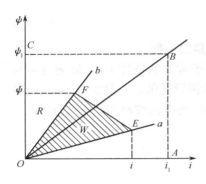

图 6-13　SR 电动机的 $\psi\text{-}i$ 平面图

在理想线性情况下,SR 电动机的磁化曲线应当是一条直线,如图 6-13 中直线 OB 表示转子在某一位置角 θ 时的磁化曲线。当电流从零增加到 i_1 时,电动机内的磁链 ψ 从零增加到 ψ_1。三角形 OBC 的面积代表磁场储能 W_m,三角形 OAB 的面积代表磁共能 W'_m。SR 电动机的定、转子磁极相对位置不同, $\psi=f(i)$ 直线的斜率不同,磁场储能当然也不同。转子在不同位置角 θ 时的磁链 ψ 表示为 $\psi=L(\theta)i$。

磁场储能(或磁共能)为

$$W_m = W'_m = \frac{1}{2}i\psi = \frac{1}{2}i^2 L(\theta)$$

根据式(6-16),当电流 $i=$ 常数时,转子在位置角 θ 时的静态转矩为

$$T = \frac{\partial W'_m}{\partial \theta} = \frac{1}{2}i^2\frac{\partial L(\theta)}{\partial \theta}$$

下面分析 SR 电动机转速恒定时的稳定运行情况。为了建立求取磁共能增量的一般概念,先分析下面特定的情况,即每相绕组都在 $\theta_{on}=0$ 时与电源接通,电流瞬时上升至 i;在 $\theta=\pi/N_r$ 时断开,电流瞬时降至零;转子转过的角度为 π/N_r,在图 6-13 中,设直线 Oa 代表转子齿极间中心线与定子齿极轴线重合(简称极对槽),即 $\theta=0$ 时的磁化曲线;直线 Ob 代表转子齿极轴线与定子齿极轴线重合(简称极对极),即 $\theta=\pi/N_r$ 时的磁化曲线。在一个通电周期内,磁共能的增量可由 ψi 平面上 $\psi=f(i)$ 变化轨迹所包围的面积 A_{OEF} 代表,即

$$\Delta W'_m = A_{OEF} = \oint \psi di \tag{6-17}$$

根据式(6-16)可以算出上述假定下一相绕组产生的转矩为:

$$T = \frac{\partial W'_m}{\partial \theta} = \frac{\Delta W'_m}{\Delta \theta} = \frac{A_{OEF}}{\theta_p - \theta_{on}} = \frac{N_r A_{OEF}}{\pi} \tag{6-18}$$

实际情况是当定子的 m 相绕组轮流通电一次时,转子转动了一个转子极距 $\tau_r = 2\pi/N_r$,每相转动的角度为 $\tau_r/m = 4\pi/(N_r N_s)$,则 SR 电动机的平均电磁转矩可以表示为:

$$T_{emav} = \frac{mA_{OEF}}{2\pi/N_r} = \frac{N_r N_s}{4\pi}\oint \psi di \tag{6-19}$$

将磁链公式(6-10)写成 $\psi=\psi(\theta)u/\Omega$,并和电流公式(6-15)代入式(6-19),改变积分变量得:

$$T_{emav} = \frac{N_r N_s}{4\pi\Omega^2}\int_0^{2\pi/N_r}\psi(\theta)df(\theta) \tag{6-20}$$

在理想线性模型情况下,当 θ_{on} 和 θ_p 给定时, $\int\psi(\theta)df(\theta)$ 可以积分出来,且是一个常数。由式(6-20)得知:SR 电动机运行时平均电磁转矩 T_{emav} 与角速度 Ω 的平方成反比;电动机的

电磁功率与 Ω 的一次方成反比。即

$$P_{\text{em}} \propto \frac{1}{\Omega} \tag{6-21}$$

$$T_{\text{em av}} \propto \frac{1}{\Omega^2} \tag{6-22}$$

5. 能量传递和能量比

$$\pm ui = i\left(L\frac{\mathrm{d}i}{\mathrm{d}t}\right) + i^2\frac{\mathrm{d}L}{\mathrm{d}t} \tag{6-23}$$

$$\frac{\mathrm{d}}{\mathrm{d}t}\left(\frac{1}{2}Li^2\right) = i\left(L\frac{\mathrm{d}i}{\mathrm{d}t}\right) + \frac{1}{2}i^2\frac{\mathrm{d}L}{\mathrm{d}t} \tag{6-24}$$

代入式(6-23)得

$$\pm ui = \frac{\mathrm{d}}{\mathrm{d}t}\left(\frac{1}{2}Li^2\right) + \frac{1}{2}i^2\frac{\mathrm{d}L}{\mathrm{d}t}$$
$$\pm ui = \Omega\frac{\mathrm{d}}{\mathrm{d}\theta}\left(\frac{1}{2}Li^2\right) + \frac{1}{2}\Omega i^2\frac{\mathrm{d}L}{\mathrm{d}\theta} \tag{6-25}$$

上式中左端取正号,表示相绕组的主开关接通,单位时间内从电源输入电能 ui;取负号表示主开关断开,相绕组向电源充电。

式(6-25)反映了机电能量的转换过程,当相绕组开关导通时,单位时间内从电源输入电能 ui 中,一部分用于增加磁场储能 $\left(\frac{1}{2}Li^2\right)$,一部分用于转换为机械能输出 $\frac{1}{2}\Omega i^2\frac{\mathrm{d}L}{\mathrm{d}\theta}$。当相绕组开关 S 在电感增加区域($\theta_2 \leqslant \theta \leqslant \theta_3$)断开时,此区域 $\mathrm{d}L/\mathrm{d}\theta$ 为正值,上式右端第二项为正,它代表仍有机械能输出,说明磁场储能只有一部分返回电源,另一部分转换成机械能。若开关 S 在 $\theta_3 \leqslant \theta \leqslant \theta_4$ 区域内断开,则磁场储能全部返回电源,没有机械能输出。若 $\theta_4 \leqslant \theta \leqslant \theta_5$ 电感下降区断开,$\mathrm{d}L/\mathrm{d}\theta$ 在这个区域为负值,所以 $\frac{1}{2}\Omega i^2\frac{\mathrm{d}L}{\mathrm{d}\theta}$ 为负,表示有部分机械能转变成电能反馈回电源,即在这个区域内反馈回电源的能量有两部分,一部分是全部的磁场储能,一部分是来自再生制动的机械能。

在交流电动机中通常用功率因数这个指标来衡量电动机的品质,但 SR 电动机运行时的电压、电流波形都不是正弦形,因此可用一个"能量比(ER)"的概念来代替功率因数。ER 定义为输出的有用能量与供给电动机的总能量之比,即

$$\mathrm{ER} = \frac{(供给电动机的总能量返回电源的能量)}{供给电动机的总能量} = \frac{W}{R+W}$$

式中,W、R 的含义见图 6-13。

6.2.2 实际开关磁阻电动机的物理状态

在 6.2.1 小节中,我们是以理想线性化 SR 电动机模型为基础,来分析一相绕组通电运行时的物理状态的。实际的 SR 电动机,一般是在较饱和的状态下运行,存在着严重的非线性,且绕组有电阻,情况较为复杂。就运行方式而言,有低速电流斩波控制和高速角度位置控制两种运行方式;就通电相数而言,除单相通电运行外,还常常出现两相同时通电运行(在导通角 $\theta_c > \tau_r/m$ 时)的情况,因此有相间的磁耦合。现在我们在理想线性模型的基础上来分析实际 SR 电动机的物理状态,明确在 6.2.1 小节中得到的一些结论应该做哪些修改,并对它的误差进行定性估计。

SR 电动机稳态运行时,各相开关元件的触发角 θ_{on} 和关断角 θ_p 是相同的,在忽略各相绕组间的耦合效应及开关管压降的假设条件下,它的相绕组的电压平衡方程为:

$$\pm u=\frac{\mathrm{d}\psi}{\mathrm{d}t}+iR \tag{6-26}$$

SR 电动机常见的功率变换器电路如图 6-5 所示,相绕组上的电压值与转子位置角 θ 有关。当计及开关元件 VT 和续流管 VD 的压降时,则相绕组上的电压为:

$$\begin{cases} +u-\Delta u_{VT} & \theta_{on}\leqslant\theta\leqslant\theta_p \\ -u-\Delta u_{VD} & \theta_p\leqslant\theta\leqslant\theta_w \\ 0 & \theta>\theta_w,\theta<\theta_{on} \end{cases} \tag{6-27}$$

式中,θ_w 为续流电流等于零时的转子位置角。

根据与 6.2.1 小节相同的推导可知:在实际电动机中,在相同的电压和导通角条件下,由于绕组电阻存在,它的最大磁链值 ψ'_{max} 小于理想线性化电动机的最大磁链值 ψ_{max};实际电动机中磁链上升的速率小于下降的速率,$\Delta\theta_1>\Delta\theta_2$,$\psi$ 随 θ 变化的波形不再是等腰三角形,如图 6-14曲线 2 所示。若是斩波控制就更复杂,如图 6-15 所示。

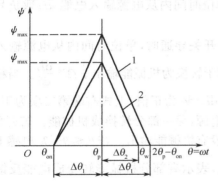
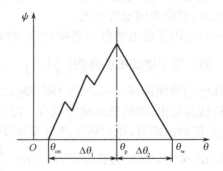

图 6-14　$\psi=f(\theta)$曲线　　　　图 6-15　实际 SR 电动机斩波控制的磁连波形

在实际的 SR 电动机中,由于磁路饱和和边缘效应,电感随转角的变化曲线与理想线性化电动机的曲线有很大区别,它不仅是转角的函数,也是电流的函数,如图 6-16 所示(图中 L、i 都用标幺值表示,电感 L 选理想线性模型时的 L_{max} 为基值,电流 i 取额定情况下的电流为基值)。同理,实际 SR 电动机中的绕组电流波形也发生了很大的畸变,由于磁路饱和并存在绕组电阻,电流峰值下降,波顶也变平。

另外,各相绕组之间互感电动势对绕组电流有影响。即使采用绕组正向串联接法,互感的影响也不容忽视,特别是导通 θ_c 较大时(大于 τ_r/m),这影响更加突出。如当每相绕组正向串联连接而四相绕组都通正向电流时,在定子内圆上齿极的极性分布是 NNNNSSSS,4 个相邻齿极为 S 极性(U、V、W、R),另外 4 个齿极为 N 极性。其中 V、W 两相的磁通交链情况完全相同,它们受相邻相互感的影响相同,U、R 两相受到的影响则不同。因此一般四相绕组由于互感影响,电流不对称,从而会影响电动机的最大输出功率,增加噪声。

在 SR 电动机运行时,存在着两种磁路饱和情况。一种是一般电动机都存在的随着电流的增大而整个磁路饱和程度增加的情况,称为总体饱和;另一种是转子转到转子齿极与定子齿极刚刚相交叠或局部交叠而出现的局部饱和情况,这种饱和现象随着定、转子齿极交叠区域的增大而程度逐渐降低。当定、转子齿极完全交叠后,局部饱和现象可以忽略不计。

下面分析磁路饱和对 SR 电动机电磁转矩的影响。计及磁路非线性的 SR 电动机的磁化曲线如图 6-17 所示,极对极时和极对槽时的两条典型磁化曲线分别为 OCB 曲线和 OA 线(线性模型时为 OB 和 OA 线)。闭合曲线 $OABCO$ 是电动机在磁路饱和状态运行时 ψ-i 的平面轨迹。从图中可以看出,在 θ_{on}、θ_c、ψ_{max} 和 i_{max} 分别相同的情形下,实际 SR 电动机与理想线性化电动机的磁场储能并不相同。线性化电动机的磁场储能 $W_L = A_{OBD}$,磁共能增量 $\Delta W = A_{QAB}$。实际电动机的磁场储能 $W_s = A_{OCB}$,磁共能增量 $\Delta W'_s = A_{OABCO}$,而 $W_L > W_s$,$\Delta W'_L < \Delta W'_s$,即由于磁路饱和使磁共能增量增加,相应的能量比也增大了。线性模型能量比(ER)的最大值是 0.5,实际电动机的 ER 值可以大于 0.5,极限情况 ER_{max} 可以接近于 1。当然,需要再次强调,这个比较是在相同的 ψ_{max} 和 i_{max} 条件下,同时也未考虑铁耗的增加。

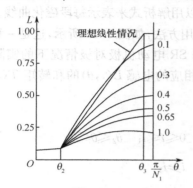

图 6-16　实际 SR 电动机的 $L = f(i, \theta)$

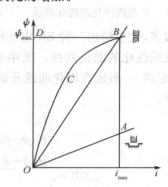

图 6-17　实际 SR 电动机的 ψ-i

6.2.3　开关磁阻电动机的数学模型

一台 m 相 SR 电动机,假设各相结构和参数相同或对称,且忽略铁芯损耗,就可以看成是有 m 个电端对的机电装置,如图 6-18 所示。

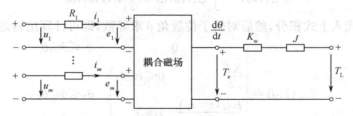

图 6-18　m 个电端对的机电装置

根据机电动力学知识,可以得到 SR 电动机个物理量计算的数学模型或称基本方程为:

$$u_k = R_k i_k + \frac{\mathrm{d}\psi_k}{\mathrm{d}t}$$

$$\psi_k = \psi(i_1, i_2, \cdots, i_k, \cdots, i_m, \theta)$$

$$T_{em} = J \frac{\partial W'_m(i_1, i_2, \cdots, i_k, \cdots, i_m, \theta)}{\partial \theta} \tag{6-28}$$

$$T_{em} = J \frac{\mathrm{d}\Omega}{\mathrm{d}t} + K_w \Omega + T_L$$

$$\Omega = \frac{\mathrm{d}\theta}{\mathrm{d}t}$$

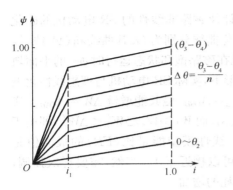

图 6-19　分段线性化的磁化曲线

由于磁路的非线性、磁通的复杂分布、各相之间的磁耦合等影响,使得式(6-28)实际上很难计算,一般是针对具体运行状态和研究目的进行必要的简化。例如,在 6.2.1 节中做了 5 点假设,以简化成理想线性化的情况,目的是为了说明 SR 电动机内部各物理量的基本特点和相互关系。

SR 电动机一般运行在较高的饱和状态,因此,为了近似考虑磁路的饱和效应和边缘效应,可将实际的非线性磁化曲线分段线性化,并忽略各相之间的耦合效应。这样,就可以用解析式来表示每段磁化曲线。分段线性化的方法很多,这里给出一种 SR 电动机分析中常用方法,如图 6-19 所示,这是一种用标幺值表示的分段线性化的磁化曲线。图中的 i_1 是根据 SR 电动机极对极情况下的实际磁化曲线 $\psi=f(i)$ 决定的,一般定在磁化曲线开始弯曲处。相应的电感 $L(i,\theta)$ 的和转矩 $T(i,\theta)$ 的解析表达式如下:

$$L(\theta)=\begin{cases} L_{\min} \\ K(\theta-\theta_2)+L_{\min} & 0\leqslant i\leqslant i_1 \quad \theta_2\leqslant\theta\leqslant\theta_3 \\ \dfrac{K(\theta-\theta_2)}{i}i_1+L_{\min} & i\geqslant i_1 \\ L_{\max} & 0\leqslant i\leqslant i_1 \quad \theta_3\leqslant\theta\leqslant\theta_4 \\ L_{\max}+\dfrac{K(\theta-\theta_4)}{i}i_1 & i\geqslant i_1 \end{cases} \tag{6-29}$$

$$T_{\mathrm{em}}(i,\theta)=\frac{\partial W'_{\mathrm{m}}(i,\theta)}{\partial\theta} \tag{6-30}$$

其中

$$W'_{\mathrm{m}}(i,\theta)=\int_0^i \psi(i,\theta)\mathrm{d}i=\int_0^i L(i,\theta)i\mathrm{d}i$$

将式(6-29)代入上式积分,然后对转子位置角 θ 求导数,即可计算出转矩 $T(i,\theta)$,即

$$T_{\mathrm{em}}(i,\theta)=\begin{cases} 0 & \theta_1\leqslant\theta\leqslant\theta_2 \\ \left.\begin{cases} \dfrac{Ki^2}{2} & 0\leqslant i\leqslant i_1 \\ \dfrac{Ki_1(i-i_1)}{2} & i_1\leqslant i \end{cases}\right\} & \theta_2\leqslant\theta\leqslant\theta_3 \\ 0 & \theta_3\leqslant\theta\leqslant\theta_4 \end{cases} \tag{6-31}$$

θ_1、θ_2、θ_3、θ_4 对应转子位置角的含义与图 6-9 中的完全一样。上述这种磁化曲线分段线性的计算方法称为准线性模型,它多用于分析和计算功率变换器和定位控制策略中。

从式(6-31)可以看出:当 SR 电动机运行在电流值很小的情况下,磁路不饱和,电磁转矩 T_{em} 与电流的平方成正比;当运行在饱和情况下,电磁转矩 T_{em} 与电流的一次方成正比。这个结论可以作为定制控制策略的依据。

实际上,SR 电动机总是运行在磁路饱和状态,特别是在定转子磁极对齐的位置饱和效应最为明显,而在定转子达到非对齐位置时,即对应于转子角较大的位置时,饱和效应较小。饱和对 SR 电动机的性能有两个近乎矛盾的重要效应。一方面,在给定电流时,饱和限制了磁通密度,趋向于限制 SR 电动机所能产生的总转矩;另一方面,在输出功率给定的情况下,饱和可

以降低 SRD 系统所需逆变器的伏安容量,趋向于使逆变器变小,成本降低。在 SRD 系统设计时,需要综合考虑,往往最终的设计方案是 SR 电动机及其逆变器的尺寸、成本、效率的优化折中方案。

6.3 开关磁阻电动机的运行状态及控制方式

开关磁阻电动机运行时,主要有启动运行状态、稳定运行状态及控制运行状态。

本节以四相 8/6 齿极 SR 电动机为例,简要说明各种运行方式的特点和控制方法。

6.3.1 开关磁阻电动机的运行特性

在外加电压 u 给定、触发角 θ_{on} 和导通角 θ_c 固定时,转矩、功率与转速之间的变化关系类似于直流电动机的串励特性。任意选择电压 u、触发角 θ_{on} 和导通角 θ_c 三个条件中的两个加以固定,改变另一个可得到一组串励特性曲线,从而可得三组串励特性曲线。

对几何尺寸一定的 SR 电动机,在最高外施电压、允许的最大磁链 ψ_{max} 与最大电流 i_{max} 条件下,有一个临界转速 n_{fc}(见图 6-20,或用临界角速度 Ω_{fc} 表示),称为第一临界转速,它是 SR 电动机能得最大转矩的最高速度。对应的运行点为第一临界运行点。

在一定的导通角 θ_c 条件下,在 Ω 降低时,ψ 和 i 将增大。因此,在 SR 电动机运行速度低于 n_{fc} 时,为了保证 ψ 和 i 不超过允许值,必须采用可控条件,即改变电压、触发角 θ_{on} 和导通角 θ_c 三者中任一个或任两个,以实现 ψ_{max} 和 i_{max} 值的限定和得到恒转矩特性。

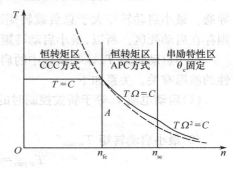

图 6-20　SR 电动机典型机械特性

当 SR 电动机运行速度高于 n_{fc} 时,在外加电压、导通角和触发角都一定的条件下,由式(6-9)和式(6-15)可知,若为线性理想情况,随着 Ω 的增加,ψ 或 i 将下降,转矩则随 Ω 的平方下降。因此,为了得到恒功率特性($T\Omega=C$),也必须采用可控条件。但是外施电压最大值是由电源功率变换器决定的,而导通角又不能无限增加(一般不能超过 π/N_r)。因此,在 $u=u_{max}$、$\theta_c=\pi/N_r$ 和最佳的触发角 θ_{on} 条件下,能得到最大功率 P_{max} 的最高转速,也就是恒功率特性的速度上限被称为第二临界转速 n_{sc}。(或用第二临界角速度 Ω_{sc} 表示),对应的运行点被称为第二临界运行点。当转速再增加时,由于可控条件都已达到极限,转矩不再随 Ω 的一次方下降,SR 电动机又呈串励特性运行,如图 6-20 所示。

运行时存在着第一、第二两个临界运行点,这是开关磁阻电动机的一个重要特点。采用不同的可控条件匹配,可以得到两个临界点的不同配置,从而得到各种各样所需的机械特性,这就是开关磁阻电动机具有优良调速性能的原因之一。从设计的观点看,两个临界点的合理配置是保证 SR 电动机设计合理、满足给定技术指标要求的关键。

6.3.2 开关磁阻电动机的启动运行

对开关磁阻电动机启动的基本要求为:有足够大的启动转矩,启动电流小,启动时间短。单相开关磁阻电动机(有一对线圈)只能在有限转角($\partial L/\partial\theta$ 为正值)范围内产生正转矩,其在两个方向上是一致的,因此转子必须在该角度内才能启动。两相开关磁阻电动机的定子上有

4个齿极（两对线圈），其转子可以在任意位置启动，但只能单方向运转。三相或三相以上的开关磁阻电动机，转子在任意位置都具有可逆自启动能力。

开关磁阻电动机启动时，不需要其他启动设备。它的启动方式有：一相启动方式和两相启动方式。

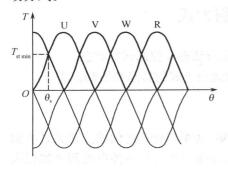

图 6-21　一相启动时的启动转矩波形

1. 一相启动方式

一相启动方式是电动机每相轮流通以恒定电流的启动方式。图 6-21 为四相绕组电动机一相启动时各相矩角特性的示意图。由于各相矩角曲线有重叠，因而转子在任意位置处转矩值都不为零，如图甲粗实线所示。电动机转子的初始位置不同，则启动转矩的大小也不同。在各相矩角曲线的交点处，启动转矩最小；各相矩角曲线的幅值处，启动转矩最大。因此，当转子的初始位置在 θ_s 之前应由 R 相绕组导通，在 θ_s 之后就由 U 相导通。最小启动转矩大于总负载转矩时，SR 电动机在任何转子初始位置都可以启动；反之，则存在启动死区。所以，最小启动转矩 T_{stmin} 表示了 SR 电动机带负载转矩启动的能力。

最小启动转矩 $T_{\text{st min}}$ 与绕组中的启动电流 I 有关，与相矩角曲线的重叠有关，也与矩角特性的波形有关。关系如下：

(1)启动电流 I_{st} 等于斩波控制时的最大电流有效值

$$I_{\text{st}} = I_{\text{cmax}} \tag{6-32}$$

(2)最小启动转矩 $T_{\text{st min}}$

$$T_{\text{st min}} = T(I_s, \theta_s) = T(I_s, \theta)|_{\theta=\theta_s} \tag{6-33}$$

$$T(I_s, \theta_s) = T\left(I_s, \theta_s + \frac{\tau}{m}\right) \tag{6-34}$$

将式（6-33）与式（6-34）联立，可以求出最小启动转矩 $T_{\text{st min}}$ 和 θ_s。根据一定的负载转矩 T_L，可以利用式（6-32）、式（6-33）与式（6-34）来确定所需启动电流 I_{st}。

2. 两相启动方式

两相启动方式在启动过程中的任意时刻都有两相绕组通以同样的启动电流。该方式启动转矩由两相绕组电流共同产生，如忽略两相绕组间的磁耦合影响，则启动转矩可由各相矩角特性线性叠加而成，如图 6-22 粗线所示。与图 6-21 比较，转矩波动减小，平均转矩增大。因此，两相启动性能比一相启动性能好。对于一定的负载转矩，两相启动时，每相绕组通电的导通角

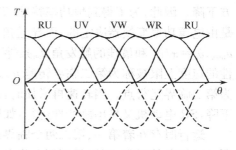

图 6-22　两相启动时的启动转矩波形

约为一相启动时的两倍，电流有效值略有增大；另一方面，两相启动所需的启动电流幅值小于一相启动的启动电流幅值，两相启动将降低开关元件的电流容量，降低系统的成本。因此，一般都采用两相启动方式。

6.3.3　开关磁阻电动机的稳态运行

SR 电动机的稳态运行是指在恒定负载、恒定转速下的运行。为了保证 SR 电动机的可靠

运行,一般在低速(低于第一临界转速 n_{fc})时,采用电流斩波控制的运行方式(简称 CCC 方式);在高速情况下,采用角度位置控制的运行方式(简称 APC 方式)。下面分别叙述这两种运行方式的特点。

1. 电流斩波控制运行方式

由式(6-11)可知,$\psi_{max} = \dfrac{u}{\Omega}(\theta_p - \theta_{on}) = \dfrac{u}{\Omega}\theta_c$。在导通角 θ_c 和触发角 θ_{on} 一定的情况下,ψ_{max} 反比于转子速度 Ω。在转速较低时,绕组磁链 ψ_{max} 会增大,相应的电流峰值也增大。为了避免电流过大而损坏功率开关元件和电动机,SRD 系统在低速时必须采用限流措施,一般采用在触发角 θ_{on} 到关断角 θ_p 范围内斩波的方式。下面介绍几种电流斩波控制方式。

(1) 给定绕组电流上限值 I_{max} 和下限值 I_{min} 的斩波方式

控制器在绕组电流达到上限值时,关断主开关元件,并在电流衰减到下限值后重新开通主开关元件,这样在触发角 θ_{on} 到关断角 θ_p 范围内,通过开关元件的多次导通和关断来限制电流在给定的上限和下限值之间变化。在这种方式下,触发角 θ_{on} 和关断角 θ_p 可以改变,也可以固定不变,一般多采用固定不变。这种方式是通过改变电流上下限值的大小来调节 SR 电动机输出转矩值,并由此实现速度闭环控制的。图 6-23 表示转速 n、θ_{on} 和 θ_p 不变的条件下,两种负载运行时的磁链和电流波形。图 6-24 表示 $\theta_{on}=0°$、$\theta_p=30°$ 时,对应不同电流值的机械特性。

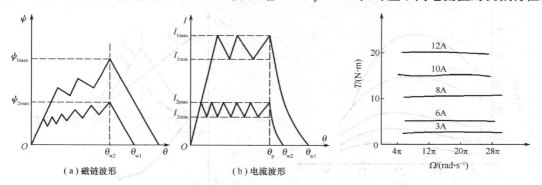

(a) 磁链波形　　　　　　　(b) 电流波形

图 6-23　两种负载运行时的磁链和电流波形(CCC 方式下)　图 6-24　CCC 运行方式下的 $T=f(\Omega)$

(2) 给定绕组电流的上限值 I_{max} 和关断时间 t_1 的斩波方式

这种方式与(1)基本相同,不同之处是在触发角 θ_{on} 到关断角 θ_p 范围内,开关元件关断后,再次导通是由给定的关断时间 t_1 来决定的。而不是绕组电流衰减到了下限值。

(3) 脉宽调制的斩波方式

一般在这种控制方式下,触发角 θ_{on} 和关断角 θ_p 固定不变。在触发角 θ_{on} 到关断角 θ_p 范围内,以 T 为固定的斩波周期,控制器控制主开关元件的导通时间 T_1 和关断时间 T_2 的比例从而控制绕组电流的幅值和有效值。

2. 角度位置控制运行方式

在转速 Ω 变大时,为了使转矩不以平方关系下降,在外施电压 u 不变情况下,通过改变触发角 θ_{on}、关断角 θ_p (或导通角 θ_c)来改变转矩的运行方式,称为角度位置控制运行方式。

图 6-25 表示一台四相 8/6 齿极 7.5kW 的 SR 电动机的转矩与 θ_{on}、θ_p 的关系曲线。从图中可以看出,θ_p 有一个最佳值,θ_p 过大时,转矩反而会减小,这是因为在电感下降区有较大的绕组电流,它产生负转矩。θ_p 一般取在 θ_3 附近(见图 6-9),最好小于 π/N_r。

图 6-20 中，n_{tc}—n_{sc} 段曲线表示 SR 电动机在 APC 运行方式时的机械特性，虚线表示 θ_{on}、θ_p 不变时的串励特性。图 6-20 中实线是代表一条全转速区的机械特性，即是额定运行时的机械特性。在这条曲线与两坐标轴所包围区域内任意一点，SR 电动机都能稳定运行。对于任意一种机械特性，SRD 系统都能实现。这就是 SRD 系统所具有的调速灵活、能实现任意机械特性的优点。

6.3.4 开关磁阻电动机的制动运行

在传动系统中，为了满足生产工艺的要求或者为了安全起见，需要限制电动机转速的升高或者由高速运行快速地进入低速运行，为此需要对电动机进行制动。所谓制动，就是在电动机轴上施加一个与旋转方向相反的转矩。在 SR 电动机中，只有回馈制动（或称再生制动）方式。当触发角 θ_{on} 和关断角 θ_p 位于电感下降区，即 $\mathrm{d}L/\mathrm{d}\theta<0$ 时，磁链、电流和转矩的变化波形如图 6-26。在这种运行状态下，SR 电动机处于回馈制动状态，磁链、电流是正值，转矩是负值。这时转子轴上输入的机械能被 SR 电动机转换成电能，并反馈给电源或其他储能元件，如电容。因此，改变 θ_{on} 和 θ_p，不仅能改变 SR 电动机输出转矩的大小，而且可以改变转矩的方向。从上面的分析可以看出两点：制动运行方式仍属于角度位置控制运行方式的一种；在制动运行方式中，磁链、电流的方向仍为正值。这也表明：SR 电动机的转矩方向与电流方向无关。

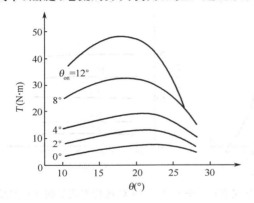

图 6-25 APC 运行方式 T 与 θ_{on}、θ_p 的关系曲线

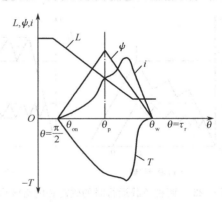

图 6-26 制动状态下 ψ、i、L、T 与转子位置角 θ 相对关系示意图

6.3.5 开关磁阻电动机运行时的转矩脉动与噪声

1. SR 电动机的转矩脉动

SR 电动机是双凸极结构，直轴与交轴的磁阻值相差很大。但结构的凸极性并不是产生转矩脉动的根本原因。实验证明，SR 电动机绕组依序通电的开关性是产生转矩脉动的最根本原因。在 SR 电动机运行时，定子各相绕组依序轮流通电所产生的合成转矩具有明显的脉动性质，如图 6-21 和图 6-22 所示。同时，SR 电动机的双凸极性（或说结构的非线性）和运行时的磁饱和非线性对转矩脉动的大小也有明显的影响。

SR 电动机存在着一定程度的转矩脉动，这是它的一个缺陷。当然，由于电动机和负载转动惯量的存在，这种脉动对传动系统运行不会造成明显的影响，但是限制了 SR 电动机的速度下限和作为伺服元件的应用。同时转矩脉动也限制了 SR 电动机在精密加工车床上作为主轴传动设备等方面的应用。所以，如何减小 SR 电动机转矩脉动也是研究的课题之一。为了量

化转矩脉动,采用转矩脉动系数 T^*,它是反映某一转速下转矩脉动大小的量,它的定义为

$$T^* = \frac{1}{T_{av}\tau}\int_\tau^0 |T - T_{av}| \, dt \tag{6-35}$$

式中,τ 为脉动系数,且 $\tau = \tau_r/\Omega_0$;T_{av} 为平均转矩。

要减小 T^*,关键是要做到开关性(θ_{on} 与 θ_c)、结构非线性和磁饱和非线性三者的合理配合。目前,要减小转矩脉动,可从两方面着手:

一是在设计方面要合理设计极弧宽度及磁路的饱和程度,保证相邻相的静态转矩有足够的重叠角及最佳的矩角特性波形。

二是在运行方面必须研究合理的控制策略例如采用相电流跟踪参考电流的方法等。

2. SR 电动机的噪声

振动与噪声是 SR 电动机的一个比较突出的问题,下面给出产生噪声的原因,为合理设计 SR 电动机与制定正确的控制策略提供依据。产生噪声的主要原因是齿极受到径向变化的磁拉力,引起定子铁芯变形和振动。如果气隙磁导波可以简化成正弦形式,那么 SR 电动机齿极受到的切向和径向磁拉力 F_t 和 F_r 可分别表示为

$$F_t = f_1(i)\frac{\sin(N_r\theta)}{\delta} \tag{6-36}$$

$$F_r = f_2(i)\frac{1-\cos(N_r\theta)}{\delta^2} \tag{6-37}$$

根据上述公式,有两条减小噪声的有效措施:

(1) 减小 θ_p

从角度位置控制运行方式分析知道,θ_p 在 π/N_r 附近变化时,对平均转矩影响不大。因为从式(6-36)和式(6-37)可以看出,此时 F_t 接近 0 而 F_r 却接近最大值。所以,适当减小 θ_p,避开 π/N_r,不会减小电动机的输出功率,却对减小噪声是十分有益的。

(2) 适当增加气隙长度

这是一个对所有电动机都适用的减小噪声的方法,但在 SR 电动机中效果更为明显。因为决定电磁转矩的切向力 F_t 与气隙长度的一次方成反比;而产生噪声的径向力 F_r 却与气隙长度的二次方成反比。当气隙增加到一定程度时,电动机输出功率减少不多,但噪声却有明显的减小。

此外,减小转矩脉动也可降低噪声,所以合理设计极弧宽度及采用合理的控制策略,对减小噪声也有好处。

6.4 开关磁阻电动机传动系统的控制

早期的 SRD 控制系统多采用硬件电路实现,其动态响应快,但是数模系统的元件太多,控制灵活性差,难以实现复杂的控制算法,因此它逐渐被各种微处理器所代替。目前,硬件电路方案仅用于功能单一的专用 SRD 系统和一些小功率简易型产品中。

SRD 系统的控制问题包括:控制系统的组成,系统控制的方法,运行性能的优化等。SRD 控制系统的组成如图 6-27 所示,有控制器及其外围电路、功率变换器、信号检测电路等。SRD 系统的控制器也是随着电子技术的发展在不断变化的。

单片机的应用简化了 SRD 系统的控制电路,提高了系统的控制灵活性,可以实现很多的控制功能,并能够实现一些智能功能,但转速调节速度受单片机速度的限制。国内较早使用的

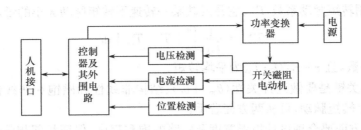

图 6-27　SRD 控制系统的组成

单片机是 51 系列 8 位单片机,51 系列单片机可以实现 SRD 的控制功能,但是它仍然需要增加较多的外围电路,而且 51 系列单片机运算速度较慢,系统实时性较差。目前,SRD 控制系统更多采用 16 位单片机,如 MCS-96 系列。

以 51 系列单片机为核心的 SRD 系统典型的模拟量采样计算时间为 50ms,用于通用电动机(转速范围 50~3000r/min,动态响应时间不快于 200ms)的速度环调节尚可,但对转速范围较宽、动态响应要求更快的场合及用于电流环则不能满足要求。采用 16 位单片机的典型采样时间为 5ms,这一时间用于电流环调节仍较困难。因此,在 SRD 单片机控制系统中,可以采用单片机控制与硬件电路相结合的方案,硬件电路承担快速调节工作,而单片机主要用来完成一些控制算法,同时处理输入、输出和显示等任务。

近年来,随着 DSP 控制器的出现,高性能 SRD 系统越来越多地采用 DSP 作为控制核心。DSP 控制器专用的运动控制外设电路(PWM 产生、可编程死区、捕获单元等)以及其他功能的外设(A/D 转换、串行通信接口、CAN 控制器模块等)集成在芯片上,保持了传统微处理器的可编程、灵活性/适应性好、集成度高、升级方便等优点,同时 DSP 核提供高的运算速度、运算精度和处理大量数据的能力。如 TMS32x24X 系列 DSP 控制器的典型指令周期为 $50\mu s$。使用 DSP 不仅可以简化 SRD 系统的硬件结构,而且可以完成一些单片机无法完成的复杂算法,提高控制精度和控制性能。

6.4.1　SRD 控制系统结构及算法

1. SRD 控制系统结构

SRD 控制系统的结构图如图 6-28 所示,SRD 系统具有转速外环、电流内环,是双闭环控制,转速指令 Ω^* 减去实际转速 Ω 得到转速误差信号,转速调节器 ASR 根据转速误差信号得出转矩指令信号 T^*。

控制模式选择框是 SRD 系统控制策略的总体现,它根据实时转速信号确定控制模式:在低速运行时,固定开通角 θ_{on} 和关断角 θ_p,采用 CCC(电流斩波控制);在高速运行时,改变开通角 θ_{on} 和关断角 θ_p,采用 APC(角度位置控制)。

在 CCC 方式下,实际电流的控制是由 PWM 斩波实现的。转矩指令直接作为电流指令 i^*,电流调节器 ACR 根据电流误差(电流指令 i^* 与实际电流 i 之差)来调节 PWM 信号的占空比,PWM 信号与换相逻辑信号相"与"并经 PWM 驱动后用于控制功率开关的导通和关断。

在 APC 方式下,在控制模式选择框中将转矩指令信号 T^* 先加上偏置作为电流指令 i^*,使 i^* 大于 i,这时从开通角 θ_{on} 到关断角 θ_p 内范围便不会出现斩波;转矩指令 T^* 作为角度控制的输入,来决定开通角 θ_{on} 和关断角 θ_p 的大小。

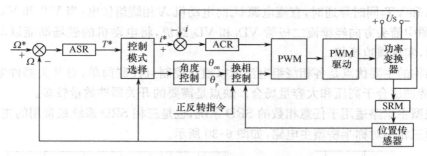

图 6-28 SRD 控制系统结构图

2. SRD 系统中的数字 PI 算法

由于 SR 电动机具有比较好的动态性能,控制器对速度、电流和导通角的自动调节采用 PI (比例、积分)算法实现,其计算公式为:

$$u = K_P\left(e + \frac{1}{T_I}\int_0^t e\,dt\right) + u_o \tag{6-38}$$

式中,u 为调节器的输出,对于 SR 电动机为速度、电流或导通角;K_P 为比例常数;e 为调节器的偏差输入;T_I 为积分常数;u_o 为控制常量,通常取输出控制量取值范围的中间值,以加快系统的调节速度。

微处理器的控制是采样控制,式(6-38)中的积分项不能直接计算,只能用数学方法逼近。现用离散采样时刻 $t = iT$(T 为采样周期)表示连续时间,将式(6-38)离散化为下式:

$$u_i = K_P\left(\Delta e_i + \frac{T}{T_I}\sum_{j=1}^i e_j\right) + u_o \tag{6-39}$$

式中,u_i 为第 i 个采样时刻调节器的输出; e_i 为第 i 个采样时刻调节器的输入偏差。

电动机控制要求很强的实时性,要尽可能地缩短微处理器采用的控制算法的计算时间,尽可能地采用更简的算式,为此,我们可以采用微处理器控制系统中广泛应用的数字递推算式:

$$\Delta u_i = K_P \Delta e_i + \frac{T}{T_I} e_i \tag{6-40}$$

PI 调节的输出量最后要转化为导通角 θ_c 或斩波电流限值(也就是脉冲宽度)来控制电动机。APC 控制时,一般固定关断角 θ_p,而只调节导通角 θ_c。实际控制系统中,先通过计算机仿真或通过实验求出不同转速下的最佳关断角 θ_p,然后将其固化在存储器中,用关断角 θ_p 减去由 PI 调节子程序计算出来的导通角 θ_c,就得到了开通角 θ_{on}。

6.4.2 功率变换器

功率变换器设计主要包括:功率变换器主电路结构的确定和功率器件的选择及其电流定额的确定。

下面从这两方面分别进行介绍。

1. 功率变换器主电路结构

SRD 系统的功率变换器电路结构有许多种,在设计时需要注意:不同结构的电路其主开关器件数量与及其电流定额、能量回馈方式以及适用场合均不同。下面介绍 SRD 系统常用的几种功率变换器主电路。

(1)双开关型主电路

如图 6-29 所示,双开关型主电路每相有两只主开关器件和两只续流二极管。当两只主开

关器件 VT_1 和 VT_2 同时导通时，直流电源 U_s 向电动机 A 相绕组供电；当 VT_1 和 VT_2 同时关断时，电流沿图中箭头方向经续流二极管 VD_1 和 VD_2 续流，将电动机的磁场储能以电能形式迅速回馈电源，实现强迫换相。

这种结构的主要优点是各相绕组电流可以独立控制且控制简单；对开关器件电压容量要求比较低，特别适合于高压和大容量场合。缺点是需要的开关器件数量较多。

双开关型主电路适用于任意相数的 SRD 系统，也是三相 SRD 系统最常用的主电路形式，所以也称为三相不对称半桥型主电路，如图 6-30 所示。

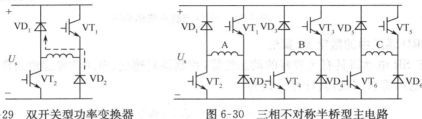

图 6-29 双开关型功率变换器　　　　　图 6-30 三相不对称半桥型主电路

（2）双绕组型主电路

图 6-31 为双绕组型主电路，每相均有主、副两个绕组。主开关器件 VT_1 导通时，直流电源 U_s 对主绕组供电，形成实线箭头方向的电流；当 VT_1 关断时，靠磁场耦合将主绕组的电流转移到副绕组，再通过二极管 VD_1 续流（续流电流方向为虚线箭头方向），向电源回馈电能，实现强迫换相。为了保证主、副绕组之间紧密耦合，通常主、副绕组是双线并绕而成，同名端反接，其匝数比为 1:1。

双绕组型主电路结构简单，每相只有一个开关器件，开关器件少。但是主开关器件除了要承受电源电压外，还要承受副绕组（续流时）的互感电动势。如设主、副绕组的匝数比为 1:1，并认为它们完全耦合，则主开关器件的工作电压是双开关型电路中功率器件的两倍。因为在实际中主、副绕组之间不可能完全耦合，所以在 VT_1 关断瞬间，因漏磁及漏感作用，其上会形成较高的尖峰电压，故 VT_1 需要有良好的吸收回路，才能安全工作。

这种主电路的优点是结构简单，每相只有一个开关器件，开关器件少；可适用于任意相数的开关磁阻电动机，尤其适宜于低压直流电源（如蓄电池）供电的场合。缺点是每相含主、副两个绕组，电动机槽及铜线利用率低，铜耗增加而且电动机体积变大。

（3）电容分压型主电路

电容分压型主电路也叫电容裂相型主电路或双电源型主电路，其电路结构如图 6-32 所示，是四相 SR 电动机广泛采用的一种主电路形式。这种结构的主电路每相只需要一个功率开关器件和一个续流二极管，各相的主开关器件和续流二极管依次上下交替排布；直流电源 U_s 被两个大电容 C_1 和 C_2 分压，得到中点电位 $U_o = U_s/2$（通常 $C_1 = C_2$）；四相绕组的其中一端共同接至电源的中点。

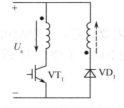 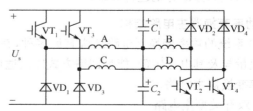

图 6-31 双绕组型主电路　　　　　图 6-32 电容分压型主电路

在这种电路中 SR 电动机采用单相通电方式,当上桥臂的开关器件 VT₁ 导通时 A 相绕组从电容 C_1 吸收电能;当 VT₁ 断开时,则 A 相绕组的剩余能量经 VD₁ 回馈给电容 C_2。而当下桥臂 VT₂ 导通时,绕组 B 从 C_2 吸收电能;当 VT₂ 断开时 B 相绕组的剩余能量经 VD₂ 回馈给 C_1。为了保证上,下两个电容在工作时的电压对称,该电路仅适用于偶数相 SR 电动机。由于采用电容分压,加到电动机绕组两端的电源电压仅为 $U_s/2$,电源电压的利用率降低。在同等功率情况下,主开关器件的工作电流为双开关型电路中功率器件的两倍。而每个主开关器件和续流二极管的额定工作电压为 $U_s + \Delta U$(ΔU 是换相引起的瞬时电压)。

电容分压型主电路有以下特点:

① 上下两路负载必须均衡,电动机的相数必须是偶数。

② 每相只用一个主开关器件,功率开关器件少,结构最简单。

③ 在实际工作时,由于分压电容不可能很大,中点电位是波动的;在低速时波动尤为明显,甚至可能导致电动机不能正常工作。

④ 需要体积大、成本高的高压大电容。

⑤ 电源电压的利用率低,适用于电源电压较高的场合。

(4)H 桥型主电路

H 桥型主电路如图 6-33 所示,与四相电容分压型主电路相比,H 桥型主电路少了两个的分压电容,换相的磁能以电能形式一部分回馈电源,另一部分注入导通相绕组,这将引起中点电位的较大浮动。它要求每一瞬间上、下桥臂必须各有一相导通。本电路特有的优点是可以实现零电压续流,提高系统的控制性能。

H 桥型主电路只适用于四相或 4 的倍数相 SR 电动机,它也是四相 SR 电动机广泛采用的一种主电路形式。

在这种电路中 SR 电动机采用两相通电的工作方式,通过斩波控制进行调速。其斩波模式有两种:四相斩波模式和两相斩波模式。

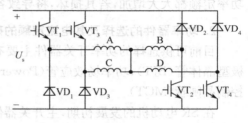

图 6-33 H 桥型主电路

① 四相斩波模式

在一个导通区间内,对上下桥臂的功率开关同时进行斩波操作,这时,上桥臂开关和下桥臂开关同时导通或关断。以 A、B 两相为例,当 VT₁ 和 VT₂ 导通时,电源对 A、B 两相绕组供电;当 VT₁ 和 VT₂ 关断时,续流电路如图 6-34 所示,续流电流经 VD₁、VD₂ 回馈电源。

采用四相斩波控制时,关断相储存的电能回馈给电源,续流电流下降较快,这给换相带来好处,但绕组中的电流不够平滑,会使噪声增大。此外,由于每只主开关器件在其导通区间始终处于高频开关状态,开关损耗比较大。

② 两相斩波模式

在一个导通区间内,仅对上桥臂功率开关 VT₁ 和 VT₃(或下桥臂功率开关 VT₂ 和 VT₄)进行斩波操作,而使另一桥臂的功率开关始终处于开通状态。仍以 A、B 两相为例,当 VT₁ 和 VT₂ 导通,电源对 A、B 两相绕组供电;当 VT₁ 关断、VT₂ 导通时,续流电路如图 6-35 所示,A 相电流注入导通相。

为了使各相电流更加一致和使各相功率开关负荷相同,可使上桥臂开关和下桥臂开关轮流斩波。这种斩波方式的特点是续流期间绕组两端电压近似为 0,所以电流下降缓慢,续流期间没有能量回馈电源。

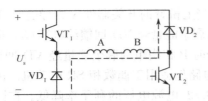

图 6-34 四相斩波时的续流回路

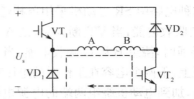

图 6-35 两相斩波时的续流回路

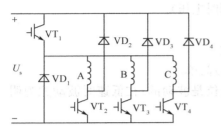

图 6-36 三相公共开关型主电路

（5）公共开关型主电路

图 6-36 所示的电路是公共开关型主电路，除每相各有一个主开关外，还有一个公共开关 VT_1。公共开关对供电相实施斩波控制，当 VT_1 和 VT_2 同时导通时，电源向 A 相绕组供电；当 VT_1 关断 VT_2 导通时 A 相电流经 VD_1 续流。当 VT_1 和 VT_2 都关断时，电源通过 VD_1 和 VD_2 反加于 A 相绕组两端，实现强迫续流、换相；若 VT_1 导通，VT_2 关断时，相电流将经 VD_2 和 VT_1 续流，因电源供电电压没有反方向地加与 A 相绕组两端，不利于实现强迫换相。

具有公共开关器件的功率变换器电路有一只公共开关管在任一相导通时均开通，一只公共续流二极管在任一相续流时均参与。该电路所需的开关器件和二极管数量较双开关型电路大大减少，可适于相数较多的场合，其造价明显降低。但相数太多，公共开关管的电流定额和功率定额都大大增加，若其损坏，将导致各相同时失控。

2. 功率器件的选择及其电流定额的确定

目前可供选择的功率开关器件主要有晶闸管（SCR）、门极可关断晶闸管（GTO）、电力双极型晶体管（BJT）、功率场效应管（Power-MOSFET）、绝缘栅极双极型晶体管（IGBT）和 MOS 控制晶闸管（MCT）。

在 SR 电动机的发展初期，主开关器件多选用 SCR。SCR 没有自关断能力，强迫关断电路结构复杂且成本高，其开关速度不高，使得功率变换器的控制性能不理想。GTO 门极控制较复杂，开关频率不高，由 GTO 作功率变换器主开关的 SRD 系统，难以实施高性能的控制策略。GTO 属于电流控制器件，其驱动电路要求有较大的输出电流，因此，驱动电路需要较大的驱动功率。功率 MOSFET 属于电压控制型器件，工作频率高、开关速度快，很适合作低压、小功率 SR 电动机功率变换器的主开关器件。IGBT 综合了 MOSFET 驱动功率小、开关速度快和 BJT 通态压降小、载流能力大的优点，其工作频率较高、驱动电路简单，目前是中、小功率开关磁阻电动机功率变换器较理想的主开关器件。对于高压、大功率 SR 电动机，则可选 MCT 作为功率变换器的主开关器件。MCT 是 MOSFET 与晶闸管的复合器件，具有高电压、大电流（2000V、300A；1000V、1000A）、电流密度大（6000A/cm²）、工作频率高（20kHz）、控制功率小、易驱动、可采用低成本集成驱动电路控制等优点。

因此，就目前电力电子技术发展的水平而言，低压、小功率 SRD 系统功率变换器的主开关器件可选 MOSFET，中、小功率系统一般都选 IGBT，而大功率系统则可选用 MCT。本章的主电路开关器件都以 IGBT 为例画出。

对于续流二极管，要求其反向恢复时间短、反向恢复电流小、具有软恢复特性，因此一般都选用快恢复二极管。这有助于减小功率变换器的开关损耗、限制主开关器件和续流二极管上的电流、电压振荡和电压尖峰。

主开关器件和续流二极管的选择还取决于系统容量大小、电压定额要求和电流定额等因素，一般根据系统的工作电压和工作电流来确定管子的电压定额和电流定额。

（1）电压定额

所选器件的电压定额应留有安全裕量，主要是考虑到主开关器件和续流二极管开关过程中要能承受一定的瞬时过电压。主开关和续流二极管的电压定额一般取其额定工作电压的 2～3 倍。

（2）电流定额

主开关器件的电流额定值有两种：一是体现电流脉冲作用的定额，即峰值电流定额；二是体现电流连续作用的定额，即有效值电流定额，对于 IGBT 而言，集电极额定直流电流为其有效值电流定额。因为 IGBT 能承受较大的电流峰值，则有效值电流定额是决定功率变换器容量的主要参数。对于二极管而言，因其能承受较大的冲击电流，通常也以有效值电流定额作为选型依据。管子的电流定额通常取其最大工作电流的 1.5～2 倍。

在已知 SR 电动机的额定功率 P_N 的情况下，近似估算功率开关器件的最大峰值电流可以用下面的经验公式，并作为其选型依据：

$$I = \frac{2.1 P_N}{U_s} \tag{6-41}$$

6.4.3 信号检测

SRD 系统的反馈信号主要有电流、位置、速度三种。SRD 系统在启动和低速运行时，通常采用电流斩波控制相电流的大小；即使在 APC 方式下，为了防止系统过载或故障运行，也需要监测绕组的实际电流。因此，电流检测在 SRD 系统中是必不可少的。SRD 系统工作在自同步状态，转子位置信号是各相主开关器件正确进行切换的依据，所以需要检测转子位置。SRD 系统作为变速传动系统，为了保证系统具有优良动静态性能，必须依靠速度控制环节，这就需要得到准确的速度信号。所以，电流、位置、速度三种反馈信号的检测直接关系到 SRD 系统的运行性能。

1. 电流检测

开关磁阻电动机有两种运行方式。在电流斩波控制方式中，系统是通过调节相绕组电流的大小来控制转矩的，因此，得到绕组中实际电流的准确值，对进行电流反馈是非常必要的。在角度位置控制方式中，系统通过调节开通角 θ_{on} 和关断角 θ_p 来实现对转矩的控制，此时，电流已不再作为控制量。但为了防止系统过载或故障，需要进行过流保护。因此，系统始终需要可靠地检测电流。

由于 SRD 系统中两种运行方式的电流都是属于单方向脉冲波形，没有负电流存在，电流有较大的尖峰值，因此要求电流检测器的工作范围大、频带宽、稳定、可靠和抗干扰能力强。同时也要求电流检测器在一定工作范围内具有良好的线性度，价格便宜。

2. 位置信号检测

（1）位置信号检测与换相逻辑

位置检测的目的是确定转子、定子的相对位置，以控制对应的相绕组是否通电。常见的位置检测器有光敏式、磁敏式及接近开关等含机械装置的。为了提高 SRD 系统的快速性和工作可靠性，也采用"无位置传感器"检测法。

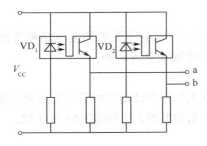

图 6-37　光电位置检测器电路原理图

下面介绍一种应用最广泛的光敏式位置检测器,它是由光电耦合开关(也称光断续器)和遮光盘组成的,其电路原理图如图 6-37 所示。SRD 系统通常使用槽形光电开关。槽形光电开关通常是 U 形结构,U 形槽的两侧安装着发射器(发光二极管)和接收器(光敏三极管),并形成一个光轴,当遮光盘的齿经过 U 形槽阻断光轴时,光电开关就产生关断信号,当遮光盘的槽经过 U 形槽光轴畅通时,光电开关就产生导通信号。光电开关可固定在定子上,也可固定在机壳上。遮光盘有与转子凸极、凹槽数相等的齿槽,且齿槽均匀分布。遮光盘固定在转子轴上,与电动机同步旋转,通过遮光盘,使光敏元件导通和关断产生包含转子位置信息的脉冲信号。

对于 m 相 SR 电动机,光电耦合开关可以有 m 个或 $m/2$ 个(m 为偶数),相邻两个光电耦合开关之间的夹角由下式决定:

$$\Delta\theta=\left(k-\frac{1}{m}\right)\tau_r \text{ 或 } \Delta\theta=\left(k-1+\frac{1}{m}\right)\tau_r,(k=1,2,\cdots) \tag{6-42}$$

例如,对于四相 8/6 极 SR 电动机而言,既可以采用两个光电开关检测(半数检测法),也可以采用 4 个光电开关检测转子位置(全数检测法),多数 SRD 系统采用半数检测法。

当采用两个光电开关检测时,两个光电开关之间的夹角可以为 15°、45°或 75°,其安装位置也有多种选择。图 6-38 所示是位置传感器的一种安装形式,在某相定子绕组中心线位置安装一个光电开关 V_{01},再顺时针转过 15°安装另一个光电开关 V_{02},遮光盘的齿槽等分为 30°。SR 电动机转动时,可以输出两路周期为 60°、间隔为 15°的脉冲序列,如图 6-39 所示。两路脉冲序列经过逻辑变换,即可用于控制四相绕组的通断,图 6-40 给出了基本脉冲序列、绕组电感波形和不同控制方式下的通电逻辑。

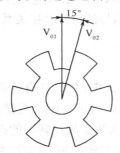

图 6-38　四相 8/6 极 SR 电动机位置传感器

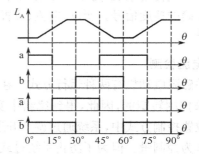

图 6-39　四相基本位置信号

这种检测方法将定子绕组中心线位置定义为角度基准点,比较直观,易于理解。为了消除干扰,光电耦合开关输出的信号需要经过整形。可以采用具有施密特整形功能的非门来整形,再经反相器反相输出位置信号。图 6-41 所示为一种位置传感器的电路图。光电三极管的通断信号经比较器输出给施密特触发器整形,再经反相器反相输出位置信号 a。

（2）角度细分

位置信号经过逻辑变换后得到的方波信号可以直接用于 SR 电动机的定角度电流斩波控制,但不能用于角度位置控制,因为在 APC 运行方式下,需要很高的角度分辨率。因此需要精确的角度,这要通过角度细分来获得。角度细分既可以通过硬件实现,也可以通过软件实现。

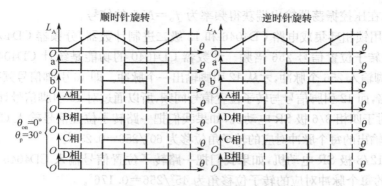

图 6-40　基本位置信号、绕组电感波形和不同转向下的通电逻辑

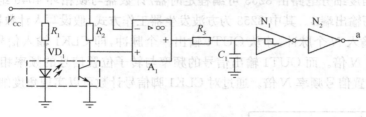

图 6-41　位置传感器的实际电路

下面对这两种方法分别进行介绍。

① 硬件角度细分：利用锁相倍频技术可以实现角度细分。锁相就是相位同步的自动控制，能够完成两个电信号相位同步自动控制的闭环系统叫做锁相环（Phase Lock Loop，PLL）。它主要由相位比较器（PC）、低通滤波器（LPF）、压控振荡器（VCO）三部分组成，如图 6-42（a）所示。

图 6-42　锁相环原理

施加于相位比较器的外部输入信号 U_i 与来自压控振荡器的输出信号 U_o 相比较，比较结果产生的误差输出电压 U_e 正比于 U_i 和 U_o 两个信号的相位差，经过低通滤波器滤除高频分量后，得到一个平均值电压 U_d。电压 U_d 控制着压控振荡器的输出频率：这个平均值电压 U_d 朝着减小压控振荡器输出频率和输入频率之差的方向变化，直至压控振荡器输出频率和输入信号频率获得一致。这时两个信号的频率相同，其相位差保持恒定。

锁相环还具有"捕捉"信号的能力，压控振荡器可以在一定范围内自动跟踪输入信号的变化，如果输入信号频率在锁相环的捕捉范围内发生变化，锁相环能捕捉到该频率，并强迫压控振荡器锁定在这个频率上。

锁相环的应用非常灵活，如果要求压控振荡器输出信号频率 f_o 不是等于输入信号频率 f_i，而是两者保持一定的关系，例如比例关系或差值关系，则可以在外部加入一个具有特定功能的运算器。例如在相位比较器和压控振荡器之间加一个 N 分频器，如图 6-42（b）所示，则可完成倍频功能，在压控振荡器输出端获得频率为 $f_o = Nf_i$ 的信号。

图 6-43 是用锁相环集成电路 CD4046 和 12 级二进制计数器/分频器 CD4040 组成的 256 倍频电路，它把转子位置信号 256 倍频。计数器 CD4040 的功能是统计 CD4046 输出脉冲的个数，从 10 引脚输入 256 个脉冲，才从 12 引脚输出一个脉冲。即 10 引脚信号频率是 12 引脚信号频率的 256 倍，而 12 引脚信号与转子位置信号同频，所以通过对 10 引脚信号计数可以实现角度细分控制。对于四相 8/6 极 SR 电动机，如果我们把一路转子位置信号输入 CD4046 的 14 引脚，则其 4 引脚输出的每个脉冲对应的转子角位移为 $60°/256 = 0.234°$。

对于三相 12/8 极 SR 电动机，如果我们把一路转子位置信号输入 CD4046 的 14 引脚，则其 4 引脚输出的每个脉冲对应的转子位移角为 $45°/256 = 0.176°$。

图 6-44 的角度细分电路由 8253 可编程定时器/计数器与锁相环 4046 组成，CLK1 端接 4046 的压控振荡输出端 4。其中 8253 为方波发生器工作方式，假设写入计数器中的计数值为 N，则从 CLK1 输入 N 个脉冲，才从 OUT1 输出一个脉冲，即 CLK1 输入信号频率为 OUT1 输出信号频率的 N 倍。而 OUT1 输出信号的频率与转子位置信号的频率相同，则 CLK1 输入信号为转子位置信号频率 N 倍。通过对 CLK1 脚信号计数可以实现角度细分控制。

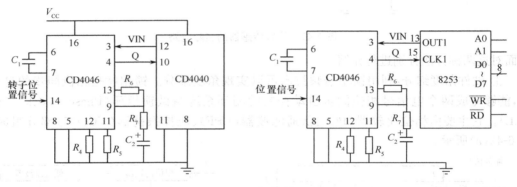

图 6-43　角度细分电路(1)　　　　图 6-44　角度细分电路(2)

② 软件角度细分：硬件角度细分是对倍频信号计数，从而提高角度控制的分辨率。如果先确定一标准脉冲信号，然后直接由微处理器实时计算标准脉冲信号的周期对应的转子位移角，同样可以实现角度的高精度控制，这就是软件角度细分。

软件角度细分的实现方法是：先确定一标准脉冲信号，然后利用转子位置的参考基准点记取位置检测基本信号的一个周期（或 $1/m$ 周期）内的标准脉冲信号个数，然后计算一个标准脉冲信号对应的转子角位移。

例如，在以 MCS-51 系列单片机为控制核心的 SRD 系统中，软件角度细分电路如图 6-45 所示，计数器 8253 的 CLK0 端接频率为 f_o 的标准脉冲信号，单片机的输入口 INT1 接受 a、b 的跳变信息，如在 a 信号上跳沿进入中断服务程序启动计数，b 信号上跳沿进入中断服务程序后读出计数器中的内容，得到该区间的标准脉冲信号的个数。a 信号上跳沿至 b 信号上跳沿的间隔为基本信号周期的 $1/m$，对于四相 8/6 极结构和三相 12/8 极结构，对应的转子角位移为 $15°$，而三相 6/4 极结构则为 $30°$。用所读区间内的标准脉冲信号个数除以该角位移，就得到每度对应的标准脉冲数。由于 CPU 响应中断及其服务需要花费时间，所以应该对所记脉冲数加以适当修正。

如果采用 MCS96 系列单片机为核心处理器，则可利用高速输入口 HSI 来对角度进行细分,因为 HSI 不仅可以自动检测输入信号状态的变化,还可以自动记录状态变化发生的相对时刻。如图 6-46 示,四相 SR 电动机转子位置传感器发出的转子位置信号 a 和 b,经高速光电隔离后送到 HIS.0 和 HIS.1(三相 SR 电动机则将三路位置信号送到 HIS.0、HIS.1 和 HIS.2)。使HSI 工作在后来方式,a、b 信号每次电平变化都会引起 HSI 中断。在 HSI 的状态寄存器中能读到 a、b 信号的当前电平状态及当前中断是哪一路信号引起的,从时间寄存器中可以读到每次中断发生的时刻。这样,在相邻两次 HSI 输入端电平跳变引起的中断期间,时间寄存器中就记录了标准脉冲信号个数。用这个标准脉冲信号个数除以相邻两次 HSI 中断对应的转子角位移,就得到每度对应的标准脉冲数。对于四相 8/6 极结构和三相 12/8 极结构,相邻两次 HSI 中断(即位置传感器信号跳变的间隔)对应转子角位移为 15°,而三相 6/4 极则为 30°。

采用软件进行角度细分可以减少硬件。软件角度细分比硬件角度细分实时性好,因为在这一区间的测量结果立即可以作为下一区间角度细分控制的计算参数;软件进行角度细分的缺点是增加了细分计算的工作量,对不同转速,必须实时计算。硬件细分时倍频系数由硬件固定,不论转速如何变化,每个倍频脉冲的周期与转子的角位移关系是一致的;硬件法的缺点是,由于锁相环中的低通滤波器的影响,对转速变化的锁定有一定的延时。

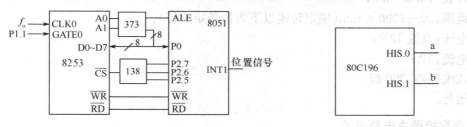

图 6-45　软件角度细分电路(1)　　　　　图 6-46　软件角度细分电路(2)

3. 速度检测

对于 SR 电动机,在采用光敏式位置传感器检测转子位置时,如果电动机转速为 n(r/min),则一路转子位置信号的频率为:

$$f_{\mathrm{P}} = \frac{N_{\mathrm{r}} n}{60} \tag{6-43}$$

可见,转子位置检测信号的频率与电动机的转速成正比,将测出的转子位置信号的频率经过转换即可得到转速。即转速检测利用位置传感器,不需要附加器件。由于 SRD 系统位置检测输出信号为数字信号,便于与微处理器接口。

SRD 系统转速的转换方法可以分为模拟式和数字式两类。模拟式方法是基于频率电压转换原理,采用 F/V 电路(如 LM2917、LM2907 等),把转速数字信号转换为电压量来控制电动机。图 6-47 为采用 LM2907 构成的 F/V 电路,当输入信号 a 状态改变时,定时电容器线性地充电或放电,其中泵入电容器的平均电流为 $i_{\mathrm{avg}} = C_1 V_{\mathrm{CC}} f_{\mathrm{in}}$,而输出电路会非常精确地反射这个进入接地负载电阻 R_4 和积分电容 C_2 的电流 $K i_{\mathrm{avg}}$(K 为增益常数,典型值为 1.0)。考虑到 a 信号的周期 $T_{\mathrm{s}} \ll R_4 C_1$,那么输出电压(转速反馈信号)为

$$U_{\mathrm{o}} = K i_{\mathrm{avg}} R_4 = K R_4 C_1 V_{\mathrm{CC}} f_{\mathrm{in}}。$$

数字式方法则借助微机中的定时/计数器,利用位置脉冲信号的周期和频率来计算转速的大小,具体的方法又分为 M 法、T 法和 M/T 法。详见附录 A。

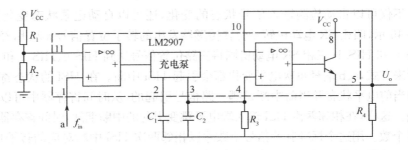

图 6-47 用 LM2907 构成的 F/V 转换电路

6.5 开关磁阻电动机的 DSP 控制

下面以一台四相 8/6 极 SR 电动机调速系统为例,说明 SRD 系统功率变换器的设计。系统的主要技术指标如下。

额定转速:1500r/min;

转速范围:50～2000 r/min(额定转速以下为恒转矩运行);

电源电压:直流 12V;

额定电流:5A;

增量式编码器:360 线;

双向运行。

1. 功率变换器主电路设计

根据电动机的相数和容量情况,采用电容分压型主电路,在低速时采用 CCC 控制,在高速时采用 APC 控制。设计的功率变换器电路如图 6-48 所示,直流供电电压为 24V,电解电容 C_1 和 C_2 对整流电路的输出起到滤波及分压作用,而电阻 R_1、R_2 起到平衡两个电容上的电压及整个系统关闭时对电容放电的作用。R_3 为合闸时的充电电阻,以防止合闸时浪涌电流对滤波电容有过大的电流冲击。在电动机启动时,继电器 J 闭合,将 R_3 从电路中切除。VT_5 和 R_L 构成制动放电电路,当 SR 电动机制动运行时,向功率电路回馈电能,当电容上发生过电压时 VT_5 开关管开通,将电容能量泄放到电阻 R_L 上。

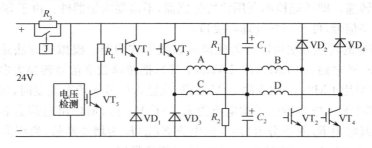

图 6-48 功率变换器电路

（1）器件的选用

滤波电容选两只 4700μF/50V 电解电容串联,构成双电源。考虑到电动机额定电流为 5A,主开关元件可以选型号为 G4BC15MD 的功率器件五只,该元件中包含了 IGBT 和快恢复二极管。该功率器件的额定值为 $I_c=8.6A$,$V_{ces}=600V$。IGBT 驱动芯片选用具有 6 个输出通道的 IR2130。

选用 4 个霍尔电流传感器分别检测 A、B、C、D 四相绕组中的电流。传感器输出的模拟电压信号经过放大电路后，连接到 DSP 的模数转换输入通道 ADCIN0、ADCIN1、ADCIN2 和 ADCIN3，作为电流环的反馈信号。

采用 360 线增量式光电编码器作为速度检测传感器。由于开关磁阻电动机只适合作速度控制，而不适合作位置控制，所以没有必要使用太高精度的编码器，采用 360 线的编码器即可。将编码器的两个输出连到 DSP 的 QEP 接口。

（2）IGBT 驱动电路

TMS320LF2407A 的事件管理器 A 有 6 路 PWM 输出，本例利用其中的 5 个对主电路中的 5 个开关管进行单相通电控制。其中 PWM1 控制 VT_1，PWM2 控制 VT_2，PWM3 控制 VT_3，PWM4 控制 VT_4，PWM5 控制 VT_5。这样就可以用 DSP 控制 A、B、C、D 四相绕组的通断电和制动放电电路，如图 6-49 所示。

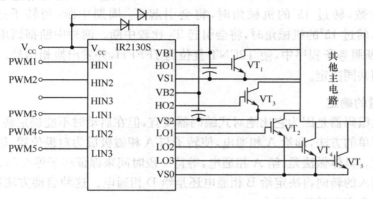

图 6-49　IGBT 驱动电路接线图

2. 控制方法

本例采用电流斩波控制方式，这种控制方式只适合在低速下运行，控制框图如图 6-50 所示。

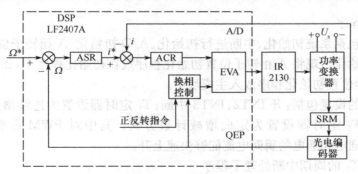

图 6-50　控制框图

速度给定 Ω^* 与速度外环反馈的速度 Ω 产生偏差，通过速度控制 ASR 生成电流参考值 i^*。它与电流反馈 i 产生偏差，通过电流控制 ACR 产生比较寄存器的比较值，控制 PWM 的占空比来调节电流。电流内环实现电流的调节，控制输出转矩，以保证得到快速的响应。

电流检测每 $40\mu s$ 一次，采样频率为 25kHz，与 PWM 波同频。因为每次只对一相通电，其他三相断电，所以每次只需测其中一相的电流。然后根据电流信息改变比较寄存器的比较值，从而改变 PWM 的占空比。因为 PWM 输出采用"高有效"方式,因此编程时要注意比较寄存器的比较值越大,PWM 的占空比越小。

根据编码器的位置信息实现对开关磁阻电动机的换相,保证在电感的上升段通断电。为了保证正确的获得换相时刻,采用 360 线的增量式编码器来测量转子的位置。每个机械转可获得 360 个输出脉冲,即每转一度就有一个脉冲输出。根据开关磁阻电动机的的工作原理,四相 8/6 结构的开关磁阻电动机工作时,从一个对极位置到下一个对极位置需要转过 15°机械角度,即每隔 15°机械角就必须换相一次。因为 DSP 的 QEP 有将输入的脉冲 4 倍频的作用,所以 15°的机械角所产生的 15 个脉冲经 QEP 倍频后,会在 DSP 的计数器上累计 60 个计数脉冲。因此设计 DSP 每累计 60 个计数脉冲就产生一次中断,进行换相。

本例采用事件管理器 EVA 中的定时器 T_2 作为位置检测的计数器。将计数器的初值设计为 T2CNT＝7FFFH,定时器 T_2 的周期值设计为 T2PR＝7FFFH＋60＝803BH,定时器 T_2 的比较值设为 T2CMPR＝7FFFH－60＝7FC3H。T_2 采用定向增减方式,当转子顺时针旋转时,T2CNT 加计数,转过 15°的机械角时,将会引起 T_2 周期中断;当转子逆时针旋转时,T2CNT 减计数,转过 15°的机械角时,将会引起 T_2 比较中断。两种中断都调用同一个中断服务子程序,在中断服务子程序中,使 T2CNT 复位为 7FFFH,并发出换相信号。换相顺序由转向和当前通电相共同决定。

3. 起始位置的确定

使用增量式编码器是因为它比绝对式编码器便宜,但在启动时不能确定转子的起始位置。本例采用一个简单的方法,即给 A 相通电,使转子与 A 相磁极成为对极位置,以这个位置作为转子的起始位置。具体做法是:给 A 相通电,等待一段时间来保证转子停在与 A 相对极位置,然后根据用户输入的转向再决定给 B 相通电还是给 D 相通电。这种启动方法简单,但只能应用在允许正反两个方向转动的场合。

4. 程序设计

本例程序分为三部分:初始化程序、T_1 的周期中断处理子程序、T_2 周期中断和比较中断的处理子程序。

（1）初始化程序

初始化程序包括系统初始化、中断进行初始化、A/D 初始化、A 相转子位置初始化、EVA 初始化和变量初始化。现将 A 相转子位置初始化程序放在初始化程序中,如果要求电动机频繁启动,可将起始位置初始化程序放入主模块中。

初始化程序的设置包括:开 INT2、INT3 中断;T_1 定时器设置为连续增计数方式;PWM 频率为 25kHz;T_2 定时器设置为定向增减计数方式。其中对 PWM 占空比初值设置为 100％,是为了对通电相通电的瞬间电流能够快速上升。

（2）定时器 T_1 的周期中断处理子程序

定时器 T_1 的周期中断处理子程序流程图如图 6-51 所示。

首先根据换相标志 GPR3 判断是否换相。如果允许换相,则根据转向标志 GPR2 来修改通电相标志 TDX,从而确定下一个通电相是哪一相。然后进行速度计算和速度调整,更新电流参考值 IREF,接着进行 A/D 转换,获得电流反馈,和 IREF 比较产生误差,对通电相进行电流调节控制。通过修改比较方式寄存器 ACTRA 来实现换相。

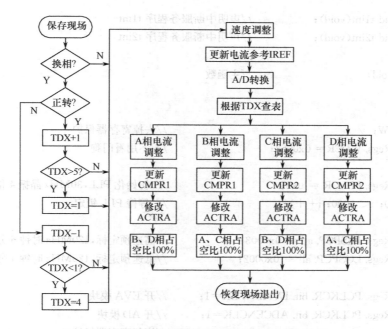

图 6-51 定时器 T_1 的周期中断处理子程序流程图

（3）定时器 T_2 周期中断和比较中断的处理子程序

定时器 T_2 周期中断或比较中断都使用同一个中断入口 INT3，因此可以很容易的实现共用同一个中断处理子程序。该子程序只做两件事：第一件是置允许换相标志；第二件事是使 T_2 的计数器 T2CNT 重新赋初值。

```
# include "DSP28_Device.h"        //包含 DSP2812 器件头文件
# include "IQmathLib.h"           //包含 Q 格式数学运算库头文件

int        i;                     //临时变量
unsigned int                      //定义无符号整形变量
    TDX,                          //当前通电相标志(1,2,3,4,…,A,B,C,D)
    GPR2,                         //转向标志,1(CW),0(CCW)
    GPR3,                         //换相标志,1(不允许),0(允许)
    IREF=0,                       //电流参考值
    MAX=800,                      //最小占空比(0%)比较值
    MIN=0,                        //最大占空比(100%)比较值
    COMA=0,                       //A 相比较值
    COMB=0,                       //B 相比较值
    COMC=0,                       //C 相比较值
    COMD=0,                       //D 相比较值
    CURRA=0,                      //A 相电流检测值
    CURRB=0,                      //B 相电流检测值
    CURRC=0,                      //C 相电流检测值
    CURRD=0,                      //D 相电流检测值
    NUM=10,                       //电流修正值
    TMP;                          //临时变量
```

```
interrupt void t1int(void);                //声明中断服务程序 t1int
interrupt void t2int(void);                //声明中断服务程序 t2int

void main(void)                            //主函数
{

    EALLOW;                                //去掉寄存器保护
    SysCtrlRegs. WDCR= 0x0068;             // 不用看门狗

    SysCtrlRegs. PLLCR = 0x8;              // 初始化 PLL,30MHz 晶振 4 倍频为 120MHz
    for(i= 0; i< 5000; i++){}             // 等待 PLL 锁定

    SysCtrlRegs. HISPCP. all = 0x0003;     //高速预定标,120MHz 时钟 6 分频为 20MHz
    SysCtrlRegs. LOSPCP. all = 0x0002;     //低速预定标,120MHz 时钟 4 分频为 30MHz

    SysCtrlRegs. PCLKCR. bit. EVAENCLK=1;  //开 EVA 模块
    SysCtrlRegs. PCLKCR. bit. ADCENCLK=1;  //开 AD 模块
    EDIS;                                  //恢复寄存器保护

    InitPieCtrl();                         //初始化 PieCtrl
    InitPieVectTable();                    //初始化 Pie 向量表

    //A 相转子位置初始化
    EvaRegs. ACTR. all=0x0002;             //A 相通电
    EvaRegs. COMCONA. all=0xca00;          //立即比较
    EvaRegs. CMPR1=0x0400;                 //占空比=50%
    EvaRegs. T1CNT=0x0;                    //计数寄存器清零
    EvaRegs. T1PR=0x0800;                  //T1 周期寄存器
    EvaRegs. T1CON. all=0x9040;            //连续增减计数方式,预分频为1,允许 T1
        for(i= 0; i< 30000; i++);         //延时,等待转子到 A 相对极位置
    EvaRegs. ACTR. all=0x0000;             //关闭 PWM

    //A/D 初始化
    AdcRegs. ADCTRL1. bit. RESET=1;        //复位
    NOP;                                   //等待
    AdcRegs. ADCTRL1. bit. RESET=0;        //复位完毕
    AdcRegs. ADCTRL1. bit. SUSMOD=3;       //仿真模式
    AdcRegs. ADCTRL1. bit. ACQ_PS=0;       //采样时间选择
    AdcRegs. ADCTRL1. bit. CPS=0;          //等于 0 为时钟不再分频
    AdcRegs. ADCTRL1. bit. CONT_RUN=1;     //等于 1 为连续转换模式
    AdcRegs. ADCTRL1. bit. SEQ_CASC=1;     //选择 1 为级联排序模式

    AdcRegs. ADCTRL3. bit. ADCBGRFDN=3;    //ADC 参考电路上电
    for(i=0;i<10000;i++)                   // 等待上电
```

```
    NOP;                                              // 等待上电
AdcRegs. ADCTRL3. bit. ADCPWDN=1;                     //ADC 其他模拟电路上电
for(i=0;i<5000;i++)                                   // 等待上电
    NOP;                                              // 等待上电
AdcRegs. ADCTRL3. bit. ADCCLKPS=1;                    //高速时钟(20MHz)/(2 * 1)=10MHz
AdcRegs. ADCTRL3. bit. SMODE_SEL=0;                   //瞬时及同时采样选择 1 为同时采样

AdcRegs. MAX_CONV. bit. MAX_CONV=3;                   //4 个转换通道

AdcRegs. CHSELSEQ1. bit. CONV00=0;                    //转换排序 0 通道第一
AdcRegs. CHSELSEQ1. bit. CONV01=1;                    //转换排序 1 通道第二
AdcRegs. CHSELSEQ1. bit. CONV02=2;                    //转换排序 2 通道第三
AdcRegs. CHSELSEQ1. bit. CONV03=3;                    //转换排序 3 通道第四

AdcRegs. ADC_ST_FLAG. bit. INT_SEQ1_CLR=1;            //清除排序器 SEQ1 的中断标志位
AdcRegs. ADC_ST_FLAG. bit. INT_SEQ2_CLR=1;            //清除排序器 SEQ2 的中断标志位

AdcRegs. ADCTRL2. bit. EVB_SOC_SEQ=0;                 //不由 EVB 信号启动
AdcRegs. ADCTRL2. bit. RST_SEQ1=0;                    //将排序器 1 复位
AdcRegs. ADCTRL2. bit. INT_ENA_SEQ1=1;                //排序器 1 中断使能
AdcRegs. ADCTRL2. bit. INT_MOD_SEQ1=0;                //中断使能模式,0 每次 SEQ 结束都置标志位
AdcRegs. ADCTRL2. bit. EVA_SOC_SEQ1=1;                //EVA 触发器启动 AD
AdcRegs. ADCTRL2. bit. EXT_SOC_SEQ1=0;                //不由外部驱动
AdcRegs. ADCTRL2. bit. RST_SEQ2=0;                    //将排序器 2 复位
AdcRegs. ADCTRL2. bit. SOC_SEQ2=0;                    //清除触发信号
AdcRegs. ADCTRL2. bit. INT_ENA_SEQ2=0;                //排序器 2 中断使能
AdcRegs. ADCTRL2. bit. INT_MOD_SEQ2=0;                //中断使能模式,0 每次 SEQ 结束都置标志位
AdcRegs. ADCTRL2. bit. EVB_SOC_SEQ2=0;                //不由 EVB 触发器启动
AdcRegs. ADCTRL2. bit. SOC_SEQ1=0;                    //软件触发 ad

//EVA 初始化
EALLOW;                                               //去掉寄存器保护
GpioMuxRegs. GPAMUX. all=0x003f;                      //使能 PWM 引脚,1 为特殊功能,为 0 是通用 IO
EDIS;                                                 //恢复寄存器保护

EvaRegs. GPTCONA. all = 0x0100;                       //t1 周期中断启动 ADC
EvaRegs. ACTR. all=0x000;                             //引脚 PWM1-6 强制低
EvaRegs. CMPR1=0;                                     //占空比初值为 100%
EvaRegs. CMPR2=0;                                     //占空比初值为 100%
EvaRegs. CMPR3=0;                                     //占空比初值为 100%
EvaRegs. DBTCONA. all=0x03f4;                         //设置死区使能、周期和分频
EvaRegs. COMCONA. all=0x8200;                         //定时器下溢比较器重载,允许比较
EvaRegs. T1PR=0x0800;                                 //周期寄存器值 800(25kHzPWM)
EvaRegs. T1CNT = 0x000;                               //T1 计数寄存器清零
```

```
EvaRegs. T1CON. all = 0x9040;                //连续增计数方式,预分频为1,允许T1

EvaRegs. T2CON. all = 0x9872;                //定向增减,允许编码接口
EvaRegs. T2CNT = 0x7fff;                     //T2 计数寄存器设初值 7FFFH
EvaRegs. T2PR =0x803b;                       //T2 周期寄存器(7FFFH＋60)
EvaRegs. T2CMPR =0x7fc3;                     //T2 比较寄存器(7FFFH-60)

//开中断
EvaRegs. EVAIMRA. bit. T1PINT = 1;           //EVA 级使能 T1 周期中断
EvaRegs. EVAIFRA. bit. T1PINT = 1;           //清除 T1 周期中断标志

EvaRegs. EVAIMRB. bit. T2PINT = 1;           //EVA 级使能 T2 周期中断
EvaRegs. EVAIFRB. bit. T2PINT = 1;           //清除 T2 周期中断标志

EvaRegs. EVAIMRB. bit. T2CINT = 1;           //EVA 级使能 T2 比较中断
EvaRegs. EVAIFRB. bit. T2CINT = 1;           //清除 T2 比较中断标志

EALLOW;                                      //去掉寄存器保护

PieVectTable. T1PINT = &t1int;               //T1 周期中断矢量指向 t1int
PieVectTable. T2PINT = &t2int;               //T2 周期中断矢量指向 t2int
PieVectTable. T2CINT = &t2int;               //T2 比较中断矢量指向 t2int
EDIS;                                        //恢复寄存器保护

PieCtrl. PIEIER2. all|= M_INT4;              //PIE 级使能 T1 周期中断
EvaRegs. EVAIMRA. bit. T1PINT=1;             //EVA 级使能 T1 周期中断

PieCtrl. PIEIER3. all|= M_INT1;              //PIE 级使能 T2 周期中断
EvaRegs. EVAIMRB. bit. T2PINT=1;             //EVA 级使能 T1 周期中断

PieCtrl. PIEIER3. all|= M_INT2;              //PIE 级使能 T2 比较中断
EvaRegs. EVAIMRB. bit. T2CINT=1;             //EVA 级使能 T2 比较中断

IER |= M_INT2;                               //CPU 级使能 T1 周期中断
IER |= M_INT3;                               //CPU 级使能 T2 周期中断和 T2 比较中断

EINT;                                        // 使能全局中断 INTM
//初始化结束

while(1)                                     //while 循环等待中断
    {                                        //while 循环等待中断

    }                                        //while 循环等待中断
}                                            //主函数 main 结束
```

```c
interrupt void t1int(void)                          // T1 周期中断处理子程序
    {

    EINT;                                           //使能全局中断 INTM
    IFR=0x0000;                                      //清中断标志

    //检测是否换相
    if(GPR3==0)                                      //GPR3==0 则换相
    {
    //根据转向,调整当前换相标志
      if(GPR2==1)                                    //正转
      {
      TDX++;                                         //变换通电相
        if(TDX>4)TDX=1;                               //TDX>4,修改 TDX=1
      }
    else                                            //反转
      {
      TDX--;                                         //变换通电相
        if(TDX<1)TDX=4;                               //TDX<1,修改 TDX=4
      }

    }

    //自行添加程序,包括转速计算和速度调整

    //读取电流检测值
    CURRA=AdcRegs. RESULT0;                          //读取 A 相电流检测值
    CURRB=AdcRegs. RESULT1;                          //读取 B 相电流检测值
    CURRC=AdcRegs. RESULT2;                          //读取 C 相电流检测值
    CURRD=AdcRegs. RESULT3;                          //读取 D 相电流检测值

    //A 相电流调整
    if(TDX==1)                                       //如果通电相为 A 相
    {
      if(CURRA>IREF)                                 //如果 A 相电流检测值大于给定值
      {
        COMA=COMA+NUM;                               //测量值大于参考值. 加修正值,使占空比减小
        if(COMA>MAX)COMA=MAX;                         //比较值等于上限(占空比=100%)
      }
      else                                          //否则 A 相电流检测值小于等于给定值
      {
        COMA=COMA-NUM;                               //测量值小于参考值. 减修正值,使占空比增大
        if(COMA<MIN)COMA=MIN;                         //比较值等于下限(占空比=0%)
```

```
                    }
  EvaRegs. CMPR1＝COMA；                    //更新 A 相比较值
  EvaRegs. ACTR. all＝0x0002；              //PWM1 高有效,其他强制低
  COMB＝MIN；                                //B 相占空比初值＝100%
  COMD＝MIN；                                //D 相占空比初值＝100%
  CURRB＝0；                                 //B 相电流检测值清零
  CURRD＝0；                                 //D 相电流检测值清零
                    }
//B 相电流调整
else if(TDX＝＝2)                            //如果通电相为 B 相
                    {
 if(CURRB＞IREF)                            //如果 B 相电流检测值大于给定值
                    {
  COMB＝COMB+NUM；                          //测量值大于参考值. 加修正值,使占空比减小
  if(COMB＞MAX)COMB＝MAX；                  //比较值等于上限(占空比＝100%)
                    }
 else                                       //否则 B 相电流检测值小于等于给定值
                    {
  COMB＝COMB−NUM；                          //测量值小于参考值. 减修正值,使占空比增大
  if(COMB＜MIN)COMB＝MIN；                  //比较值等于下限(占空比＝0%)
                    }
  EvaRegs. CMPR1＝COMB；                    //更新 B 相比较值
  EvaRegs. ACTR. all＝0x0008；              //PWM2 高有效,其他强制低
  COMA＝MIN；                                //B 相占空比初值＝100%
  COMC＝MIN；                                //D 相占空比初值＝100%
  CURRA＝0；                                 //A 相电流检测值清零
  CURRC＝0；                                 //C 相电流检测值清零
                    }
//C 相电流调整
else if(TDX＝＝3)                            //如果通电相为 C 相
                    {
 if(CURRC＞IREF)                            //如果 C 相电流检测值大于给定值
                    {
  COMC＝COMC+NUM；                          //测量值大于参考值. 加修正值,使占空比减小
  if(COMC＞MAX)COMC＝MAX；                  //比较值等于上限(占空比＝100%)
                    }
 else                                       //否则 C 相电流检测值小于等于给定值
                    {
  COMC＝COMC-NUM；                          //测量值小于参考值. 减修正值,使占空比增大
  if(COMC＜MIN)COMC＝MIN；                  //比较值等于下限(占空比＝0%)
                    }
  EvaRegs. CMPR2＝COMC；                    //更新 C 相比较值
  EvaRegs. ACTR. all＝0x0020；              //PWM3 高有效,其他强制低
  COMB＝MIN；                                //B 相占空比初值＝100%
```

```c
    COMD=MIN;                                   //D 相占空比初值＝100%
    CURRB=0;                                     //B 相电流检测值清零
    CURRD=0;                                     //D 相电流检测值清零
  }
  //D 相电流调整
  else                                           //否则通电相为 D 相
  {
   if(CURRD>IREF)                                //如果 D 相电流检测值大于给定值
   {
    COMD=COMD+NUM;                                //测量值大于参考值.加修正值,使占空比减小
    if(COMD>MAX)COMD=MAX;                         //比较值等于上限(占空比＝100%)
   }
   else                                          //否则 D 相电流检测值小于等于给定值
   {
    COMD=COMD-NUM;                               //测量值小于参考值.减修正值,使占空比增大
    if(COMD<MIN)COMD=MIN;                        //比较值等于下限(占空比＝0%)
   }
   EvaRegs. CMPR2=COMD;                          //更新 D 相比较值
   EvaRegs. ACTR. all=0x0080;                    //PWM4 高有效,其他强制低
   COMC=MIN;                                     //C 相占空比初值＝100%
   COMA=MIN;                                     //A 相占空比初值＝100%
   CURRC=0;                                      //C 相电流检测值清零
   CURRA=0;                                      //A 相电流检测值清零
  }

EvaRegs. EVAIMRA. bit. T1PINT = 1;             //EVA 级使能定时器 1 周期中断
EvaRegs. EVAIFRA. bit. T1PINT = 1;             //清除定时器 1 周期中断标志,否则以后的中断将被
                                                     忽略

   // 重新初始化下一个 adc 排序
   AdcRegs. ADCTRL2. bit. RST_SEQ1 = 1;          //复位 SEQ1
   AdcRegs. ADC_ST_FLAG. bit. INT_SEQ1_CLR = 1;  //清除 INT SEQ1 位

   PieCtrl. PIEACK. all = PIEACK_GROUP2;         //PIE 级响应中断
}                                                 // T1 周期中断处理子程序结束

interrupt void t2int(void)                       // T1 中断处理子程序
{
   DINT;                                         //屏蔽全局中断 INTM

   EvaRegs. T2CNT=0x7FFF;                        //T2 编码器计数器赋初值
   GPR3=0;                                       //允许换相(GPR3＝0)

   EvaRegs. EVAIMRB. bit. T2PINT = 1;            //EVA 级使能 T2 周期中断
```

```
        EvaRegs. EVAIFRB. bit. T2PINT = 1;                //清除 T2 周期中断标志

        EvaRegs. EVAIMRB. bit. T2CINT = 1;                //EVA 级使能 T2 比较中断
        EvaRegs. EVAIFRB. bit. T2CINT = 1;                //清除 T2 比较中断标志

        PieCtrl. PIEACK. all| = PIEACK_GROUP3;            //PIE 级响应中断

        EINT;                                             //使能全局中断 INTM
    }                                                     // T2 中断处理子程序结束
interrupt void nothing()                                 //干扰陷阱如果
    {
    return;                                               //如果由于干扰引起中断,则执行此直接返回程序
    }
//================================================================================
// 结束
//================================================================================
```

思考与练习六

6-1　简述开关磁阻电动机与步进电动机的区别。

6-2　为什么 SR 电动机具有良好的启动性能?

6-3　开关磁阻电动机在低速时为什么采用斩波控制?在高速时为什么采用角度位置控制?

6-4　请设计三相 8/6 极 SR 电动机位置传感器,并分析其通电逻辑。

6-5　画出 H 桥型主电路在换相时的续流回路。

6-6　分析 H 桥型主电路为什么不能用于三相 SR 电动机。

6-7　简述电流斩波控制运行方式。

6-8　试比较开关磁阻电动机的工作原理和控制系统。

6-9　试以 DSP 为控制核心画出 SR 电动机的控制系统原理图。

第 7 章 直线电动机

本章主要介绍直线电动机的结构、原理及应用。

主要内容

- 直线感应电动机的结构与原理
- 直线感应电动机的分析
- 其他直线电动机
- 直线电动机的应用

知识重点

本章重点为直线感应电动机结构、原理与应用；纵向和横向边缘效应；还应掌握直线感应电动机与普通旋转电动机的区别，直线感应电动机的特点及应用场合；了解其他直线电动机的原理与应用。

直线电动机是近年来国内外积极研究发展的新型电动机之一。长期以来，在各种工程技术中需要直线型驱动力时，主要是采用旋转电动机并通过曲柄连杆或蜗轮蜗杆等传动机构来获得的。但是，这种传动形式往往会带来结构复杂，重量重，体积大，啮合精度差，且工作不可靠等缺点。而采用直线电动机不需要中间转换装置，能够直接产生直线运动。

各种新技术和需求的出现和拓展推动了直线电动机的研究和生产，目前在交通运输、机械工业和仪器仪表工业中，直线电动机已得到推广和应用。在自动控制系统中，采用直线电动机作为驱动、指示和信号元件也更加广泛，例如在快速记录仪中，伺服电动机改用直线电动机后，可以提高仪器的精度和频带宽度；在雷达系统中，用直线自整角机代替电位器进行直线测量可提高精度，简化结构；在电磁流速计中，可用直线测速机来量测导电液体在磁场中的流速；在高速加工技术中，采用直线电动机可获得比传统驱动方式高几倍的定位精度和快速响应速度。另外，在录音磁头和各种记录装置中，也常用直线电动机传动。

与旋转电动机传动相比，直线电动机传动主要具有下列优点：

（1）直线电动机由于没有中间转换环节，因而使整个传动机构得到简化，提高了精度，减小了振动和噪声。

（2）快速响应：用直线电动机驱动时，不存在中间传动机构的惯量和阻力矩的影响，因而加速和减速时间短，可实现快速启动和正反向运行。

（3）仪表用的直线电动机，可以省去电刷和换向器等易损零件，提高可靠性，延长使用寿命。

（4）直线电动机由于散热面积较大，容易冷却，所以允许较高的电磁负荷，可提高电动机的容量定额。

（5）装配灵活性大，往往可将电动机和其他机构合成一体。

直线电动机有多种类型。一般来讲，对每一种旋转电动机都有其相应的直线电动机类型。如直线感应电动机、直线直流电动机和直线同步电动机（包括直线步进电动机）。在伺服系统中，和传统元件相应，也可制成直线运动形式的信号和执行元件。

由于直线电动机与旋转电动机在原理上基本相同，所以本章只介绍其中典型的几种，使读者对这类电动机有个基本的了解。

7.1 直线感应电动机的结构与原理

7.1.1 直线电动机的原理

与旋转电动机不同,直线电动机是能够直接产生直线运动的电动机,但它却可以看成是从旋转电动机演化而来,如图 7-1 所示。设想把旋转电动机沿径向剖开,并将圆周展开成直线,就得到了直线电动机。旋转电动机的径向、周向和轴向,在直线电动机中对应地称为法向、纵向和横向;旋转电动机的定子、转子在直线电动机中称为初级和次级。

当直线电动机初级的多相绕组中通入多相电流后,同旋转电动机一样,也会产生一个气隙基波磁场,只不过这个磁场的磁通密度波 B_δ 是沿直线运动的,故称之为行波磁场,如图 7-2 所示。显然,行波的移动速度与旋转磁场在定子内圆表面上的线速度是一样的,我们用 V_s 表示,称之为同步速度。

$$V_s = 2f\tau \, (\text{cm/s}) \tag{7-1}$$

式中,τ 为极距(cm);f 为电源频率(Hz)。

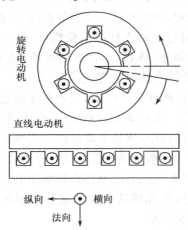

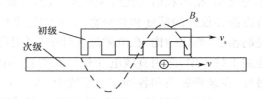

图 7-1 从旋转电动机到直线电动机的演化

图 7-2 行波磁场

在行波磁场切割下,次级导条将产生感应电势和电流,所有导条的电流和气隙磁场相互作用,便产生切向电磁力。如果初级是固定不动的,那么次级就顺着行波磁场运动的方向作直线运动。若次级移动的速度用 V 表示,则滑差率 s 为:

$$s = \frac{V_s - V}{V_s} \tag{7-2}$$

$$V = (1-s)V_s = 2f\tau(1-s) \tag{7-3}$$

从式(7-3)可以看出,直线感应电动机的速度与电动机极距及电源频率成正比。因此,改变极距或电源频率都可改变电动机的速度。

与旋转电动机一样,改变直线电动机初级绕组的通电相序,就可以改变电动机运动的方向,因而可使直线电动机做往复直线运动。

直线电动机的其他特性,如机械特性、调节特性等都与交流伺服电动机相似,通常也是通过改变电源电压或频率来实现对速度的连续调节,这里不再重复。

7.1.2　直线电动机的结构与分类

如前所述,直线电动机由相应旋转电动机转化而来,因此与旋转电动机对应,直线电动机可分为直线感应电动机、直线同步电动机、直线直流电动机和其他直线电动机(如直线步进电动机)。旋转电动机的定子和转子,在直线电动机中称为初级和次级。直线电动机初级和次级的长短不同,这是为了保障在运动过程中初级和次级始终处于耦合状态。

在直线电动机中,直线感应电动机应用最广,因为它的次级可以是整块均匀的金属材料,即采用实心结构,成本较低,适宜于做得较长。直线感应电动机由于存在纵向和横向边缘效应,其运行原理和设计方法与旋转电动机有所不同。

直线直流电动机由于可以做得惯量小、推力大(当采用高性能的永磁体时),在小行程场合有较多的应用。直线直流电动机的结构和运行方式都比较灵活,与旋转电动机相比差别较大。

直线同步电动机由于成本较高,目前在工业中应用不多,但它的效率高,适宜于作高速的水平或垂直运输的推进装置。直线同步电动机又可分成电磁式、永磁式和磁阻式三种,其中由电子开关控制的永磁式和磁阻式直线同步电动机具有很好的发展前景。直线步进电动机作为高精度的直线位移控制装置已有一些应用。直线同步电动机和直线步进电动机的运行原理和设计方法与旋转电动机差别较小,限于篇幅,本书不作深入介绍。

按结构来分,直线电动机可分为平板形、管形、弧形和盘状4种形式。

平板形结构是最基本的结构,应用也最广泛,图7-1所示的直线电动机即为平板形结构。如果把平板形结构沿磁极再卷起来,就得到了管形结构,图7-3示出其演化过程。管形结构的优点是没有绕组端部,不存在横向边缘效应,次级的支撑也比较方便;缺点是铁芯必须沿周向叠片,才能阻挡由交变磁通在铁芯中感应的涡流,这在工艺上比较复杂,并且其散热条件也比较差。

(a)旋转电动机　　　　(b)平板形直线电动机　　　　(c)管形直线电动机

图7-3　从旋转电动机到管形直线电动机的演化

弧形结构是将平板形初级沿运动方向改成弧形,并安放于圆柱形次级的柱面外侧,如图7-4所示。盘状结构是将平板形初级安放于圆盘形次级的端面外侧,并使次级切向运动,如图7-5所示。弧形和盘状结构虽然做圆周运动,但它们的运行原理和设计方法与平板形结构相似,故仍归入直线电动机范畴。

图7-4　弧形直线电动机　　　　图7-5　盘状直线电动机

平板形和盘状直线电动机根据其初级的数目分为单边结构和双边结构。仅在次级的一侧安放初级,称为单边结构;在次级的两侧各安放一个初级,称为双边结构。双边结构可以消除单边磁拉力(当初级和次级都具有铁芯时),次级的材料利用率也较高。

直线电动机的结构按初级与次级之间的相对长度来分,可分为短初级和短次级;按初级运动还是次级运动来分,可分为动初级和动次级。图 7-6 和图 7-7 分别表示一种单边短初级结构和一种双边短次级结构。

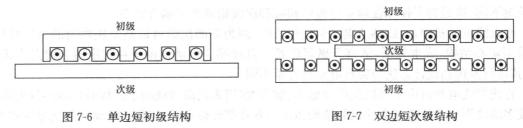

图 7-6 单边短初级结构   图 7-7 双边短次级结构

7.2 直线感应电动机的分析

7.2.1 直线感应电动机纵向边缘效应

1. 直线感应电动机静态纵向边缘效应

图 7-8 是一种单边短初级直线感应电动机的典型结构示意图。由图可以看出,直线感应电动机的初级铁芯的纵向两端形成了两个纵向边缘,铁芯和绕组不能像旋转电动机那样在两端相互连接,这是直线感应电动机的初级与旋转电动机的定子的明显差别。如当采用双层绕组时,直线感应电动机的初级铁芯槽数要比相应的旋转电动机的槽数多,这样才能放下三相绕组。在铁芯两端的一些槽内只放置一层线圈边,而空出了半个槽。图 7-9 为一个 4 极、每极每相槽数为 1 的三相直线感应电动机双层整距绕组的展开图,其槽数为 15,比相应的旋转电动机多出三个槽。使得直线电动机三相绕组之间的互感不相等,电动机运行在不对称状态,并引起负序磁场和零序磁场,零序磁场又会引起脉振磁场。这两类磁场在次级运行的过程中将产生阻力和附加损耗,这些现象称为直线感应电动机的静态纵向边缘效应。

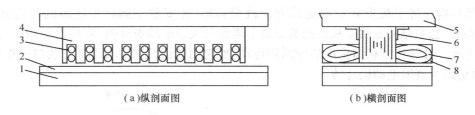

(a)纵剖面图   (b)横剖面图

图 7-8 单边平板形短初级直线电动机

1—次级铁芯;2—次级导电板;3—三相绕组;4—初级铁芯;5—支架;

6—固定用角铁;7—绕组端部;8—环氧树脂

2. 直线感应电动机的动态纵向边缘效应

当次级沿纵向运动时还存在有另一种边缘效应,称为动态纵向边缘效应。图 7-10 是动态纵向边缘效应的示意图。

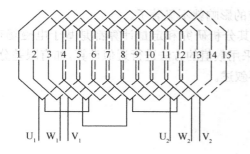

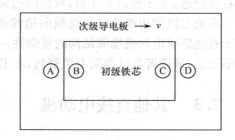

图 7-9　直线感应电动机三相绕组展开图　　　　图 7-10　动态纵向边缘效应解释示意图

　　由电磁感应定律可知,当穿过任一闭合回路的磁通链变化时将产生感应电动势和感应电流。设在次级导电板上有一个闭合回路,处于初级铁芯外侧的 A 处。在它进入到初级铁芯下面之前,基本上不匝链磁通,也不感应涡流。当它从位置 A 运动到处于初级铁芯下面的 B 处时,它将匝链磁通,这时闭合回路内磁通的变化将引起涡流,而涡流反过来又影响磁场的分布。同样地,当闭合回路从处于初级铁芯下面的位置 C 移到处于初级铁芯外侧的位置 D 时,闭合回路内的磁通又一次变化,又将引起涡流并影响磁场的分布。前一种效应称为入口端边缘效应,后一种效应称为出口端边缘效应。这种纵向边缘效应只有在次级运动时才会发生,为了与前面所说的纵向边缘效应加以区分,称为动态纵向边缘效应。

　　动态纵向边缘效应与次级的运动速度有关,速度越高,效应越严重。需要指出的是,即使速度达到同步速时,此效应同样存在。动态纵向边缘效应所产生的涡流将增加电动机的损耗,并降低功率因数,从而使电动机的输出功率减小。这种效应在高同步转速低转差运行的直线感应电动机中尤为严重。

7.2.2　直线感应电动机的横向边缘效应

　　当直线感应电动机采用实心结构时,在行波磁场的作用下,次级导电板中的感应电流呈涡流形状。即使在初级铁芯范围内,次级电流也存在纵向分量。在它的作用下,气隙磁通密度沿横向的分布呈马鞍状。这种效应称为横向边缘效应。图 7-11 给出了次级电流和气隙磁通密度的分布情况。图中,l 是初级铁芯横向长度,c 是次级导电板横向伸出初级铁芯的长度。

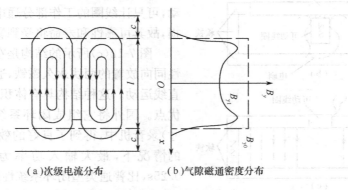

　　　　　　　　（a）次级电流分布　　　　　　　（b）气隙磁通密度分布

图 7-11　直线感应电动机横向边缘效应

　　横向边缘效应的存在,使电动机的平均气隙磁通密度降低,电动机的输出功率减小。同时,次级导电板的损耗增大,电动机的效率降低。横向边缘效应的大小,与次级导电板横向伸出初级铁芯的长度与极距 τ 的比值 c/τ 有关。c/τ 越大,横向边缘效应越小。通常取 $c/\tau=0.4$

左右较合适。c/τ 超过 0.4 后，对横向边缘效应的影响就不显著了。

　　不论是纵向边缘效应还是横向边缘效应，其分析研究和定量计算都是基于电磁场理论。鉴于直线感应电动机端部结构的复杂性，一般采用数值的方法进行近似计算，如有限差分法和有限元法，请读者自己参阅有关资料，本书不再叙述。

7.3　其他直线电动机

7.3.1　直线直流电动机

　　直线直流电动机主要有两种类型：永磁式和电磁式。前者多用于功率较小的场合，如记录仪中笔的纵横走向的驱动，摄影机中快门和光圈的操作机构，电表试验中探测头，电梯门控制器的驱动等，而后者则用在驱动功率较大的机构。

1. 永磁式

　　图 7-12 表示出框架式永磁直线电动机的三种结构形式，它们都是利用载流线圈与永磁体磁场间产生的电磁力工作的。

　　图 7-12(a) 采用的是强磁铁结构，磁铁产生的磁通经过很小的气隙被软铁框架所闭合，气隙中的磁场强度分布很均匀。当可动线圈中通入电流后，在永磁体磁场作用下产生电磁力，使线圈沿滑轨作直线运动，其运动方向可由左手定则确定。改变线圈电流的大小和方向，即可控制线圈运动的推力和方向。这种结构的缺点是要求永久磁铁的长度大于可动线圈的行程。如果记录仪的行程要求很长，则磁铁长度就更长。因此，这种结构成本高，体积笨重。

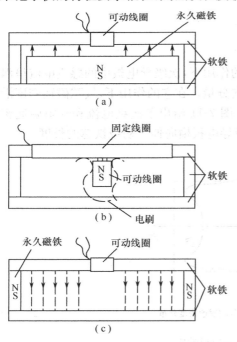

图 7-12　框架式永磁直线电动机

　　图 7-12(b) 所示结构是采用永久磁铁移动的形式。在一个框架软铁上套有固定线圈，该线圈的长度要包括整个行程。显然，当这种结构形式的线圈流过电流时，不工作的部分要白白消耗能量。为了降低电能的消耗，可将线圈外表面进行加工使铜线裸露出来，通过安装在磁极上的电刷把电流馈入线圈中（如图中虚线所示）。这样，当磁极移动时，电刷跟着滑动，可只让线圈的工作部分通电。但由于电刷存在磨损，故其可靠性和寿命将受到影响。

　　图 7-12(c) 所示的结构是在软铁框架两端装有极性同向放置的两块永久磁铁，通电线圈可在滑道上作直线运动。这种结构具有体积小，成本低和效率高等优点。国外将它组成闭环系统，用在 25.4cm（10 英寸）录音机中，得到了良好的效果，在推动 2.5N 负载的情况下，最大输入功率为 8W，通过全程只需0.25s，比普通类型闭环系统性能有很大提高。

　　随着高性能永磁材料的出现，各种新型永磁直线直流电动机相继出现。由于它具有结构简单，无旋转部件，无电刷，速度易控，反应速度快，体积小等优点，在自动控制仪器仪表中被广泛的采用。

　　在设计永磁直线电动机时应尽可能减小其静摩擦力，一般控制在输入功率的 20%～30%

或更低。故应用在精密仪表中的直线电动机采用了直线球形轴承或磁悬浮及气垫等形式,以降低静摩擦的影响。

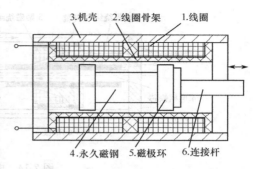

图 7-13　永磁直线测速机的结构示意图

永磁式直线电动机除了做电动机应用外,根据直流电动机的可逆原理,还可做直线测速发电机来使用。我国试制的一种永磁直线测速机的结构示意图如图 7-13 所示,由永久磁钢、线圈及骨架、机壳、磁极杯及连接杆等部分组成。其定子上装有两个形状相同、匝数相等的线圈,分别位于永久磁钢两个异极性的作用区段上。两个线圈反向串联,这样使得两个处于不同极性的线圈的感应电势相加,输出增大一倍,因而可提高输出斜率。两个线圈串联的方式可以是反向绕制,正接串联,也可以同向绕制,反接串联。为减小电压的脉动,每个线圈的长度应大于工作行程与一个磁极环的宽度之和。线圈骨架除了支撑固定线圈外,还给动子起直线运动的定向作用,所以它由既耐磨损且摩擦系数不大的工程塑料制成。动子包括永久磁钢(AlNiCo$_5$)、磁极环(软铁)和连接杆(非磁性材料)。

直线测速机的基本工作原理简述如下:当磁钢相对于线圈以速度 v 运动时,磁通切割线圈边,因而在两线圈中产生感应电势 E,其值可用下式表示:

$$E = 2\frac{W}{L}\Phi v = k\Phi v \tag{7-4}$$

式中,W/L 为线圈的线密度;Φ 为每极磁通。

由上式可知,感应电势与直线运动速度成线性关系,通过测量线圈电压即可得出直线运动速度。另外,线圈的线密度决定着测速机的输出斜率的值。若线圈绕制不均匀,排列不整齐,造成线圈各处密度不等,会使电压脉动等指标变坏。因此,线圈的绕制需要十分精心,这是决定测速电动机质量的关键之一。

直线测速机是一种输出电压与直线速度成比例的信号元件,是自动控制系统、解算装置中新近提出的元件之一。其技术指标项目与旋转运动的测速机相似,只是被测的输入量是直线运动的速度,具体包括:输出斜率、线性精度、电压脉动、正反向误差、可重复性等。我国试制的这台样机的外形尺寸及技术指标为:长度 54mm,外径 20mm,工作行程 ±10mm,当速度范围为 0.5~10mm/s 的情况下,灵敏度不小于 10mV/(mm·s^{-1}),电压脉动不大于 5%,线性精度小于 ±1%,正反向误差小于 1%,重复性小于 0.5%,并具有一定抗干扰能力等。

2. 电磁式

将上述直线电动机中的永久磁钢所产生的磁通可改为电励磁,即由绕组通入直流电励磁所产生,这就成为电磁式直线直流电动机,适用于功率较大的场合。图 7-14 表示这种电动机的典型结构,其中图(a)表示单极电动机;图(b)表示两极电动机。此外,还可做成多极电动机。由图可见,当环形励磁绕组通上电流时,便产生了磁通,它经过电枢铁芯、气隙、极靴端板和外壳形成闭合回路,如图中虚线所示。电枢绕组是在管形电枢铁芯的外表面上用漆包线绕制而成的。对于两极电动机,电枢绕组应绕成两半,两半绕组绕向相反,串联后接到低压电源上。

当电枢绕组通入电流后,载流导体与气隙磁通的径向分量相互作用,在每极上便产生轴向推力。若电枢被固定不动,磁极就沿着轴线方向作往复直线运动(图示的情况)。当把这种电动机应用于短行程和低速移动的场合时,可省去滑动的电刷;但若行程很长,为了提高效率,

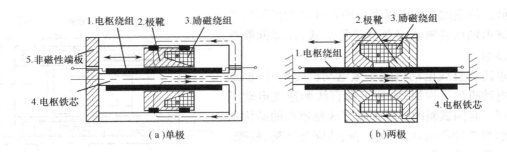

图 7-14　电磁式直线直流电动机

应与永磁式直线电动机一样,在磁极端面上安装电刷,使电流只在电枢绕组的工作段流过。

图 7-14 所示的电动机可以看做为管形的直流直线电动机。这种对称的圆柱形结构具有许多特点。例如,它没有线圈端部,电枢绕组得到完全利用;气隙均匀,消除了电枢和磁极间的吸引力。

7.3.2　直线自整角机

在同步连接系统中,有时还要求直线位移同步,如雷达直线测量仪(调波段)中就要求采用直线自整角机。而过去一般都采用电位器,不仅精度差,且齿轮装置复杂,可靠性也较差。

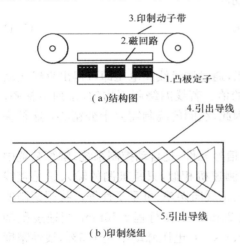

（a）结构图

（b）印制绕组

图 7-15　直线自整角机结构示意图

直线自整角机的原理与传统旋转式自整角机大致相同,图 7-15(a)中的三个凸极定子,其上绕有分布绕组,三相绕组在电气上相差 120°。定子极与磁回路之间是直线位移的印制动子带,它是在绝缘材料基片的两面印制导线而成的。图 7-15 (b)表示这种印制电路板导线连接情况,图中粗线表示上层印制导线,细线表示下层印制导线,上下层导线通过印制基片孔连接,下面印制基片上有两根平行的引出导线,通过电刷与外界相连接。动子带上的印制电路是一种分布式的单相绕组。

印制绕组基片通过两个圆盘轮绞动,当印制绕组通上交流电时,定子各相绕组中会感应出一个与印制绕组位置有关的电势;相反,若定子三相绕组通电,印制绕组在定子中作平行直线位移,其输出端就产生一个与其位置有关的电压输出。因此,利用一对这样的直线自整角机,就能实现两绞轮间的直线位移同步。直线自整角机与传统旋转自整角机一样,可与直线伺服电动机和直线测速机一起组成直线伺服闭环系统。它适用于直线同步连接系统,可减少齿轮装置,提高系统精度。

7.3.3　直线和平面步进电动机

在许多自动装置中,要求某些机构快速地作直线或平面运动,而且要保证精确的定位,如自动绘图机、自动打印机等。一般由旋转式的反应式步进电动机即可完成这样的动作。比如采用一台旋转的步进电动机,通过机械传动装置将旋转运动变成直线位移,就能快速而正确地沿着某一方向把物体定位在某一点上。

当要求机构作平面运动时,这时可采用两台旋转的步进电动机,第一台步进电动机带动活动装置作 x 方向的移动,另一台步进电动机装在该活动装置上,并带动物体作 y 轴方向的移动,这样便可精确地将物体定位在 xy 平面上的任何一点。目前大部分高精度工业定位系统都是用旋转式的步进电动机来制成的。但是这种系统需要专用机构将步进电动机的旋转运动变成直线运动,这就使传动装置变得复杂,同时随着传动装置中的齿轮、齿条等零件的逐渐磨损,定位的精度会受到影响,振动和噪声也将增大。

因此,国内外正在试制性能优良的直接作直线运动的步进电动机(简称直线步进电动机)来取代一般旋转式的步进电动机。这种电动机在机床、数控机械、计算机外围设备(如直线打印机、纸带穿孔机和卡片读数器)、复制和印制装置、高速 X-Y 记录仪、自动绘图机和各种量测装置等方面正在得到应用。直线步进电动机主要可分为反应式和永磁式两种。下面简略地说明它们的结构和工作原理。

1. 反应式直线步进电动机

反应式直线步进电动机的工作原理与旋转式步进电动机相同。图 7-16 表示一台四相反应式直线步进电动机的结构原理图。其中定子和动子都由硅钢片叠成。定子上、下两表面都开有均匀分布的齿槽。动子是一对具有 4 个极的铁芯,极上套有四相控制绕组,每个极的表面也开有齿槽,齿距与定子上的齿距相同。当某相动子齿与定子齿对齐时,相邻相的动子齿轴线与定子齿轴线错开 1/4 齿距。上、下两个动子铁芯用支架刚性连接起来,可以一起沿定子表面滑动。

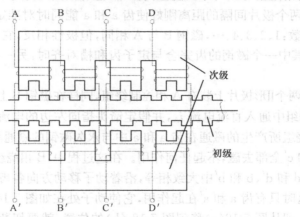

图 7-16 四相反应式直线步进电动机

为了减小运动时的摩擦,在导轨上装有滚珠轴承,槽中用非磁性塑料填平,使定子和动子表面平滑。显然,当控制绕组按 A→B→C→D→A 的顺序轮流通电时(图中表示 A 相通电时动子所处的稳定平衡位置),根据步进电动机一般原理,动子将以 1/4 齿距的步距向左移动,当通电顺序改为 A→D→C→B→A 时,则动子向右移动。

与旋转式步进电动机相似,通电方式可以是单拍制,也可以是双拍制,采用双拍制时步距减少一半。

图 7-16 所表示的是双边型共磁路直线步进电动机。在定子两侧都有动子,一相通电时所产生的磁通与其他相绕组也匝链。此外,也可做成单边型或不共磁路(可消除相间互感的影响)。图 7-17 表示一台五相单边型不共磁路直线步进电动机结构原理图。图中动子上有 5 个Ⅱ形铁芯,每个Ⅱ形铁芯的两极上套有反向连接的两个线圈,形成一相控制绕组。当一相通电时,

所产生的磁通只在本相的Ⅱ形铁芯中流通,此时Ⅱ形铁芯两极上的小齿与定子齿对齐(图中表示每极上只有一个小齿),而相邻相的Ⅱ形铁芯极上的小齿轴线与定子齿轴线错开1/5齿距。

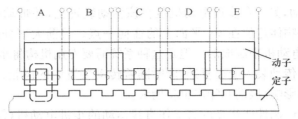

图7-17 五相反应式直线步进电动机

当五相控制绕组以 AB→ABC→BC……五相十拍方式通电时,动子每步移动 1/10 齿距。国外制成的这种直线步进电动机的主要特性为:步距 0.1mm,最高速度 3m/min,输出推力 98N,最大保持力 196N,在 300mm 行程内定位精度达±0.075mm,重复精度±0.02mm,有效行程 300mm。

2. 永磁式直线和平面步进电动机

图 7-18 表示永磁式电动机的结构和工作原理。其中定子用铁磁材料制成如图所示那样的"定尺",其上开有间距为 t 的矩形齿槽,槽内充满非磁材料(如环氧树脂),这使得整个定子表面非常光滑。动子上装有两块永久磁钢 A 和 B,每一磁极端部装有用铁磁材料制成的Ⅱ形极片,每块极片有两个齿(如 a 和 c),齿距为 $1.5t$,这样当齿 a 与定子齿对齐时,齿 c 便对准槽。

同一磁钢的两个极片间隔的距离刚好使齿 a 和 a′能同时对准定子的齿,即它们的间隔是 kt,k 代表任一整数:1、2、3、4、…,磁钢 B 与 A 相同,但极性相反,它们之间的距离应等于$(k\pm 1/4)t$。这样,当其中一个磁钢的齿完全与定子齿和槽对齐时,另一磁钢的齿应处在定子的齿和槽的中间。

在磁钢 A 的两个Ⅱ形极片上装有 A 相控制绕组,同样在磁钢 B 上装有 B 相控制绕组。如果某一瞬间,A 相绕组中通入直流电流 i_A,并假定箭头指向左边的电流为正方向,如图 4-18(a)所示。这时,A 相绕组所产生的磁通在齿 a 和 a′中与永久磁钢的磁通相叠加,而在齿 c 和 c′中却相抵消,使齿 c 和 c′全部去磁,不起任何作用。在这过程中,B 相绕组不通电流,即 $i_B=0$,磁钢 B 的磁通量在齿 d 和 d′、b 和 b′中大致相等,沿着动子移动方向各齿产生的作用力互相平衡。

概括说来,这时只有齿 a 和 a′在起作用,它使动子处在如图 7-18(a)所示的位置上。为了使动子向右移动,即从图 7-18(a)移到图 7-18(b)的位置,就要切断加在 A 相绕组的电源,使 $i_A=0$,同时给 B 相绕组通入正向电流 i_B。这时,在齿 b 和 b′中,B 相绕组产生的磁通与磁钢的磁通相互叠加,而在齿 d 和 d′中却相互抵消。因而,动子便向右移动半个齿宽即 $t/4$,使齿 b 和 b′移到与定子齿相对齐的位置。

如果切断电流 i_B,并给 A 相绕组通上反向电流,则 A 相绕相及磁钢 A 产生的磁通在齿 c 和 c′中相叠加,而在齿 a 和 a′中相抵消。动子便向右又移动 $t/4$,使齿 c 和 c′与定子齿相对齐,见图 7-18(c)。

同理,切断电流 i_A 时,给 B 相绕组通上反向电流,动子又向右移动 $t/4$,使齿 d 和 d′与定子齿相对齐,见图 7-18(d)。这样,经过图 7-18(a)、(b)、(c)、(d)所示的 4 个阶段后,动子便向右移动了一个齿距 t。如果还要继续移动,只需要重复前面次序通电。

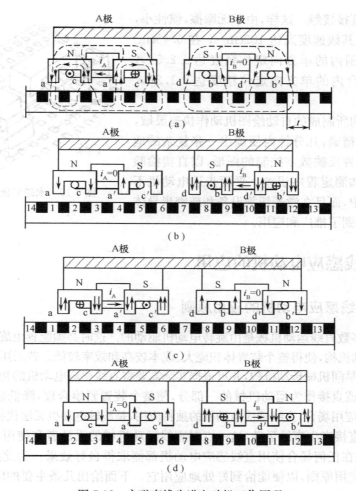

图 7-18　永磁直线步进电动机工作原理

相反,如果想使动子向左移动,只需将这 4 个阶段的次序颠倒过来,即从图 7-18(d)、(c)、(b)到(a)。为了减小步距,削弱振动和噪声,这种电动机可采用细分电路驱动,使电动机实现微步距移动($10\mu m$ 以下)。还可用两相交流电控制,这时需在 A 相和 B 相绕组中同时加入交流电。如果 A 相绕组中加正弦电流,则在 B 相绕组中加余弦电流。当绕组中的电流变化一个周期时,动子就移动一个齿距;如果要改变移动方向,可通过改变绕组中的电流极性来实现。

采用正、余弦交流电控制的直线步进电动机,因为磁拉力是逐渐变化的(这相当于采用细分无限多的电路驱动),可使电动机的自由振荡减弱。这样,既有利于电动机启动,又可使电动机移动很平滑,振动和噪声也很小。

以上所述为永磁式直线步进电动机的工作原理。如果要求动子作平面运动,这时应将定子改为一块平板,其上开有 x 轴、y 轴方向的齿槽,定子齿排成方格形,槽中注入环氧树脂,而动子是由两台上述那样的直线步进电动机组合起来制成的,如图 7-19 所示。其中一台保证动子沿着 x 轴方向移动;与它正交的另一台保证动子沿着 y 轴方向移动。这样,只要设计适当的程序控制语言,借以产生一定的脉冲信号,就可以使动子在 xy 平面上做任意几何轨迹的运动,并定位在平面上任何一点,这就成为平面步进电动机了。

据国外有关资料介绍,在这种步进电动机中,还可采用气垫装置将动子支撑起来,使动子移动时与定子不直接接触。这样,由于无摩擦,惯性小,故可以高速移动,其线速度高达102cm/s,在6.45cm²(1平方英寸)范围内的单方向定位精度达±2.54×10^{-3}cm,整个平台内的单方向定位精度达±1.27×10^{-2}cm。

应用这种结构所制成的自动绘图机动作快速灵敏,噪声低,而且定位精确,几分钟内便画出一张复杂的地图,也可以绘制各种反映数字控制的图形,以直接检验机床的走刀轨迹和测定程序误差。平面步进电动机不仅在自动绘图机中,而且在激光切割设备和精密半导体制造设备中,也得到了推广和应用。

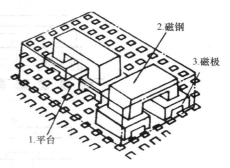

图 7-19　永磁平面步进电动机

7.4　直线感应电动机的应用

7.4.1　直线感应电动机的应用原则

传动系统中多数直线运动机械是由旋转电动机驱动的。这时必须配置由旋转运动转变为直线运动的机械传动机构,使得整个装置体积庞大、成本较高和效率较低。若采用直线感应电动机后,不但可以省去早间机械传动机构,并可根据实际需要将直线感应电动机的初级和次级安放在适当的空间位置、或直接作为运动机械的一部分,使整个装置紧凑合理,降低成本并提高效率。此外,在某些特殊应用场合,直线感应电动机的独特应用,是旋转电动机无法代替的。因此,直线感应电动机能够直接产生直线运动,这一点对直线运动机械的设计者和使用者有很大的吸引力。但是,并不是在任何场合使用直线感应电动机都能取得良好效果。为此必须首先了解直线感应电动机的应用原则,以便能恰到好处地应用它。下面给出几条主要的应用原则。

1. 要有合适的运动速度

直线感应电动机的运动速度与同步速有关,而同步速又正比于极距。因此运动速度的选择范围依赖于极距的选择范围。极距太小会降低槽的利用率、增大槽漏抗和减小品质因数,从而降低电动机的效率和功率因数。极距的下限通常取3cm。极距可以没有上限,但当电动机的输出功率一定时,初级铁芯的纵向长度是有限的,另外为了减小纵向边缘效应,电动机的极数不能太少,故极距不可能太大。对于工业用直线感应电动机,极距的上限一般取30cm。即在工频条件下,同步速的选择范围相应地为3~30m/s。考虑到直线感应电动机的转差率较大,运动速度的选择范围约为1~25m/s。当运动速度低于这一选择范围的下限时,一般不宜使用直线感应电动机,除非使用变频电源,通过降低电源的频率来降低运动速度。在某些场合,允许用点动的方法来达到很低的速度,这时可以避免使用变频电源。

2. 要有合适的推力

旋转电动机可以适应很大的推力范围,将旋转电动机配上不同的变速箱,可以得到不同的转速和转矩。特别是在低速的场合,转矩可以扩大几十倍到几百倍,以至于用一个很小的旋转电动机就能推动一个很大的负载,当然功率是守恒的。对于直线感应电动机,由于它无法用变速箱改变速度和推力,因此它的推力不能扩大。要得到比较大的推力,只有依靠加大电动机的功率、尺寸,这不是很经济。一般来说,在工业应用中,直线感应电动机适宜于推动轻负载,例如克服滚动摩擦来推动小车，这时电动机的尺寸不大，在制造成本、安装使用和供电耗电等方面都比较理想。

3. 要有合适的往复频率

在工业应用中，直线感应电动机都是往复运动的。为了达到较高的劳动生产率，要求有较高的往复频率。这意味着电动机要在较短的时间内走完整个行程，完成加速和减速的过程，也就是要启动一次和制动一次。往复频率越高，电动机的正加速度（启动时）和负加速度（制动时）也越大，加速度所对应的推力也越大。有时加速度所对应的推力甚至大于推动负载所需的推力。推力的提高导致电动机的尺寸加大，而其质量加大又引起加速度所对应的推力进一步提高，有时可能产生恶性循环。为此，在设计电动机时，应当充分重视对加速度的控制。根据合适的加速度计算出走完行程所需的时间，由此决定电动机的往复频率。在整个装置的设计中，应尽量减小运动部分的质量，以便减小加速度所对应的推力。

4. 要有合适的定位精度

在许多应用场合，电动机运动到位时由机械限位使之停止运动。为了在到位时冲击较小，可以加上机械缓冲装置。在没有机械限位的场合，可通过电气控制的方法来实现，如一个比较简单的定位办法是，在到位前通过行程开关控制，对电动机作反接制动或能耗制动，使在到位时停下来。但由于直线感应电动机的机械特性是软特性，电源电压变化或负载变化都会影响电动机在开始制动时的初速度，从而影响停止时的位置。当电源电压偏低或负载偏大时，电动机可能到不了位。反之可能超位。因此，这种定位办法只能用于电源电压稳定且负载恒定的场合。否则，应当配上带有测速传感器和可控交流调压器的自动控制装置。

在考虑了上述应用原则后，对所研制的采用直线电动机的直线运动机械方案还应当在制造成本、运行费用和使用维修等各方面与采用其他动力设备（如旋转电动机）的方案作全面对比后，来决定是否予以实施。

7.4.2 直线感应电动机的应用情况

1. 高速列车

直线电动机用于高速列车是一个举世瞩目的课题。它与磁悬浮技术相结合，可使列车达到很高速度且无振动噪声，成为目前最先进的地面交通工具。日本已研制成功使用直线感应电动机的 HSST 系列磁悬浮列车模型，电动机采用短初级结构，作为轨道的次级导电板选用铝材，磁悬浮是吸引式的。列车模型的中间下方安放直线感应电动机，两边是若干个转向架，起磁悬浮作用的支撑电磁铁安装在各个转向架上，它们可以保证直线感应电动机具有不变的气隙，并能转弯和上下坡。

2. 传送车

传送车是直线感应电动机传动的一种较典型的应用。一般可分地上初级型和车上初级型两种类型。图 7-20 所示为一种地上初级型的结构。直线感应电动机的初级置于地面上，而次级置于传送车的下方。电动机的初级可以隔一段距离安放一个，等传送车下方的次级开始进入初级上方时通电，产生推力。其优点是车子结构简单可靠，地面供电安全；缺点是地面上初级较多，制造成本较高。它多用于低速场合，因为传送车仅在初、次级相遇时加速一下，在其他时间靠惯性前进，平均速度可以做得很低。多用于高温、低温、多湿等恶劣环境，如在冷冻仓库中搬运物品。

图 7-21 为车上初级型的结构。直线感应电动机的初级置于传送车的下方，而次级置于地面

上。车上初级型降低了地面制造成本,但车子结构相对复杂,并增加了自重。为了车上初级的供电,要架设母线,并在车上通过电刷从母线引入电流,安全性较差。它多用于速度较高的场合。

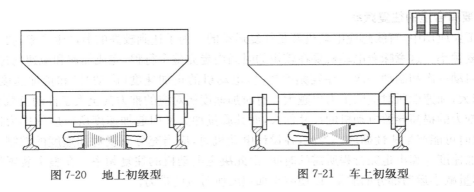

图 7-20　地上初级型　　　　　　　图 7-21　车上初级型

3. 传送线与传送带

在建筑物中将小型物品从一个房间传送到另一个房间,可考虑使用直线电动机空间传送线,如图 7-22 所示。它能沿着传送线轨道做水平、垂直和曲线运动,如用于医院中传送药品和试样,图书馆中传送书籍,研究所中传送试验材料等。直线感应电动机的次级用铝板制成并固定在钢板上。在钢板上安装盒箱,用于盛放物品,并装有滚轮,使次级能在初级上行走。在次级上还带有光栅测速传感器,用于控制初级的通、断电。直线感应电动机的初级逐段安放在传送线轨道上。在轨道的水平部分,初级的安放可以疏一些。而在轨道的垂直部分和弯曲部分,初级的安放应当密一些,以便产生较大的平均推力来克服附加的重力或阻力。

图 7-23 是采用双边型直线感应电动机的三种传送带方案。直线感应电动机的初级固定,次级就是传送带本身,其材料为金属带或金属网与橡胶混合的复合皮带。

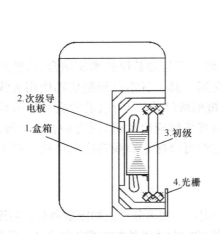

图 7-22　空间传送线的直线感应电动机

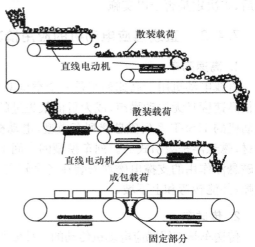

图 7-23　直线感应电动机的三种传送带

4. 其他应用

直线感应电动机用于搬运钢材时,是利用钢材本身导磁导电的特点,将钢材直接作为次级,用直线感应电动机的初级来推动。

用直线感应电动机驱动往复运动的机械手,与气动或液压传动的机械手相比,具有行程长、速度快、结构简单、制造方便等优点。水平运动的机械手宜采用平板形电动机，而垂直运动的机械手宜采用管形电动机。不同的机械手可以组合使用，构成复合运动。控制方式可以是有触点或无触点的程序电气控制。

使用直线感应电动机的电动门则省去了普通电动门的变速箱和绳索牵引装置，结构简单得多，因此深受欢迎。直线感应电动机的初级安装在电动门顶中央处，次级安装在电动门的门楣上，初级通过滚轮倒挂在次级上并在次级下面行走。在门顶侧面装有行程开关，控制电源的开断。无论关门或开门，依靠断电之后门的机械惯性到位，并用定位销定位。如要稳定门的速度，并减小到位时的冲击，可以加上测速反馈和电子交流调压器。这种电动门可用于各种大门、冷藏库门、电梯门等。

电磁锤是一种垂直运动的直线感应电动机装置，向上运动时积聚位能，落下时转变为动能来击打物体。电动机初级是固定的，次级上下运动。电磁锤可分单向通电式和双向通电式。单向通电式仅在提起次级时通电，在次级落下时不通电。双向通电式在两个运动方向都通电。有时为了缩短行程或增加电动机运动到上端时的储能，可在上端设置弹簧，利用压缩弹簧来增加储能。将直线感应电动机电磁锤应用于耐火砖坯制作、金属箔片击打等方面。电磁打箔机的击打频率约为 $4\sim5\,Hz$，它通过利用锯齿波发生器或环形多谐振荡器控制晶闸管导通的电路供电。

直线感应电动机还可用作电磁搅拌器和电磁泵，这时次级就是熔化的金属液体，它在初级的作用下产生运动，达到被搅拌或被输送的效果。电磁搅拌器和电磁泵的运行分析相当复杂。一方面由于气隙和金属液体尺寸大，不再能使用一维电磁场模型，至少要用二维电磁场模型；另一方面金属液体的运动规律很复杂，它不是单一方向和各点均匀的规则运动。因此，金属液体的运动分析要借助于电磁场和流体场的计算。直线感应电动机初级处于极高的环境温度之下，因此要用绝热、绝缘的材料将它与环境相隔离，同时要用空心铜管制作初级绕组，在运行时通水冷却。使用直线感应电动机的电磁搅拌器可用于钢水搅拌，使熔化的钢液的金相结构细化和匀化，提高钢材的品质。另外在应用于浮法玻璃生产时驱动液态玻璃上面的熔化的锡层，提高玻璃的质量。使用直线感应电动机的电磁泵可用于核工业中液态钠、钾的抽取。

利用磁体吸引原理，直线感应电动机可用于将钢铁等磁性物质从混杂的碎料中分离出来。

窗帘和幕布的自动开闭装置也可使用直线感应电动机。开闭窗帘的电动机一般较小，宜使用管形电动机，开闭幕布可使用平板形电动机。为了使用方便，可配置无线电遥控或红外遥控。使用直线感应电动机的窗帘自动开闭装置已成功地应用于宾馆、大楼和家庭之中。

平板形直线感应电动机还应用于货车调车场的加减速器、铁路道口栏道栅门、吊车吊钩的移动器等。管形直线感应电动机在邮电部门用作推包机。盘形直线感应电动机已成功地用于旋转舞台的传动和烘茶叶机的驱动，它还可用于桥式起重机的牵引运动。弧形直线感应电动机可用于作长距离运行的平板形直线感应电动机的模拟试验装置。

思考与练习七

7-1 直线感应电动机与普通的旋转感应电动机的主要区别是什么？

7-2 何为直线感应电动机的纵向、横向边缘效应？它们对直线感应电动机的运行有哪些影响？

7-3 简述直线感应电动机的原理。

7-4 直线直流电动机主要有哪几类？它们主要应用于什么场合？

7-5 简述直线步进电动机的原理。

附录 A　信号检测与转换

A.1　电流和电压的检测

A.1.1　电流的检测

电流检测的方法很多,如电阻取样隔离法、霍尔元件电流检测法及磁敏电阻法等。下面简要介绍前两种检测电流的方法。

A.1.1.1　电阻采样光电隔离法

电阻采样方法是一种原理最简单的方法,如图 A-1(a) 所示。单一采样电阻没有隔离,不便于将信号直接用于控制,一般仅用于示波器观察波形。图 A-1(b) 为一个带有光电隔离的电阻采样电流检测电路,它可用于检测直流电流,该电路的传输特性为:

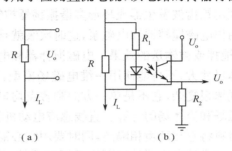

(a)　　　　　　　　　(b)

图 A-1　电阻采样电流检测法

$$U_o = \frac{\beta R R_1}{R+R_1} I_L - \frac{\beta R_2}{R+R_1} U_D \quad \left(I_L > \frac{U_o}{R} \right) \tag{A-1}$$

式中,U_D 为发光二极管的压降;β 为光耦合器电流传输比。

A.1.1.2　霍尔电流传感器检测法

如果电流较大,或要求有隔离,则可以采用磁场平衡式霍尔电流传感器,其工作原理如图 A-2所示。

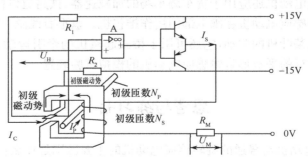

图 A-2　磁场平衡式霍尔电流传感器

图中有一个软磁材料制成的带有缝隙的聚磁环,缝隙中放置一个霍尔元件。霍尔元件中通有一个固定的电流 I_C,聚磁环中穿过一根导线,其中流过的待测电流为 I_P。I_P 在聚磁环及其缝隙中产生磁场,磁场强度为 H_P,磁感应强度为 B。因此霍尔元件产生的霍尔电位差为 U_H。

$$U_H = K \times B \times I_C \qquad \text{(A-2)}$$

式中,K 为霍尔系数。

U_H经放大器 A 放大,获得一个补偿电流 I_S。I_S流过绕聚磁环上的多匝线圈,其产生的磁势和待测电流产生的磁势方向相反,因而产生补偿作用,使磁场减小,U_H随之减小。因为放大器的放大倍数很大,最后的结果是 $U_H \approx 0$,$B \approx 0$,此时

$$I_P N_P \approx I_S N_S \qquad \text{(A-3)}$$

式中,N_P为待测电流流过的绕组匝数。N_S为补偿电流流过的绕组匝数。

因此,在已知 N_P 与 N_S 的情况下,只要测得 I_S,即可求出待测电流 I_P。I_S可根据在已知阻值的电阻 R_M 上的电压降 U_M 求出。

若 I_P 是交流电流,则 U_M 也为交流,而 A/D 转换器单极性较多,此时 U_M 需要先经偏置电路处理后再进行 A/D 转换。例如 A/D 转换芯片电压输入范围为 $0 \sim 5V$,可以先将 U_M 加 2.5V 的偏置再进行 A/D 转换,如图 A-3 所示。U_M经过第一级运算放大器的调幅和第二级运算放大器的偏置得到 $0 \sim 5V$ 的输出信号。

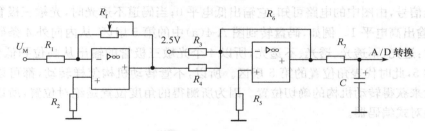

图 A-3　信号的调幅和偏置

霍尔电流传感器的待测电流回路和输出回路是相互电隔离的。此外,其测量误差绝对值可小于额定值的 1%,测量线性度的绝对值为额定值的 0.2% 以下,反应时间小于 $1\mu s$,待测电流的频率范围可达 $0 \sim 150kHz$。其精度和响应速度都比较高。

这种电流检测方法的特点是:

① 所有信号处理元件都不与被测线路相连,因此不用独立电源,结构较简单。

② 霍尔片输出的信号电压较小,信噪比较小。

③ 霍尔片受温度影响较大,检侧器的温度漂移比较明显。

④ 这种电流检测方案与电阻采样法相比不需在主电路中串入电阻,故不产生额外的损耗。

⑤ 电流检测的线性度较高。

A.1.2　电压的检测

在 A/D 转换器采样电压范围内的电压,可以直接由 A/D 转换器转换成数字量以后输入微处理器。如果电压很小,则可以先通过运算放大器放大。如果电压很高,则可以通过电压互感器变换、电阻分压先将电压变小,或者用霍尔电流传感器测量加在待测电压上的已知电阻中的电流,然后推算待测电压。另一种方法直接采用按照此原理做成的磁场平衡式霍尔电压传感器。

A.2　位置检测

位置检测是电动机控制系统的重要内容之一,光电旋转编码器是一种广泛应用的编码式

数字传感器,它将测得的角位移转换为脉冲形式的数字信号输出。光电旋转编码器可以分为两种:绝对式旋转编码器和增量式旋转编码器。

A.2.1 绝对式旋转编码器

A.2.1.1 绝对式旋转编码器的原理

绝对式旋转编码器由编码盘和光电检测装置组成,码盘采用照相腐蚀工艺,在一块圆形光学玻璃上刻出透光与不透光的码道。

图 A-4 为一种 4 位二进制绝对式旋转编码器。图 A-4(a)是编码盘,黑色代表不透光,白色代表透光。编码盘分成若干个扇区,代表若干个角位置。每个扇区分成 4 条码道,代表 4 位二进制码。为了保证低位码的精度,把最外码道作为编码的低位,而将最内码道作为编码的高位。4 位二进制数最多可以对 $2^4=16$ 个扇区编码,所以图中所示的扇区数为 16。

图 A-4(b)是该编码器的光电检测原理图。光源位于编码盘的一侧,4 个光敏三极管位于另一侧,沿码盘的径向排列,每一个光敏三极管都对应一个码道。当码道透光时,该光敏三极管接收到光信号,由图中的电路可知,它输出低电平 0;当码道不透光时,光敏三极管收不到光信号,因而输出高电平 1。例如,码盘转到图 A-4(a)中的第 5 扇区,从内向外 4 条码道的透光状态依次为:透光、不透光、透光、不透光,所以 4 个光敏三极管的输出从高位到低位为 0101,即十进制的 5,此时代表角位置的第 5 扇区。所以,不管转动机构怎样转动,都可以通过随动机构的码盘来获得转动机构的确切位置。因为所测得的角度位置是绝对位置,所以称这样的编码器为绝对式编码器。

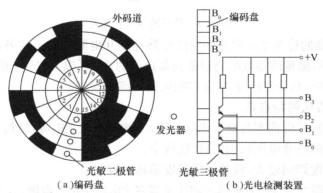

图 A-4 绝对式旋转编码器原理图

A.2.1.2 提高分辨率的措施

编码器所能分辨的旋转角度称为编码器的分辨率 α,有(A-4)式给出:

$$\alpha=\frac{360°}{2^n} \tag{A-4}$$

式中,n 为二进制数码的位数。

如图 A-4 中的码盘是 4 位,$n=4$,根据上式,$\alpha=22.5°$;如果编码盘是 5 位,则 $\alpha=11.25°$。由此可见,码盘的位数越多,码道数越多,扇区数也就越多,能分辨的角度就越小,分辨率就越高。

为了提高角位置的分辨率,最简单的方法就是增加码道数,从而增加扇区数;但这要受到码盘制作工艺的限制。提高分辨率最常用的方法是采用多级码盘,如两级码盘。

两级码盘中两个码盘的关系,与钟表的分针和秒针的关系相似。在钟表中,秒针移动 60 个格,分针才移动一个格,分针移动一个格代表一分钟,秒针移动一个格代表一秒钟,分辨率提高 60 倍。同理,若使两级码盘中的低位码盘转一圈,高位码盘才转一个扇区,则分辨率将提高。例如,低位码盘是 5 位,它的扇区数是 $2^5=32$,则码盘系统的分辨率将提高 32 倍。如果高位码盘是 6 位,我们可以计算出这个系统的分辨率为:

$$\alpha = \frac{1}{32} \times \frac{360°}{2^6}$$

(A-5)

可见采用多级编码盘的方法可以大大提高编码盘的分辨率。

A.2.1.3 减小误码率的方法

采用如图 A-4 所示的二进制编码虽然原理简单,但对编码盘的制作工艺和安装的要求较高;这是因为使用这种编码时,一旦出现错码,将有可能产生很大误差,例如,在图 A-4(a)中,编码盘从第 7 扇区移到第 8 扇区,应该输出二进制编码 1000,如果编码盘停在第 7 扇区和第 8 扇区之间,由于某种原因,内码道的光敏三极管首先进入第 8 扇区,则实际输出的是 1111,如果内码道的光敏三极管之后进入第 8 扇区,则实际输出的是 0000,编码盘的输出本应由 7 变 8,却出现了 15 或 0,这样大的误差是无法容忍的,为了避免出现这样的错误,把误码率限制在一个位码,常用以下两种方法。

(1)采用循环码

循环码的最大特点是:从一个数码变化到它的上一个或下一个数码时,数码只有一位发生变化,表 A-1 列出了 4 位循环码和二进制码的对应关系。从表中可以看出,循环码所代表的数无论加 1 或者减 1,对应的循环码只有一位变化。如果在编码盘中采用循环码来代替二进制码,即编码盘停在任何两个循环码之间的位置,所产生的误差也不会大于最低位所代表的量。例如,当编码盘停在 1110 和 1010 之间时,由于这两个循环码中有 3 位相同,只有 1 位不同。因此,无论停的位置偏差如何,产生的循环码只有一位可能不一样,即 1110 或 1010,而它们分别对应十进制数的 11 和 12。因此,即使有误差,也不超过 1。

表 A-1 4 位二进制码与循环码

十进制数 D	二进制数 B	循环码 R
0	0000	0000
1	0001	0001
2	0010	0011
3	0011	0010
4	0100	0110
5	0101	0111
6	0110	0101
7	0111	0100
8	1000	1100
9	1001	1101
10	1010	1111
11	1011	1110
12	1100	1010
13	1101	1011
14	1110	1001
15	1111	1000

（2）采用扫描法

扫描法仍采用二进制编码,但光电检测系统发生了一些变化。扫描法是在二进制编码盘的最低位码道(也就是最外侧码道)上安装一个光敏三极管,在其他码道上安装两个光敏三极管,其中一个称为超前读出头,它处于比它低一位的读出头超前的位置,如图 A-5 所示;另一个称为滞后读出头,它处于比它低一位的读出头滞后的位置。

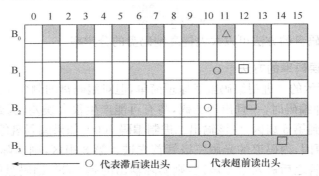

图 A-5　扫描法编码盘展开示意图

于是,装有两个读出头的码道就有两个数字信号输出,根据前一位是 1,还是 0,来决定本位数字信号是取超前读出头的电平值,还是取滞后读出头的电平值。因此规定:当某一个二进制码的第 i 位是 1,该二进制码的第 $i+1$ 位要从滞后读出头读出;否则,当某一个二进制码的第 i 位为 0,该二进制码的第 $i+1$ 位要从超前读出头读出。这样也能使误差不超过 1。

例如,在图 A-5 中编码盘处于第 11 扇区位置,B_0 输出高电平 1;B_1 应从滞后读出头取信号,输出为 1;同理,B_2 也应从滞后读出头取信号,输出为 0,而 B_3 则从超前读出头取信号,输出为 1。所以,输出的二进制编码为 1011。从图中可见,由前一位电平的结果所选中的各位读出头,不论是超前读出头还是滞后读出头,都处于误码率最低的位置,即透光或不透光集中分布的位置。也就是说,即使这些读出头发生错位,输出的数字信号也不会变化,从而保证了码率不超过 1。

A.2.2　增量式旋转编码器

增量式旋转编码器不像绝对式旋转编码器那样测量转动体的绝对位置,它专门测量转动体角位移的累积量。

A.2.2.1　增量式旋转编码器的结构与工作原理

增量式旋转编码器在一个码盘上开出三条码道,有内向外分别是 A、B、C,如图 A-6(a)所示,在 A、B 码道的码盘上开有等距离的透光缝隙,两条码道上相邻的缝隙互相错开半个缝宽,其展开图如图 A-6(b)所示。第三条码道 C 只开出一个缝隙,其代表码盘的零位,在码盘的两侧分别安装有光源和光敏元件,当码盘转动光源经过透光与不透光的区域时,每条码道将有一系列脉冲从光敏元件输出。码道上有多少缝隙．就会有多少个脉冲输出。将这些脉冲整形后,输出的脉冲信号如图 A-6(c)所示。

例如,SZGH—01 型增量式旋转编码器采用封闭式结构．内装发光二极管(光源)、光电接收器和编码盘。通过联轴节与被测轴连接。将角位移转换成 A、B 两路脉冲信号,供可逆计数器计数。同时还输入一路零位脉冲信号作为零位标记。它每圈能输出 600 个 A、B 相位相差 90°的脉冲信号、一个零位脉冲。

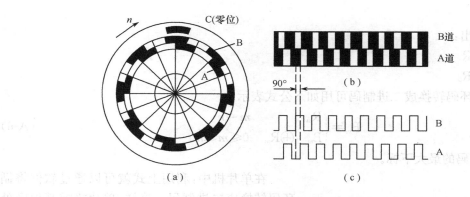

图 A-6 增量式光电编码盘原理图

A.2.2.2 增量式旋转编码器对转向的识别

增量式旋转编码器对转向的判断可以采用如图 A-7 所示电路实现。下面简要介绍其工作原理。

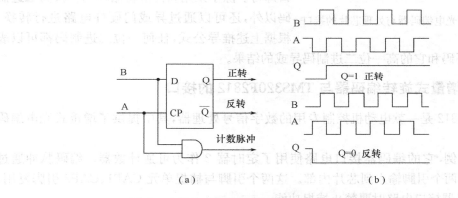

图 A-7 增量式旋转编码器识别转向的电路和输出波形

经过放大整形后的 A、B 两相脉冲分别输入 D 触发器的 D 端和 CP 端,D 触发器的 CP 端在 A 脉冲的上升沿触发。由于 A、B 脉冲相位相差 90°,当正转时。A 脉冲滞后 B 脉冲 90°,触发器总是在 B 脉冲处于高电平时触发,这时 Q=1,表示正转;当反转时,A 脉冲超前 B 脉冲 90°。触发器总是在 B 处于低电平时触发,这时 Q=0。表示反转。

A、B 脉冲的另一路通过与门后输出计数脉冲。这样,用 Q 或 $\overline{Q}$ 控制可逆计数器是加计数还是减计数,就可以使可逆计数器对计数脉冲进行计数。

C 相脉冲接到计数器的复位端,实现每转动一圈复位一次计数器。这样,无论是正转还是反转。计数值每次反映的都是相对与上次角度的增量,所以称这种编码器为增量式旋转编码器。

A.2.3 光电编码盘与单片机的接口

用单片机或其他微处理器与绝对式光电编码盘进行接口时,由于绝对式光电编码盘采用的是循环码,所以存在循环码与二进制编码的转换问题。

以 B_n 表示二进制数的第 n 位 . R_n 表示循环码的第 n 位,从表 A-1 可以看出有如下规律:
$$B_n=R_n$$
$$B_{n-1}=R_n \oplus R_{n-1}=B_n \oplus R_{n-1}$$
$$B_{n-2}=R_n \oplus R_{n-1} \oplus R_{n-2}=\cdots=B_{n-1} \oplus R_{n-2}$$

......

可以推导出：

$B_1=R_2\oplus R_1$

$B_0=R_1\oplus R_0$

因此.循环码转换成二进制码可用如下公式表示。

$$B_m=\begin{cases}R_m & m=n\\ B_{m+1}\oplus R_m & 0\leqslant m\leqslant n\end{cases} \tag{A-6}$$

式中，n 为循环码的最大下标。

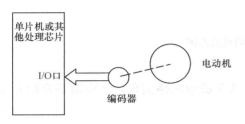

图 A-8　绝对式光电编码器与处理芯片的接口

在单片机中，利用上式就可以通过软件将循环转换成二进制码。这样，单片机或其他微处理器与绝对式光电编码盘的硬件接口非常简单。如图 A-8 所示。

经过整形的输出信号直接接到单片机的 I/O 口即可。除了采用软件法将循环码转换为二进制码以外，还可以通过异或门硬件电路进行转换。根据上述推导公式，任何一位二进制码都可以表示为该位的循环码和它的高一位二进制码异或的结果。

A.2.4　增量式旋转编码器与 TMS320F2812 的接口

TMS320F2812 是一款电动机控制专用的数字信号处理器，其中提供了增量式光电编码器的接口电路。

以 EVA 为例，它的编码器接口电路使用了定时器 2 作为可逆计数器。编码脉冲通过 QEP1 和 QEP2 两个引脚输入到芯片内部。这两个引脚与捕捉单元 CAP1、CAP2 引脚复用，因此在使用编码器接口电路时要禁止捕捉功能。

编码器接口电路利用输入编码脉冲的四个边沿将其变成 4 倍频的计数脉冲信号，同时还有计数方向信号，如图 A-9 所示。4 倍频的计数脉冲信号有利于提高电动机角位置和角位移信号的分辨率。计数方向信号自动地控制定时器 2 的计数方向，而计数方向引脚 TDIRA 这时不起作用。

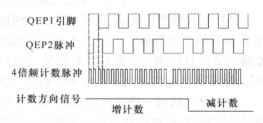

图 A-9　4 倍频计数脉冲和计数方向信号的产生

当引脚 QEP1 输入的编码脉冲超前 QEP2 引脚输入的编码脉冲 90°相位时，定时器 2 增计数；当引脚 QEP1 输入的编码脉冲滞后 QEP2 引脚输入的编码脉冲 90°相位时，定时器 2 减计数。

当定时器 2 计数值与周期寄存器 2 的比较值相等时、计数值与定时器 2 比较寄存器的比较值相等时、定时器 2 发生上、下溢时，都可以引发中断。

对增量式编码脉冲电路寄存器的设置如下：

（1）对于 EVA 模块

将所需的值装入到定时器 2 的计数、周期和比较寄存器中；设置 T2CON 为定向增/减计数，编码脉冲电路作为时钟源，并使能定时器 2。

（2）对于 EVB 模块

将所需的值装入到定时器 4 的计数、周期和比较寄存器中；设置 T4CON 为定向增/减计数，编码脉冲电路作为时钟源，并使能定时器 4。

A.3　速度检测

A.3.1　用测速发电动机测速

用直流测速发电动机测速是比较简单的。将直流测速发电动机产生的电压信号先经过滤波电路进行滤波，再经过 A/D 转换，就可以输入微处理器。考虑到转速有正负，测速发电动机的输出电压也有正负，设计 A/D 转换电路时，需要考虑负电压的转换问题。

图 A-10 给出了一个直流测速发电动机测速方案，其中直流测速发电动机产生的电压信号通过运算放大器和模/数转换器以后，数字量通过数据总线送入微处理器。目前这种测速方法应用较少。

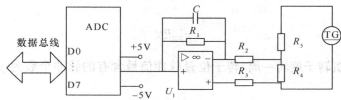

图 A-10　测速发电动机的测速方案

A.3.2　用光电旋转编码器测速

光电旋转编码器产生位置脉冲信号，借助微机中的定时器/计数器，利用位置脉冲信号来计算转速的大小，具体的方法又分为 M 法、T 法和 M/T 法。

A.3.2.1　M 法测速

M 法测速是在规定的检测时间 T_c 内，对位置脉冲信号的个数 m_1 进行计数，从而得到转速的测量值。

图 A-11 为 M 法测速的原理图，由计数器计位置脉冲信号的个数，定时器每隔时间 T_c 向 CPU 发出一次中断请求，CPU 响应中断后，从计数器读出计数值并将计数器清零。由计数值的大小即可求出对应的转速。若在时间 T_c 内共发出 m_1 个脉冲信号，则转速可由下式计算：

$$n = \frac{60m_1}{p_N T_c} \tag{A-7}$$

式中，p_N 为每转的位置信号脉冲个数。

实际上，在 T_c 时间内的脉冲个数一般不是整数，而用微机测得的脉冲个数只能是整数，因而存在量化误差。M 法测速的分辨率与 T_c 成正比，通常为了保证系统的快速反应，速度采样时间 T_c 不宜过长，而 SR 电动机每转的位置信号脉冲数一般不大，所以为了提高速度检测的分辨能力，采用 M 法时需要将位置脉冲信号经倍频器倍频后再计数。

M 法适用于高速运行时的测速，低速时测量精度较低。因为在 P_N 和 T_c 相同的条件下，高转速时 m_1 较大，量化误差较小。

A.3.2.2　T法测速

T法测速是测出相邻两个转子位置脉冲信号的间隔时间来计算转速的一种测速方法,而时间的测量是借助计数器对已知频率的时钟脉冲计数实现的。

图 A-12 是 T法测速的原理图。每一个转子位置脉冲信号都通过微机接口向 CPU 发出一次中断请求,CPU 响应中断后,从计数器读出计数值并清零,由计数值即可算出转速。

图 A-11　M 法测速原理图　　　　图 A-12　T 法测速原理图

设时钟频率为 f,两个位置脉冲间的时钟脉冲个数为 m_2,则电动机转子位置脉冲信号的周期 T 为:

$$T = \frac{m_2}{f} \tag{A-8}$$

如果 SR 电动机转子旋转一周,转子位置脉冲信号含有的脉冲个数为 p_N,则电动机的转速 n 为:

$$n = \frac{60}{T p_N} = \frac{60f}{p_N m_2} \tag{A-9}$$

由上式可以看出 T法测得的转速与时钟脉冲计数值 m_2 成反比,转速越高,测得的计数值越小,估算误差越大。因此 T法测速较适合于低速场合。事实上,与 M法相比 T法测速的优点在于:低速段对转速的变化具有较强的分辨能力,从而可以提高系统低速运行的控制性能。

采用光敏式位置传感器检测转子位置时,由于转子位置信号脉冲较少,因此常采用 T法来估算电动机的转速。具体做法是:以转子位置信号的跳变沿为基准,使计数器记下转子每转过一步期间的时钟脉冲数 m_2,由此可以算出电动机的转速为:

$$n = \frac{60f}{N_p m_2} \tag{A-10}$$

式中,N_p 为 SR 电动机的每转步数,$N_p = m N_r$。

这种方法可以实现电动机每转一步就检测一次实际转速,实时性好,无疑为运行的快速控制提供了有利条件。但在工程实际中,考虑到机械误差等因素,各相间位置信号跳变沿间隔不可能严格相等,因此即使在电动机的转速恒定时,转速的两次测量值也不一定相等。为了消除转速的"振荡",往往采用转子旋转一周计算平均转速的方法,这样实时性稍差,但可以满足工程应用的精度要求。

A.3.3.3　M/T 法测速

M/T 法综合了以上两种方法的优点,既可在低速段可靠地测速,又在高速段具备较高的分辨能力,因此在较宽的转速范围内均有较高的检测精度。如图 A-13 所示,M/T 法测速是在稍大于规定时间 T_c 的某一时间 T_d 内,分别对位置信号的脉冲个数 m_1 和频率为 f 的高频时钟脉冲个数 m_2 进行计数。其中 T_d 的开始和结束都应当是位置脉冲信号的上跳沿,这样就可以保证检测精度。于是,求出的转速为:

$$n=\frac{60m_1f}{p_N m_2} \tag{A-11}$$

例如，在以 MCS-96 系列单片机（如 80C196）为控制核心的 SRD 系统中，可以用一个 D 触发器组成如图 A-14 所示的测速电路。由 HSO.0 口产生一个宽度为 T_c 的脉冲送至 D 触发器的 D 端，CP 端则接受触发器位置脉冲信号 a，$\overline{Q}$ 端输出的脉冲下降沿和上升沿均与 a 脉冲的上升沿同步，其宽度为 T_d。所以在 T_d 时间内包含整数个 a 脉冲。高速输入单元 HSI.0 采用中断方式，应用适当的中断程序得出时间 T_d，a 信号同时输入 HSI.1 口，利用 80C196 内部计数器 T_1 计数，通过适当的程序算出转速。

对于一台四相 8/6 极 SR 电动机。假设电动机的最高转速为 3000r/min，则 a 信号的频率为 $3000\times6/60=300$Hz，周期为 $3333\mu s$；如电动机的最低转速为 50r/min，则 a 信号的频率为 $50\times6/60=5$Hz，周期为 $200000\mu s$。

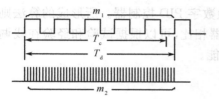

图 A-13　M/T 法测速原理

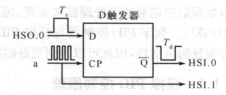

图 A-14　M/T 法测速方案之一

当系统时钟频率为 12MHz 时，高速输入的时间分辨率是 $2\mu s$，溢出时间 $131072\mu s$。为了使定时器 D 在电动机的正常工作状态时（50～3000r/min）都能在一个溢出周期内工作，可将两路位置信号异或后作为转速的检测信号。这样当电动机的转速在 50～3000r/min 间变化时，检测信号的周期变化范围就是 1667～100000ps。这样，既保证了在转速较高时系统能够有一定的精度（$1/1667=0.06\%$），同时也使电动机在转速较低时能够在一个溢出周期内计时完毕，简化了程序设计，同时也节省了系统时间。

附录 B 数字 PID 控制算法与数字滤波技术

B.1 数字 PID 控制算法

将偏差的比例(P)、积分(I)和微分(D)通过线性组合作为输出的控制器,简称 PID 控制器。PID 控制器是控制系统中技术比较成熟、且应用最广泛的一种控制器。它的结构简单,参数容易调整,不一定需要系统的确切数学模型,因此在各个领域中应用广泛。

PID 控制器最先出现在模拟控制系统中,传统的模拟 PID 控制器是通过硬件如运算放大器组成的电路等来实现它的功能。随着数字电子技术的出现和发展,将原来硬件电路实现的功能,由处理数字信号的微处理器来实现,因此称做数字 PID 控制器。所形成的算法则称为数字 PID 算法。数字 PID 控制器与模拟 PID 控制器相比,可以根据试验和经验在线调整参数,具有很强的灵活性,因此可以得到更好的控制性能。

B.1.1 模拟 PID 控制原理

PID 控制是控制系统中最常用的控制方法。图 B-1 是一个小功率直流电动机调速原理图。给定转速 $n_0(t)$ 与实际转速 $n(t)$ 进行比较,其差值 $e(t)=n_0(t)-n(t)$,经过 PID 控制器调整后输出电压控制信号 $u(t)$,$u(t)$ 经过功率放大后,驱动直流电动机改变其转速。

图 B-1 小功率直流电动机调速系统

常规的模拟 PID 控制系统原理框图如图 B-2 所示。该系统由模拟 PID 控制器和被控对象组成。图中,$r(t)$ 是给定值,$y(t)$ 是系统的实际输出值,给定值与实际输出值比较形成控制偏差 $e(t)$,即

$$e(t)=r(t)-y(t) \tag{B-1}$$

$e(t)$ 是 PID 控制器的输入,$u(t)$ 为 PID 控制器的输出和被控对象的输入。所以模拟 PID 控制器的数学模型为:

$$u(t) = K_p\left[e(t)+\frac{1}{T_1}\int_0^t e(t)\mathrm{d}t + T_D \frac{\mathrm{d}e(t)}{\mathrm{d}t}\right]+u_0 \tag{B-2}$$

式中,K_p 为比例系数;T_1 为积分常数;T_D 为微分常数;u_0 为控制常量。

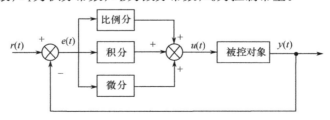

图 B-2 模拟 PID 控制系统原理框图

模拟 PID 控制器中比例环节的作用是对偏差的大小进行比例调节,并在瞬间作出快速反应。偏差一旦产生,控制器立即产生控制作用,使控制量向减少偏差的方向变化。控制作用的强弱取决于比例系数 K_P,K_P 越大,控制越强。但过大的 K_P 会导致系统振荡,破坏系统的稳定性。由式(B-2)可见,只有当偏差存在时,第一项才有控制量输出。所以,对大部分被控制对象(如直流电动机的调压调速),要加上适当的与转速和机械负载有关的控制常量 u_0,否则,比例环节将会产生静态误差。

积分环节的作用是把偏差的积累作为输出。在控制过程中,只要有偏差存在,积分环节的输出就会不断增大,直到偏差 $e(t)=0$,输出的 $u(t)$ 才可能维持在某一常量,使系统在给定值 $r(t)$ 不变的条件下趋于稳态。因此,使用积分环节后即使不加控制常量 u_0,也能消除系统输出的静态误差。积分环节的调节作用虽然会消除静态误差,但也会降低系统的响应速度,增加系统的超调量。积分常数 T_I 越大,积分的积累作用越弱。增大积分常数 T_I 会减慢静态误差的消除过程,但可以减少超调量,提高系统的稳定性。所以,必须根据实际的情况来确定 T_I。

实际的控制系统除了希望消除静态误差外,还要求加快调节过程。在偏差出现的瞬间,或在偏差变化的瞬间,不但要对偏差量做出立即响应(比例环节的作用),而且要根据偏差的变化趋势预先给出适当的修正。为了实现这一作用,可在 PI 控制器的基础上加入微分环节,形成 PID 控制器。

微分环节的作用是阻止偏差的变化。它是根据偏差的变化趋势(变化速度)进行控制的。偏差变化得越快,微分控制器的输出就越大,并能在偏差值变大之前进行修正。微分作用的引入,有助于减小超调量,克服振荡,使系统趋于稳定,特别对高阶系统非常有利,它加快了系统的跟踪速度。但微分环节对输入信号的噪声很敏感,对那些噪声较大的系统一般不可用微分,或在微分起作用之前先对输入信号进行滤波。适当地选择微分常数 T_D,可以使微分的作用达到最优。

由于计算机进入了控制领域。人们将模拟 PID 控制规律引入到计算机中来。对式(B-2)的 PID 控制规律进行离散处理,就可以用软件来实现 PID 控制,即数字 PID 控制。

B.1.2 数字 PID 控制算法

数字 PID 控制算法可以分为位置式 PID 控制算法和增量式 PID 控制算法。

B.1.2.1 位置式 PID 控制算法

由于计算机控制是一种采样控制,它只能根据采样时刻的偏差值计算控制量,而不能像模拟控制那样连续输出控制量进行连续控制。因此,式(B-2)中的积分项和微分项不能直接使用,必须进行离散化处理。离散化处理的方法为:以 T 作为采样周期,k 作为采样序号,则离散采样时间 kT 对应着连续时间,用求和的形式代替积分,用增量的形式代替微分,可作如下近似变换:

$$\left. \begin{aligned} t &\approx kT \qquad (k=0,1,2\cdots) \\ \int_0^t e(t)\mathrm{d}t &\approx T\sum_{j=0}^{k} e(\mathrm{j}T) = T\sum_{j=0}^{k} e_j \\ \frac{\mathrm{d}e(t)}{\mathrm{d}t} &\approx \frac{e(kT)-e\big[(k-1)T\big]}{T} = \frac{e_k - e_{k-1}}{T} \end{aligned} \right\} \tag{B-3}$$

式中,为了表示方便,将 $e(kT)$ 简化成 e_k。

将式(B-3)代入式(B-2),就可以得到离散的 PID 表达式为:

$$u_k = K_P\Big[e_k + \frac{T}{T_I}\sum_{j=0}^{k} e_j + \frac{T_D}{T}(e_k - e_{k-1})\Big] + u_o \tag{B-4}$$

或者
$$u_k = K_P e_k + K_I\sum_{j=0}^{k} e_j + K_D(e_k - e_{k-1}) + u_o \tag{B-5}$$

式中，k 为采样序号，$k=0,1,2,\cdots$；u_k 为第 k 次采样时刻的输出值；e_k 为第 k 次采样时刻输入的偏差值；e_{k-1} 为第 $k-1$ 次采样时刻输入的偏差值；K_I 为积分系数，$K_I=K_P T/T_I$；K_D 为微分系数，$K_D=K_P T_D/T$；u_o 为开始进行 PID 控制时的原始初值。

如果采样周期取得足够小，上述计算可获得足够精确的结果，离散控制过程与连续控制过程十分接近。

式(B-4)和式(B-5)表示的控制算法是直接按式(B-2)所给出的 PID 控制规律定义进行计算的，所以它给出了全部控制量的大小，因此被称为全量式或位置式 PID 控制算法。

由于全量输出，所以每次输出均与过去状态有关，计算时要对 e_k 进行累加，工作量大；并且，因为计算机输出的 u_k 对应的是执行机构的实际位置，在计算机出现故障时，若输出的 u_k 发生大幅度变化，则会引起执行机构的大幅度变化，有可能因此造成严重的生产事故，这在生产实际中是不能允许的。

B.1.2.2　增量式 PID 控制算法

所谓增量式 PID 是指数字控制器的输出只是控制量的增量 Δu_k。当执行机构需要的控制量是增量（如步进电动机的驱动），而不是位置量时，可以使用增量式 PID 控制算法进行控制。

增量式 PID 控制算法可通过式(B-4)推导出。由式(B-4)可得控制器在第 $k-1$ 个采样时刻的输出值为：

$$u_{k-1} = K_P\Big[e_{k-1} + \frac{T}{T_I}\sum_{j=0}^{k-1} e_j + \frac{T_D}{T}(e_{k-1} - e_{k-2})\Big] + u_o \tag{B-6}$$

将式(B-4)与式(B-6)相减，并整理，就可以得到增量式 PID 控制算法公式为：

$$\begin{aligned}
\Delta u_k = u_k - u_{k-1} &= K_P\Big[e_k - e_{k-1} + \frac{T}{T_I}e_k + \frac{T_D}{T}(e_k - 2e_{k-1} + e_{k-2})\Big]\\
&= K_P\Big(1 + \frac{T}{T_I} + \frac{T_D}{T}\Big)e_k - K_P\Big(1 + \frac{2T_D}{T}\Big)e_{k-1} + K_P\frac{T_D}{T}e_{k-2}\\
&= Ae_k + Be_{k-1} + Ce_{k-2}
\end{aligned} \tag{B-7}$$

式中，
$$A = K_P\Big(1 + \frac{T}{T_I} + \frac{T_D}{T}\Big),\quad B = K_P\Big(1 + \frac{2T_D}{T}\Big),\quad C = K_P\frac{T_D}{T}$$

上式的 Δu_k 还可以写成下面的形式：

$$\Delta u_k = K_P\Big(\Delta e_k + \frac{T}{T_I}e_k + \frac{T_D}{T}\Delta^2 e_k\Big) = K_P(\Delta e_k + Ie_k + D\Delta^2 e_k) \tag{B-8}$$

式中，
$$\Delta e_k = e_k - e_{k-1}$$
$$\Delta^2 e_k = e_k - 2e_{k-1} + e_{k-2} = \Delta e_k - \Delta e_{k-1}$$
$$I = T/T_1$$
$$D = T_D/T$$

由式(B-7)可以看出，如果计算机控制系统采用恒定的采样周期 T，一旦确定了 A、B、C，只要使用前后三次测量值的偏差即可，就可以由式(B-7)求出控制增量，与位置式算法式(B-4)相比，计算量小得多，因此在实际中得到广泛的应用。

位置式 PID 控制算法也可通过增量式控制算法推出递推计算公式：

$$u_k = u_{k-1} + \Delta u_k \tag{B-9}$$

这就是目前在计算机控制中广泛应用的数字递推 PID 控制算式。

增量式 PID 控制算法子程序是根据式(B-7)设计的。图 B-3 是以控制步进电动机为例的增量式算法子程序框图和 RAM 分配图。

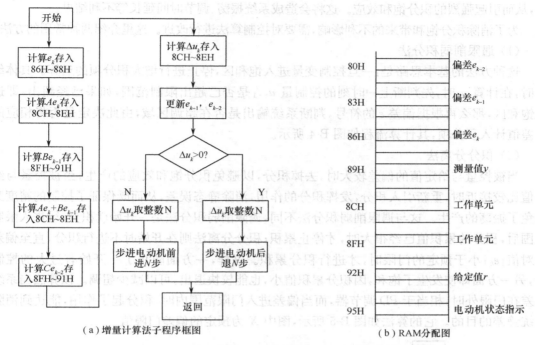

（a）增量计算法子程序框图　　　　　　　　　（b）RAM分配图

图 B-3　增量式算法子程序框图和 RAM 分配图

e_k、e_{k-1}、e_{k-2} 为偏差，y 为测量值，r 为给定值。这 5 个参数均为有 3 字节的浮点数，分别将它们存放在 RAM 单元中，在 RAM 中的存放位置如图 B-3(b)所示。低字节存放浮点数的阶数和符号，其中符号存放在最高位，阶数以补码的形式存放在另 7 位中，尾数以原码的形式存放在另两个字节中。

B.1.3　数字 PID 的改进算法

由于数字 PID 的灵活性使其在计算机控制系统得到了广泛的应用。一些原来在模拟 PID 控制器中无法实现的问题，在引入计算机后，只要通过软件处理就得以解决。于是产生了一系列围绕 PID 的改进算法，使 PID 控制器的品质得到进一步的改进和提高。下面将介绍数字 PID 控制算法中一些常用的改进算法。

B.1.3.1　对积分作用的改进

在电动机控制系统中，控制量的输出值要受到元器件或执行机构性能的约束（如电源电压的限制、放大器饱和等），因此它的变化应在有限的范围内。即

$$u_{k\min} \leqslant u_k \leqslant u_{k\max} \tag{B-10}$$

如果计算机根据位置式 PID 算法得到的控制量 u_k 在上述范围内，那么 PID 控制可以达到预期的效果。一旦超出上述范围，那么实际执行的控制量就不再是计算值，产生的结果与预期的不相符，这种现象通常称为饱和效应。这类现象在电动机的启动、停止过程中，以及负载或

给定值发生突变时特别容易出现。

在前面介绍的数字 PID 控制器中,引入积分环节的主要目的是为了消除静态误差,提高控制精度。当在电动机的启动、停车或大幅度增减设定值时,短时间内系统输出很大的偏差,会使 PID 运算的积分积累很大,引起输出的控制量很大,这一控制量很容易超出执行机构控制量的极限,从而引起强烈的积分饱和效应。这将会造成系统振荡、调节时间延长等不利结果。

为了消除积分饱和带来的不利影响,需要对控制算法进行改进。这里介绍两种常用的方法。

(1) 遇限削弱积分法

这种方法的基本思路是:一旦控制变量进入饱和区,停止进行增大积分项的运算。具体编程时,在计算 u_k 时,先判断上一时刻的控制量 u_{k-1} 是否已超出限制范围,如果已经超出,即进入饱和区,那么再根据偏差 e 的符号,判断系统输出是否在超调区域,由此决定是否将相应的偏差值计入积分项,其计算流程如图 B-4 所示。

(2) 积分分离法

当被控量与给定值的偏差较大时,去掉积分,以避免积分饱和效应的产生;当被控量与给定值比较接近时,重新引入积分,发挥积分的作用,消除静态误差,从而既保证了控制的精度又避免了振荡的产生。这与遇限削弱积分法不同,遇限削弱积分法是一开始就积分,待进入限制范围后,积分的累积值已经很大时,才停止累积;积分分离法则在开始时不进行积分,直至偏差绝对值 $|e_k|$ 小于预定的门限时,才进行积分累积。这样,一方面防止了一开始有过大的控制量,另一方面即使发生了饱和,因积分累积值小,也能较快退出,可以减少超调。该算法当系统偏差在门限外时,相当于 PD 调节器,而当偏差进入门限范围内时,积分起了作用,能达到消除系统静差的目的。它的算法如图 B-5 所示,图中 X 为预定的偏差门限值。

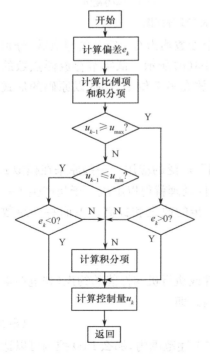

图 B-4　遇限削弱积分法程序框图

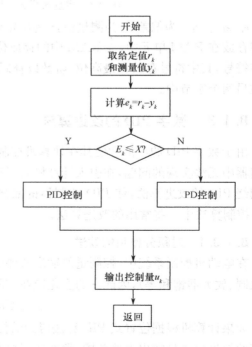

图 B-5　积分分离法程序框图

B.1.4 数字 PID 控制器的参数选择和采样周期的选择

B.1.4.1 参数选择方法

在数字 PID 控制中，由于采样周期选得比较小，PID 控制参数 K_P、T_I、T_D 可按模拟 PID 控制器中的方法来选择。

在电动机控制中，首先要求系统是稳定的。在给定值变化时，被控量应能迅速、平稳地跟踪，超调量要小。在各种干扰下，被控量应能保持在给定值的附近。显然，上述要求要都满足是很困难的，因此，必须根据具体的实际情况，在满足主要方面的前提下，兼顾其他方面。

在选择控制器参数前，应首先确定控制器结构。对于电动机控制系统，一般常用 PI 或 PID 控制器结构，以保证被控系统的稳定，并尽可能消除静态误差。

PID 参数的选择常用的选择方法有两种：理论计算法和试验确定法。理论计算法确定 PID 控制参数的前提是被控对象有准确的数学模则，这在电动机控制中往往很难做到。因此，用下列两种试验确定法来选择 PID 控制参数，就成为目前经常采用，并且行之有效的方法。

（1）试凑法

试凑法是通过模拟或闭环运行系统，来观察系统的响应曲线，然后根据各控制参数对系统响应的大致影响，来改变参数，反复试凑，直到认为得到满意的响应为止。试凑前，要先了解 PID 控制器参数值对系统响应的影响。

增大比例系数 K_P，一般可以加快系统的响应速度，有利于减少静态误差。但是，过大的比例系数会使系统有较大的超调，因此产生振荡，破坏系统的稳定性。

增大积分常数 T_I 有利于减小超调，减少振荡，使系统更稳定，但系统静态误差的消除将随之减慢。

增大微分常数 T_D 也可以加快系统的响应，使超调量减少，稳定性增加，但系统的抗干扰能力降低，对扰动有明显的响应。

在考虑了以上参数对控制过程的影响后，试凑时，可按先比例一后积分一再微分的顺序反复调试参数。具体步骤如下：

① 首先只调整比例部分，将比例系数由小变大，并观察系统所对应的响应，直到得到响应快、超调量小的响应曲线为止。如果这时系统的静态误差已在允许范围内，并且达到 1/4 衰减度的响应曲线（最大超调衰减到 1/4 时，已进入允许的静态误差范围），那么只需用比例调节器即可，比例系数 K_P 可由此确定。

② 如果在比例调节的基础上，系统的静态误差没有达到设计要求，则必须加入积分环节，积分常数在试凑时，先给一个较大值，并将上一步调整时获得的比例系数略微减小（例如取原值的 80%），然后逐渐减小积分常数进行试凑，并根据所获得的响应曲线进一步调整比例系数和积分常数，直到消除静态误差，并且保持良好的动态性能为止。

③ 如果使用比例积分环节消除了静态误差，但系统的动态性能仍不能令人满意，这时可加入微分环节。在试凑时，可先给一个很小的微分常数，然后再逐渐增大，同时相应地改变比例系数和积分常数，直到获得满意的效果为止。

被控对象的不同和对控制要求的不同，所谓"满意"的效果也不同，因为比例、积分、微分三者的控制作用有相互重叠之处，某一环节作用的减小往往可以由其他环节作用的增加来补偿。因此，能达到"满意"效果的参数组合并不是唯一的。

（2）经验法

用凑试法确定 PID 参数需要经过多次反复的模拟或现场试验，为了减少凑试次数，提高工作效率，可以借鉴他人的经验，并根据一定的要求，事先作少量的试验，以得到若干基准参数，然后按照经验公式，用这些基准参数导出 PID 控制参数，这就是经验法。如临界比例法就是经验法的一种。这种方法首先将控制器选为纯比例控制器，并形成闭环，改变比例系数，使系统对阶跃输入的响应达到临界状态，这时记下比例系数 K_r，临界振荡周期为 T_r，根据 Ziegler-Nichols 提供的经验公式，就可以由这两个基准参数得到不同类型控制器的参数，如表 B-1 所列。

表 B-1　临界比例法确定的模拟控制器参数

控制器类型	K_P	T_I	T_D
P	$0.5K_r$		
PI	$0.45K_r$	$0.85T_r$	
PID	$0.6K_r$	$0.5T_r$	$0.12T_r$

这种临界比例法是针对模拟 PID 控制器的，对于数字 PID 控制器，只要采样周期取得较小，原则上也同样适用。在电动机的控制中，可以先采用临界比例法，然后在此基础上，再用凑试法进一步完善。

表 B-1 的控制器参数，实际上是按衰减度为 1/4 时得到的。通常认为 1/4 的衰减度能兼顾到稳定性和快速性，如果要求更大的衰减，则必须用凑试法对参数作进一步的调整。

B.2.4.2　采样周期的选择

数字 PID 控制算法是模仿连续系统的 PID 控制器，在近似离散化的基础上，通过计算机实现数字控制。这种控制方式要求采样周期要足够短，一般要远小于系统的时间常数，这是采用数字 PID 控制器的前提。采样周期越小，数字控制效果就越接近连续控制。采样周期的选择要受到多方面因素的影响（如控制用微处理器的速度）。在电动机控制软件设计中，采样周期也是一个重要的参数。在实际选择采样周期时，必须从需要和可能两方面综合考虑，一般要考虑的因素如下：

① 从调节品质和数字 PID 算法要求两方面考虑，采样周期应取得短些。一般来说，控制精度要求越高，采样周期应该越短。采样周期应比被控对象的时间常数小得多，否则，采样信号无法反映系统的瞬变过程。

② 为了使连续信采样后输入计算机而不失真，应根据香农（shannon）采样定理，采样周期需要满足以下关系式，即

$$T < \frac{1}{2f_{max}} \tag{B-11}$$

式中，f_{max} 为被采样信号的最高频率。

由于 f_{max} 很难准确确定，所以如果按香农定理确定采样周期，实际取用的 f_{max} 还需要放大 4～6 倍。

③ 从执行元件的响应速度和要求来看，有时需要输出信号保持一定的时间，如果执行元件响应速度慢，那么过短的采样周期往往没有必要。

④ 从控制系统的动态性能和抗干扰性能来考虑，也要求采样周期短些。这样，给定值的改变可以迅速地通过采样得到，而不至于在控制中产生较大的延迟。此外，对低频扰动，采用短的采样周期也可以得到迅速的校正。

⑤ 从微处理器控制在一个采样周期内要完成的运算工作量来考虑,一般要求采样周期长些,以保证微处理器有充分的实时运算和处理时间。

⑥ 目前用于电动机控制的单片机的字长一般较短,并且多采用定点数运算。如果采样周期过短,前、后两次采样信号的数值接近,反而因单片机的运算精度不高而无法区分,使控制作用减弱,此时可考虑采用 DSP 进行控制。

从以上分析可以看到,各种因素对采样周期的要求是不同的,甚至是相互矛盾的,因此,必须根据具体情况和要求综合考虑。

B.2 数字滤波技术

在电动机控制系统中,信号中常含有干扰噪声,它们来自于信号的形成过程和传送过程,将含有干扰的信号用于控制,将引起系统误动作,特别是在电动机数字闭环控制系统中,测量值 y_k 是通过对系统的输出量进行采样而得到的。它与给定值 r 之差形成偏差信号 e_k。所以,测量值 y_k 是决定偏差大小的重要参数。测量值如果不能真实地反映系统的输出,那么这个控制系统就失去它的作用,在有微分控制环节的系统中还会引起系统振荡,因此危害极大。

干扰噪声可分为周期性和随机性两类。对周期性的工频或高频干扰噪声,可以通过在电路中加入 RC 低通滤波器来加以抑制,这种方法也称为模拟滤波。但对于低频周期性干扰和随机性干扰,模拟滤波就无能为力了,但用数字滤波可以解决这些问题。所谓数字滤波,就是通过一定的软件计算或判断来减少干扰在有用信号中的比重。达到减弱干扰的目的。它与模拟滤波相比有如下优点:

① 可以对频率很低的信号(如 0.01Hz)实现滤波,克服了模拟滤波的不足。

② 数字滤波是用程序实现的,不需要增加硬件投入,因而成本低,可靠性高,稳定性好,不存在各电气回路之间的阻抗匹配问题。

③ 在设计和调试数字滤波器的过程中,可以根据不同的干扰情况,随时修改滤波程序和滤波方法,具有很强的灵活性。

由于数字滤波器的这些优点,目前得到了广泛的应用。数字滤波的方法很多,下面介绍几种常用数字滤波方法。

B.2.1 算数平均值法

算术平均值法是对于连续采样的 n 个数据 $x_i (i = 1, 2, \cdots, n)$,总能找到这样一个数 y,使 y 与各个采样值之差的平方和最小,即

$$E = \min \left[\sum_{i=1}^{n} (y - x_i)^2 \right] \tag{B-12}$$

对式(B-12)求解可得

$$y = \frac{1}{n} \sum_{i=1}^{n} x_i \tag{B-13}$$

这就是算术平均值法的计算公式,将得到的 y 值作为测量值 y_k。

当被测信号受到干扰在某一数字范围附近做上下波动时,利用算术平均值法进行滤波效果最好,但是在这种情况下只取一个采样值是不准确的,对调节作用也不利。算术平均值法实际是将干扰影响程度平摊到每个测量值中,使其平均值受干扰影响的程度降低到原来的 $1/n$。

因此,采样数据个数 n 决定了这种方法抗干扰的程度,n 越大,抗干扰效果越好;但 n 太大时,使系统的灵敏度降低,调节过程变慢。例如,在电动机的恒速控制过程中测量转速,如果 n 取值较大,可以提高信噪比。但由于采样过程和信号处理过程用时较长,对电动机调速过程中发生的转速快速变化来不及做出反应。所以,n 的取值要视具体情况来定,一般情况 n 可取8~16;对动态过程要求不高时,n 还可取得更大。此外,如果取 $n=2^m$(m 为正整数),则在对式(B-13)进行除 n 运算时,可以用右移 m 位的办法实现,这样可以简化程序,减少内存的占用,节约时间。

实践证明,算术平均值法对周期性干扰有较好的抑制作用,但对脉冲性干扰作用不大。

B.2.2 移动平均滤波法

算术平均值法虽然能有效的抑制周期性干扰,但在每计算一次 y_k 时,就必须采样 n 次,对于 A/D 转换速度较慢,而实时要求较高的控制系统,由于采样次数多,处理慢,所以无法使用这种方法。对于这种系统可以采用移动平均滤波法。移动平均滤波法每计算一次测量值,只需采样一次,所以大大加快了数据处理速度,非常适用于实时控制。

图 B-6(a)给出了实现移动平均滤波法的程序框图。

移动平均滤波法的算法原理如图 B-6(b)所示。它是将采样后的数据按采样时刻的先后顺序存放到 RAM 中,在每次计算前先顺序移动数据,将队列前的最先采样的数据移出(图中 x_{i-9}),然后将最新采样的数据(图中的 x_i)补充到队列的尾部,以保证数据缓冲区里总是有 n 个数据,并且数据仍按采样的先后顺序排列。这时计算队列中各数据的算术平均值,这个算术平均值就作为测量值 y_k。它实现了每采样一次,就计算一个 y_k。

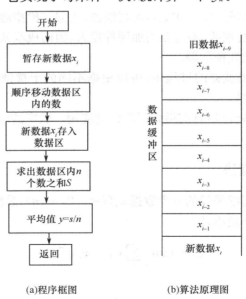

(a)程序框图   (b)算法原理图

图 B-6 移动平均滤波法

B.2.3 防脉冲干扰平均值法

电动机一般应用在比较恶劣的工业环境中,不可避免地会产生尖脉冲干扰(例如某强电设备的启动和停车)。这种干扰是随机性的,一般持续时间短,峰值较大,因此在这时采样得到的受干扰的数据会与其他数据有明显区别。如果采用算术平均值滤波法和移动平均滤波法尽管对其进行了 $1/n$ 处理，但其剩余值仍然较大。在这种场合，上述两种方法就显得有些无能为力，所以，最好的策略是：将被认为是受干扰的信号数据去掉。这就是防脉冲干扰平均值滤波法的原理。

防脉冲干扰平均值滤波的算法原理是：对连续采样的 n 个数据进行排序，若重新排列好的数据顺序为 $x_1 \leqslant x_2 \leqslant \cdots \leqslant x_n$。去掉其中最大的 x_n 和最小的 x_1 这两个数据，即认为剔出了受脉冲干扰的采样数据，将剩余数据求平均值。

$$y = (x_2 + x_3 + \cdots + x_{n-1}) / (n-2) \tag{B-14}$$

原则上 n 的取值大些好，但在电动机控制中，为了加快数据处理和控制速度，一般取 $n=4$。

B.2.4　数字低通滤波法

模拟的 RC 低通滤波器用来滤除高于有用信号频率以上的周期性变化信号的干扰。这种功能也可以通过数字方法实现，这就是数字低通滤波法。在模拟的 RC 低通滤波器中，由于大的 RC 时间常数和高精度的 RC 网络不易实现，主要原因是 R 的增大将引起信号的较大衰减，而增加 C，一则体积增大、成本升高，二则电容的漏电和等效串联电感也会随之增大而影响滤波效果。用数字低通滤波法可以很好地解决这些问题。

下面来推导数字低通滤波算法公式。

设模拟的 RC 低通滤波器的输入电压为 $x(t)$，输出电压为 $y(t)$，根据 RC 微分网络有

$$RC \frac{\mathrm{d}y(t)}{\mathrm{d}t} + y(t) = x(t) \tag{B-15}$$

对式（B-15）离散化处理：令 T 为采样周期，k 为整数，则 $x_k = x(kT)$，$y_k = y(kT)$。当 T 足够小时，式（B-15）可被离散化为：

$$RC \frac{y_k - y_{k-1}}{T} + y_k = x_k \tag{B-16}$$

可求出

$$y_k = \frac{1}{1 + RC/T} x_k + \frac{RC/T}{1 + RC/T} y_{k-1} \tag{B-17}$$

令 $K = \dfrac{1}{1 + RC/T}$，则 $1 - K = \dfrac{RC/T}{1 + RC/T}$，故式（B-17）可表示为：

$$y_k = K x_k + (1-K) y_{k-1} \tag{B-18}$$

式（B-18）就是数字低通滤波算法表达式。

若输入为直流量，则有 $x_k = x_{k-1} = x_{k-2} = \cdots$，由无穷级数求和公式可得 $y_k = x_k$，其直流增益为 1，与模拟滤波的效果一样，此外，低通数字滤波的截止频率也是从幅值增益衰减到 0.707 来确定。

当采样周期 T 足够小时，$K \approx T/(RC)$，所以，滤波器的截止频率为：

$$f = \frac{1}{2\pi RC} \approx \frac{K}{2\pi T} \tag{B-19}$$

数字低通滤波法也有其缺点，它有使用信号产生相位滞后的问题，滞后角的大小与 K 值有关。另外，它不能滤除频率高于采样频率 1/2 的干扰信号。

上面介绍了几种常用的数字滤波方法，这些滤波器各有特点。在电动机的控制中，要求动态响应速度要快；因此，在选用数字滤波器的时候，除了考虑滤波效果外，还要考虑滤波器的滤波速度。在实际应用中，有时将几种滤波器组合在一起使用，因此要灵活掌握。

参 考 文 献

[1] 谭建成．电动机控制专用集成电路．北京：机械工业出版社，1997.

[2] 陈隆昌，阎治安，刘新正等编著．控制电动机（第三版）．西安：西安电子科技大学出版社，2000.

[3] 杨渝钦等．控制电动机（第三版）．北京：机械工业出版社，1997.

[4] 程明等．特种电动机机系统．北京：中国电力工业出版社，2002.

[5] 孙建忠，白凤仙等．特种电动机及其控制．北京：中国水利电力出版社，2005.

[6] 王晓明．电动机的单片机控制．北京：北京航天航空大学出版社，2002.

[7] 王晓明．电动机的 DSP 控制．北京：北京航天航空大学出版社，2003.

[8] 刘和平等．TMS320LF240xDSP 结构、原理及应用．北京：北京航天航空大学出版社，2002.

[9] 唐任远等．特种电动机．北京：机械工业出版社，1998.

[10] 叶云岳．直线电动机原理与应用．北京：机械工业出版社，2000.

[11] 哈尔滨工业大学，成都电动机厂．步进电动机．北京：科学出版社，1979.

[12] 詹琼华．开关磁阻电动机．武汉：华中理工大学出版社，1992.

[13] 王宏华．开关磁阻电动机调速控制技术．北京：机械工业出版社，1995.

[14] 张琛．直流无刷电动机原理及应用（第二版）．北京：机械工业出版社，2004.

[15] 叶金虎等．无刷直流电动机．北京：科学出版社，1991.

[16] 邱阿瑞等．现代电力传动与控制．北京：电子工业出版社，2004.

[17] 李仁定．电动机的微机控制．北京：机械工业出版社，1999.

[18] 李忠高．控制电动机及其应用．武汉：华中工学院出版社，1986.

[19] 中华人民共和国国家标准（GB/T10405—2001）：控制电动机型号命名方法．北京：中国标准出版社，2002.

[20] 巫付专，李伟峰等．多功能土工材料力学性能计算机分析测试系统．东华大学学报 2005(6).

[21] 赵波，高飞，王公浩．数字式航向角指示器的设计．现代电子技术．2005,(13).

[22] 何超，张宇河．基于单片机的数字正弦机研制．北京理工大学学报．1999,(5).

[23] 姚玮，段翀．航空发动机智能自整角机传感器的设计．传感器与仪器仪表．2005.

[24] 冯毅．基于 DSP 交流电动机控制系统的实现．郑州：中原工学院硕士论文，2007.

[25] 王旭东．开关磁阻电动机调速系统的研究．哈尔滨：哈尔滨工业大学博士论文，2000.

[26] 叶金虎．无刷直流电动机的设计．微特电动机．2005.9.